AWS認定資格学習書

SAA-C03の試験に完全対応!

試験レベル

AWS認定

AMAZON WEB SERVICES

ソリューションアーキテクトアソシエイト

テキスト&問題集

NTTデータ先端技術株式会社　煤田弘法、西城俊介

本書内容に関するお問い合わせについて

このたびは翔泳社の書籍をお買い上げいただき、誠にありがとうございます。弊社では、読者の皆様からのお問い合わせに適切に対応させていただくため、以下のガイドラインへのご協力をお願い致しております。下記項目をお読みいただき、手順に従ってお問い合わせください。

●ご質問される前に

弊社Webサイトの「正誤表」をご参照ください。
これまでに判明した正誤や追加情報を掲載しています。

正誤表　https://www.shoeisha.co.jp/book/errata/

●ご質問方法

弊社Webサイトの「書籍に関するお問い合わせ」をご利用ください。

書籍に関するお問い合わせ　https://www.shoeisha.co.jp/book/qa/

インターネットをご利用でない場合は、FAXまたは郵便にて、下記“翔泳社 愛読者サービスセンター”までお問い合わせください。電話でのご質問は、お受けしておりません。

●回答について

回答は、ご質問いただいた手段によってご返事申し上げます。ご質問の内容によっては、回答に数日ないしはそれ以上の期間を要する場合があります。

●ご質問に際してのご注意

本書の対象を超えるもの、記述個所を特定されないもの、また読者固有の環境に起因するご質問等にはお答えできませんので、予めご了承ください。

●郵便物送付先およびFAX番号

送付先住所　〒160-0006　東京都新宿区舟町5
FAX番号　03-5362-3818
宛先　（株）翔泳社 愛読者サービスセンター

はじめに

本書を手に取っていただき、有難うございます。

現代のビジネスにおいて、AWSのクラウドプラットフォームは、不可欠な存在となっています。企業はAWSのサービスを適切に活用することにより、スケーラブルでセキュアなアプリケーションを構築し、ビジネスの成長を加速させることができます。

この試験対策書籍は、AWS Certified Solutions Architect – Associate試験に合格するための知識とスキルを習得するための道しるべとなります。本書では、基本的なコンセプトから高度なアーキテクチャ設計までをカバーしています。本書により、単に各サービスの機能だけではなく、クラウドアーキテクチャの設計原則、セキュリティ、耐障害性、パフォーマンスの最適化、コスト管理などについて深く理解し、試験のみならず、実際のプロジェクトでも活用できる体系的なスキルを身につけることができます。

AWS Certified Solutions Architect – Associate資格は、AWSの専門知識を証明する重要なステップです。また、企業は、ビジネスを成功させるために、AWSの専門知識を有した人材を必要としています。この試験対策書籍を通じて、皆さんのビジネスでの成功をサポートできることを願っています。

煤田弘法 / 西城俊介

本書の使い方

本書は、「AWS 認定 ソリューションアーキテクト―アソシエイト」を受験し、合格したいと考える人のための学習書です。

本書の執筆に際し、2024 年 2 月のスクリーンキャプチャを用いています。本書に記載されている解説・画面などは、同環境で作成しています。

◇ おすすめの学習手順

効率よく得点力を高めるためには、第一部第 1 ～ 3 章の重要度★★★（後述）のサービスから学習を進めて、次に残りの★★★サービス、その次に★★サービスを、そして第二部を学習するとよいでしょう。余力があれば、第一部の★のサービスもおさえます。

その後、各章末の確認問題と Web 提供の模擬問題を少なくとも 3 回解いてください。暗記しても効果は薄いので、問題の本質を理解するように心がけてください。間違えた問題の内容は、解説を再確認してください。最終的に 90% の問題を正答できるようになったら、本試験に臨んでください。

◇「サービス別対策」と「試験分野別対策」の二部構成

本書は二部構成です。サービス別でポイントをおさえる方が網羅性が高く、またあらゆる読者が学びたいサービスから学習を始められます。また、単にサービスを単体で理解しているだけでは、どのように組み合わせれば可用性を最大化出来るか、コスト効率を最大化できるかなどの問題に対応できません。

サービス別対策：AWS の各種サービスを正しく理解できるよう、概要、特徴、構成要素などを説明しています。2024 年 3 月現在 200 以上ある AWS サービスのうち、試験ガイドに示されている全サービスをほぼ網羅しています。

試験分野別対策：試験ガイドに示されている 4 つの分野について、設計上のポイントや理解しておくべきキーワードを学習します。

◇ 重要度

第一部「サービス別対策」では、試験に合格する上での各サービスの重要度を三ツ星で独自に評価し掲載しています。重要度に応じて解説の分量や仕方を変更しており、三ツ星のサービスから学習を始めることで、効率の良い試験対策が可能になります。以下、星の数別に覚えるべき内容を説明します。

★★★：必須

サービスの機能、特徴、構成要素、オプションを理解した上で、可用性、スケーラビリティ、コスト、セキュリティなどを考慮した、ベストプラクティスに基づく設計パターンを覚えるようにしてください。例えば仮想サーバのサービスである Amazon EC2 について出題される場合、「コストを最適化する」にはどのような選択肢をあるか、「可用性を最大化」するにはどのような選択肢があるかなど、観点を変えると、最適な選択肢が変わってきます。高可用性、パフォーマンスとスケーラビリティ、コスト効率、セキュリティの 4 つの観点を意識すべきです。

★★：頻出

サービスの基本的な機能、特徴、構成要素やオプションをしっかり理解してください。その上で、そのサービスをシステムの中に組み込むことで、どのようなメリットがあるかなどを把握してください。

★：概要レベル

どのような機能を提供するサービスであるか、また他のサービスと違いなどを覚えてください。

◇図版を豊富に収録

　サービスの仕組みをよりわかりやすく理解できるよう、AWS の構成図（アーキテクチャ図）あるいはそれに準ずる図、またその他の図版を多く収録しています。

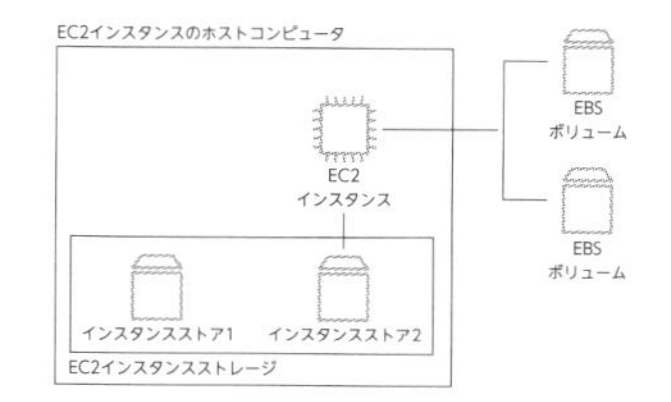

◇ 解説がさらに読みやすくなる文中の強調アイコン

試験で正答するために必要となる、重要な事項を紹介します。

間違えやすい事項など、注意すべきポイントを示しています。

関連する情報や詳細情報が記載されている参照先やURL、また本文中のページなどを示しています。

◇ 確認問題

各章末に、学習の到達度を確認し、理解をさらに深めるための確認問題を数問収録しています。復習すべき解説のページ数と見出しを表示しています。

◇ 模擬問題（Web提供）

ダウンロード特典として、1回分の模擬問題が用意されています。各問題に簡単な解説を入れていますが、よく理解できなかった箇所は本文に戻って復習するとよいでしょう。確認問題と同じく、復習すべき解説のページ数と見出しを表示しています。

◇ AWS実践環境ガイド

AWS実践環境ガイド

0.AWSアカウントを作成してみよう！

本書ではAWSサービスの理解促進ないし試験対策のための「AWS実践環境ガイド」を収録しています。アカウント作成・削除も含め7つのタスクを行うことで、試験対策をより効率よく行うことができます。AWSサービスの設定等に必要なリソースファイルは読者特典としてダウンロードが可能です。こちらはp.xxxvを参照してください。

目　次

AWS認定とは

◇AWS 認定とは

AWS（Amazon Web Services）認定とは、AWS クラウドを使うために必要な知識やスキルを測る、世界共通基準の認定資格です。試験に合格することで、製品に対する深い知識があることを証明できるため、就職・転職時のスキル証明や IT 企業での社内人事基準、またベンダー企業の選定項目などで活用されています。本資格試験はAWSがグローバルで実施しており、認定資格の取得をさまざまな国でアピールすることができます。

◇試験と資格

AWS 認定では、資格がファンデーショナル（基礎）、アソシエイト（中級）、プロフェッショナル（上級）、スペシャリティ（専門知識）の 4 つで大別され、全部で 13 あります（2024 年 2 月時点）。

図1：利用可能なAWS認定（2024年2月時点）

1 つの試験に合格することで、1 つの資格に認定されます。全資格で、受験資格は特にありません。

◇ 試験のレベル

AWS 認定には、次の 3 つのレベルがあります。

◉ **基礎（Foundational）**

クラウドサービス全般やサービスカテゴリの概要といった、幅広い知識が問われる試験です。これから製品について学びたい営業担当者や広報・マーケティング職、新入社員など多くの方に適した試験です。

◉ **中級（Associate）**

特定の製品やサービスについて、より踏み込んだ知識が問われる試験です。既に、該当の製品やサービスについて運用経験のある技術者が、スキルを証明するために適した試験です。技術者は、ロール毎に資格を選択することができます。

◉ **上級（Professional・Specialty）**

特定の製品やサービスについて、エキスパートレベルの運用経験や知識を持つ技術者向けの試験です。設計や構築、運用、管理など幅広い内容が深く問われます。また、ネットワークやデータベースなど一部の専門家向けの試験も存在しています。

◇ 試験の選び方

AWS の資格は、受験者のロールに応じて提供されています。

初めに受験する試験が「AWS Certified Cloud Practitioner（CLF）」（以下、「AWS Certified」は省略）という部分は共通していますが、その後は以下のように進むのが一般的です。

- 設計に携わる方：Solutions Architect Associate（SAA）→ Solutions Architect Professional（SAP）
- 開発に携わる方：Developer Associate（DVA）→ DevOps Engineer Professional（DOP）
- 運用に携わる方：SysOps Administrator Associate（SOA）→ DevOps Engineer Professional（DOP）

ネットワークやセキュリティ等の専門職の方は、AWS の全体を把握しやすい SAA から各スペシャリティ資格の受験に進むことをお勧めします。

より詳細なロール毎の試験パスについては、以下のAWS資料を参考にしてください。

- **AWS認定ジャーニーのプランニング**
  https://d1.awsstatic.com/ja_JP/training-and-certification/docs/AWS_certification_paths.pdf

「ソリューションアーキテクトアソシエイト」について

試験概要

AWS認定「ソリューションアーキテクト - アソシエイト」試験では、AWSのベストプラクティス集であるAWS Well Architectedフレームワークに基づいて、現在のビジネス要件と将来予測されるニーズ、安全性、耐障害性、高パフォーマンス、コスト最適化などを考慮し、ソリューションを設計する能力が問われます。

受験対象者は**AWSのサービスを使用するクラウドソリューション設計の実務経験が1年以上の人**と設定されていますが、あくまで目安ですので、実務経験が1年未満でも問題ありません。

「AWS Certified Solutions Architect - Associate (SAA-C03) 試験ガイド」に基づいて、試験の概要と試験内容・出題率をまとめました。

表1：試験の概要

項目	内容
試験名	AWS Certified Solutions Architect – Associate
試験コード	SAA-C03
試験時間	130分
料金	150 USD
問題数	65問
設問タイプ	択一選択問題：正解が1つ、不正解が3つ 複数選択問題：5つ以上の選択肢のうち、正解が2つ以上
配信方法	Pearson VUEテストセンターまたはオンラインでの監督付き試験
合格スコア	720/1000

▶ 表2：試験内容と出題率

試験分野	出題率
第1分野：セキュアなアーキテクチャの設計	30%
第2分野：弾力性に優れたアーキテクチャの設計	26%
第3分野：高パフォーマンスなアーキテクチャの設計	24%
第4分野：コストを最適化したアーキテクチャの設計	20%

書籍以外のAWSの学習教材について

◇ ①試験ガイド

試験ガイドは学習教材というよりも、いわゆる試験のシラバスで、受験にあたりまず皆さんが目を通すべきものです。皆さんがこれから挑戦しようとする試験について、どのようなことが問われるのか、何をおさえておくべきなのかなど、AWS 公式の試験ガイドで、しっかり把握しておくことをお勧めします。以下、試験ガイドがどこで見られるかを説明します。

- 「AWS ソリューションアーキテクト アソシエイト」と検索していただき、概要ページ（https://aws.amazon.com/jp/certification/certified-solutions-architect-associate）にアクセスします。試験の概要、試験ガイド、推奨されるトレーニング等の情報が紹介されています。
- 上記のページ下部の「試験ガイド：AWS Certified Solutions Architect - Associate 試験ガイド」リンクをクリックすると、試験ガイドにアクセスできます。

図2：試験ガイド：AWS Certified Solutions Architect - Associate 試験ガイドへのリンク

試験の復習　AWS Skill Builder を使用した試験準備　ソリューションアーキテクト向け AWS トレーニング　AWS ホワイトペーパー
よくある質問

無料
試験ガイド
AWS Certified Solutions Architect - Associate 試験ガイド

無料
サンプル問題
AWS Certified Solutions Architect - Associate サンプル問題

無料
練習
AWS Certified Solutions Architect - Associate 公式練習問題集

無料
デジタルトレーニング
試験対策: AWS Certified Solutions Architect - Associate

無料

◉試験ガイド（2024年3月末時点）
https://d1.awsstatic.com/ja_JP/training-and-certification/docs-sa-assoc/AWS-Certified-Solutions-Architect-Associate_Exam-Guide.pdf

② AWS ドキュメント

AWS が公式情報を掲載している「AWS ドキュメント」は、AWS クラウドを使用する時の一番のよりどころとして使用してください。これは、試験対策だけではなく、現場に業務に従事される際もお勧めします。理由としては、情報の正確さと最新情報であるためです。

進化の早い AWS クラウドにおいては、昨日まで実現できなかったことが、今日から新機能が実装され実現できるようになったなどというようなことは、よくある話です。そのため、ブログや、書籍、雑誌等の情報源に記載のある内容は、既に古い情報である可能性があります。まずは AWS ドキュメントを参照し、読み下せるようになることをお勧めします。

◉AWS ドキュメント
https://docs.aws.amazon.com/ja_jp/

図3：AWS ドキュメントのトップページ

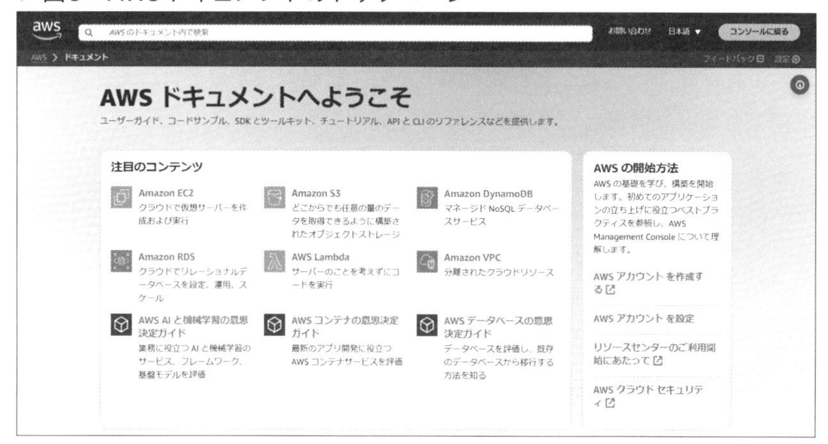

③ AWS Black Belt オンラインセミナー（AWS クラウドサービス活用資料集）

AWS Black Belt オンラインセミナーは、製品・サービス別、ソリューション別、業種別のそれぞれのテーマに分かれて、AWS 社員のソリューションアーキテクトの人などがサービス、機能ごとに解説をするオンラインセミナーです。例えば、仮想サーバのサービスである Amazon EC2 のみで 1 つのオンラインセミナーになっていたり、オブジェクトストレージである Amazon S3 のみで 1 つのオンラインセミナーになっていたりと、1 つ 1 つのサービスを掘り下げて説明されています。

また動画内で使用されている PDF 資料も別途掲載されているため、確認したい内容を検索することも可能です。動画は YouTube に掲載されています。通勤・通学時に再生速度を少し速めて視聴するなどがお勧めです。

AWS Black Belt オンラインセミナーへのアクセス方法は、以下の「AWS クラウドサービス活用資料集」のページ上部の「サービス別資料」のリンクとなります。

- **AWS クラウドサービス活用資料集**
  https://aws.amazon.com/jp/events/aws-event-resource/

④「よくある質問」（AWS ウェブサイト）

AWS のサービス別で「○○とは何ですか？」といった基礎的な質問から

始まり、メリットや使用する場面についてQ&A形式で掲載されています。基本的なサービスの概要を理解する上でも有用ですし、質問が進んでいくと、現場で良く聞かれるような質問もあるため、試験対策だけではなく、実際の業務でも有用な情報となります。

◉よくある質問
https://aws.amazon.com/jp/faqs/

⑤ホワイトペーパー

①～④のコンテンツは、主にサービス単位での理解に役立つものです。

試験分野ごとのアーキテクチャ関連の情報や、設計する際のベストプラクティスがまとめられたAWS Well-Architectedフレームワークといった情報は、ホワイトペーパーとして公開されています。特にAWS Well-Architectedフレームワークについては、試験対策だけではなく、業務上使用されるうえでも、熟読されることをお勧めします。

◉AWS ホワイトペーパーとガイド
https://aws.amazon.com/jp/whitepapers/

AWS実践環境ガイド

AWS 実践環境ガイドとは、「AWS 認定」試験対策・各種サービスの理解促進のために、読者が実際に AWS を操作できるよう準備された手引きのことです。1 つずつステップを踏んで、キャプチャも多く掲載しており、だれでもつまずくことなく、AWS のサービスを体験することができます。

注　意

AWS には無料利用枠があり、その無料利用枠内におさまるように本書の「AWS 実践環境ガイド」を設計しています。
無料利用枠にはいくつかのタイプがあり、今回は初回サインイン時から 12 か月間使用できる枠を使用しております。すでに使用済みの AWS アカウントを用いた場合、コストが発生しますので、ご注意ください。
他にも、以下の要因によって多少のコストが発生する可能性がございます。

- 初回サインインから 12 か月以上経過した AWS アカウントを使用した。
- 手順と異なる手順で作成した。
- 作成したリソースを 1 週間以上放置した。

0. ～ 6. までの作業ステップを提示していますが、コストがかかることを心配されている人は、お早めに「6.」の「アカウント削除」を行っていただくことをお勧めいたします。
詳細は、以下の「無料利用枠の詳細」の URL をご確認ください。

- 無料利用枠の詳細
https://aws.amazon.com/jp/free/?all-free-tier.sort-by=item.additionalFields.SortRank&all-free-tier.sort-order=asc&awsf.Free%20Tier%20Types=*all&awsf.Free%20Tier%20Categories=*all

◇ 概要・ロードマップ

AWS認定「ソリューションアーキテクトアソシエイト」（試験番号SAA-003）を受験するにあたり、ハンズオン学習（体験学習）を行うことはとても有用です。

本書では、主に以下の6点について学習を行い、対策を進めることができます（図4）。

▶ 図4：ハンズオン学習のロードマップ

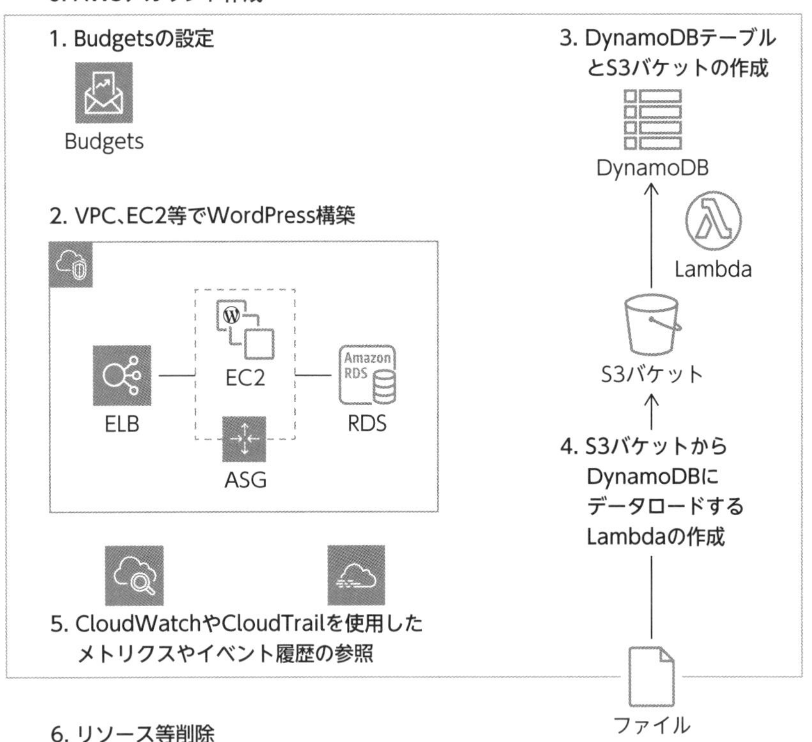

◇ フェーズ①：EC2とRDSを用いてWordPressのブログサイト構築！

WordPressを用いたブログサイトを構築します。その前段として、AWSアカウントの作成やIAMユーザの作成、料金アラームの設定を行います。具体的には、以下の0.～2.のステップです。

0. **AWS アカウントの作成**

　AWS アカウントを作成し、演習の準備を行います。

1. **AWS Budgets を使用した料金アラームの設定**

　AWS Budgets を使用して、予算を設定します。また、予算を超過しそうな兆候があれば指定したアドレスに通知を行うように設定します。

2. **VPC や EC2 を用いて WordPress のブログサイトを構築**

　VPC を用いてネットワークを構築し、RDS を用いて DB を構築します。その後、EC2 を用いて WebAP サーバを構築し、WordPress のインストールを行います。EC2 は冗長化するため、ELB を用いてロードバランサーを構成します。なお、EC2 に関しては、Auto Scaling によってスケールアウトとスケールインを実施できるように設定します。

◇フェーズ 2：S3 や DynamoDB、S3 を用いて、DB への在庫ファイル自動反映を構成

S3 に対してアップロードされる在庫ファイルのデータを読み取り、DynamoDB に格納する Lambda 関数を作成し、その実験をします。具体的には、以下の 3. ～ 6. のステップです。

3. **DynamoDB と S3 バケットの作成**

　データロード対象の DynamoDB のテーブルと、在庫ファイルアップロード用の S3 バケットを作成します。

4. **S3 バケットから DynamoDB へのデータロードを行うための Lambda 関数を構築**

　S3 のファイルから DynamoDB へデータロードするための Lambda 関数を作成し、その動作確認をします。

5. **CloudWatch や CloudTrail を使用しメトリクスやイベント履歴を参照**

　フェーズ 1 とフェーズ 2 を通じて行った操作を通じて、CloudWatch にメトリクスやログ格納されたり、CloudTrail にイベント履歴が記録されたりしています。それらを確認し、ダッシュボードの作成等を実施します。

以上で全体概要のご説明は終了です。ここからは、各ステップについて紹介します。

0. と 6. のステップであるアカウント作成・削除については本書に、その他の 1. ~ 5. のステップについては、ダウンロード特典になっています。詳細は p.xxxv をご参照ください。

注　意

手順のマネジメントコンソールのキャプチャや手順は、2024 年 2 月時点に取得、確認したものです。AWS によってマネジメントコンソールの体裁や項目が変更されている恐れがございます。

AWS 実践環境ガイド

0. AWS アカウントの作成

AWS の利用を始めるためには、まず AWS アカウントを作成する必要があります。ここでは、作成方法についてご案内します。

また、AWS アカウントを操作するための IAM ユーザを作成し、MFA（多要素認証）の設定を行います。MFA の設定は、ラボを進めるにあたっての必須事項ではありません。ただ、今回は大きな権限を持った IAM ユーザを作成するため、セキュリティを向上するためにぜひ設定をお勧めします。

参　照

AWS アカウントの作成は、以下の AWS ウェブサイトも確認するとよいでしょう。
https://aws.amazon.com/jp/register-flow/

ステップ 1：AWS アカウントの作成

❶以下の URL にアクセス
https://portal.aws.amazon.com/billing/signup#/start

❷表示された画面において【ルートユーザーの E メールアドレス】と【AWS アカウント名】を入力

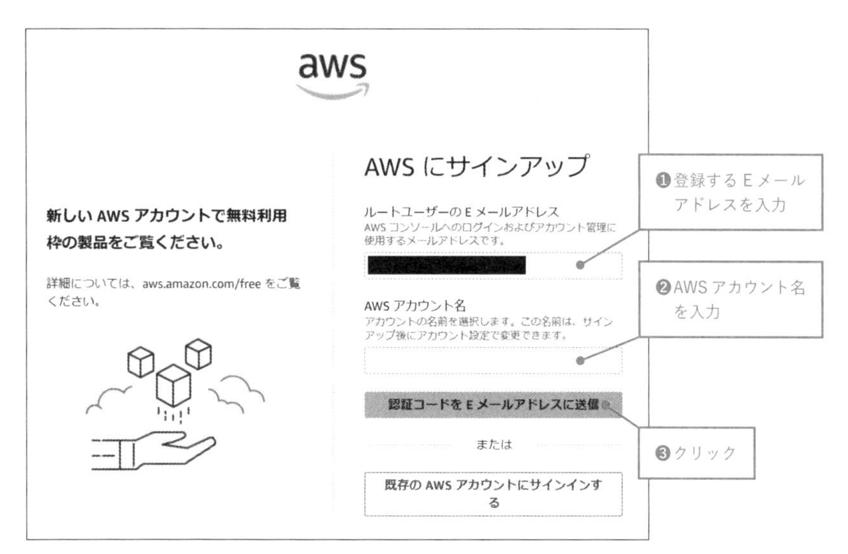

※ルートユーザーの E メールアドレスは、AWS へのログイン時に使用するアドレスです。AWS からの通知等にも利用されるため、複数の方への通知が必要な場合は、メーリングリストのご利用をご検討ください。

※AWS アカウント名については、アルファベットで任意のお名前をご入力ください。

❸【認証コードを E メールアドレスに送信】をクリック

❹ルートユーザーの E メールアドレス宛に届いた

❺【認証を完了して次へ】をクリック

❻E メールアドレスが認証されたら、【ルートユーザパスワード】と【ルートユーザパスワードの確認】欄にパスワードを入力

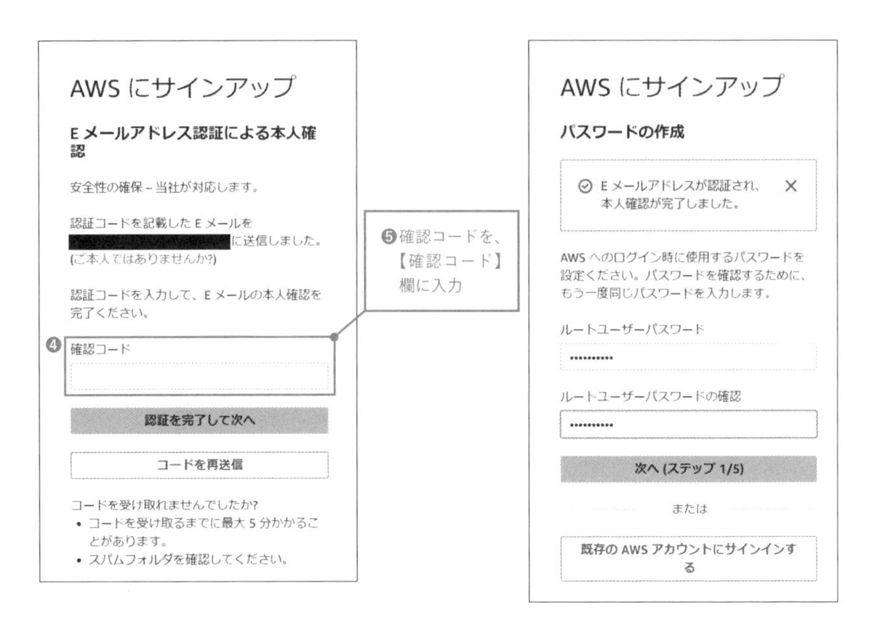

❼【次へ】をクリック

❽表示された画面で、電話番号や住所等の個人情報を入力
　AWS の利用用途については、【個人 - ご自身のプロジェクト向け】を選択

❾【AWS カスタマーアグリーメントの条項を読み、同意します】にチェックを入れ、【次へ】をクリック

❿表示された画面で、クレジットカード情報を入力

⓫【確認して次へ】をクリック

⓬表示された画面で SMS ないしは音声通話を用いた本人確認を実施

　以下の⓭～⓰は SMS 認証を使用した場合の手順です。

⓭【コードを検証】欄に SMS に送付されたコードを入力

⓮【次へ】をクリック

⓯表示された画面で【ベーシックサポート】を選択

⑯【サインアップを完了】をクリック

⑰アカウントが有効になった旨のメールが送信されるまで数分待つ

⑱【AWS マネジメントコンソールにお進みください】をクリック

⑲表示された画面で【ルートユーザー】を選択

⑳【ルートユーザーの E メールアドレス】欄に手順❷で指定したアドレスを入力

㉑【次へ】をクリック

㉒表示された画面で【パスワード】欄に手順 6 で指定したパスワードを入力

㉓【サインイン】をクリック

㉔マネジメントコンソールが表示される

ステップ 2 ルートユーザーに対する MFA の設定

参　照

ルートユーザーの MFA 設定については、以下の URL も参考にしてください。
https://docs.aws.amazon.com/ja_jp/IAM/latest/UserGuide/enable-virt-mfa-for-root.html

❶マネジメントコンソールの右上に表示されているアカウント名をクリック

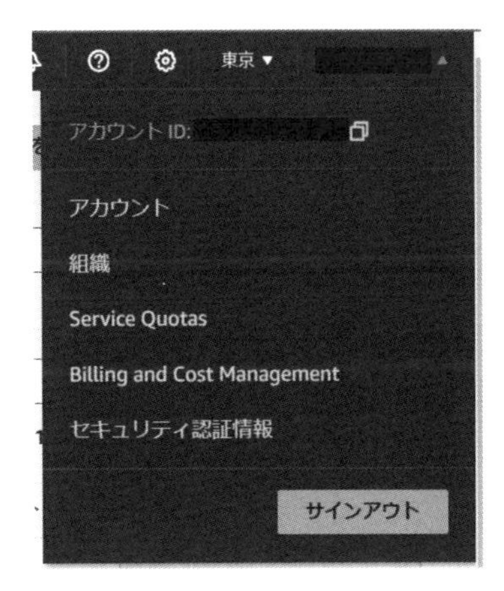

❷【セキュリティ認証情報】をクリック

❸表示された画面で【多要素認証（MFA)】項目の【MFA デバイスの割り当て】をクリック

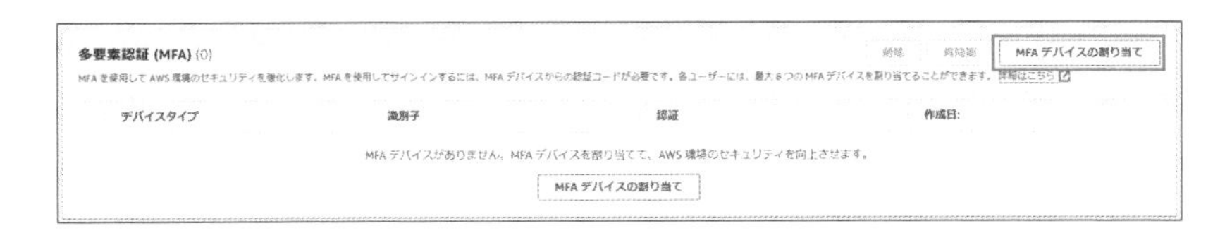

❹表示された画面で【MFA device name】項目の【デバイス名】を入力

❺【MFA device】項目の【Authenticator app】を選択

❻【次へ】をクリック

❼【Authenticator app】項目の手順に従い、スマートフォン等に対応するアプリケーションをインストール

❽【QR コードを表示】をクリックして、スマートフォンのアプリケーションから読み取る

❾アプリケーション上に表示される MFA コードを 2 つ入力

※MFA コードは通常時間経過で切り替わるため、最初のコードを【MFA コード 1】欄に入力した後で繰り替わったコードを【MFA コード 2】に入力します。

❿【MFA を追加】をクリック

⓫表示された画面において【多要素認証 (MFA)】項目内にデバイスが追加されていることを確認

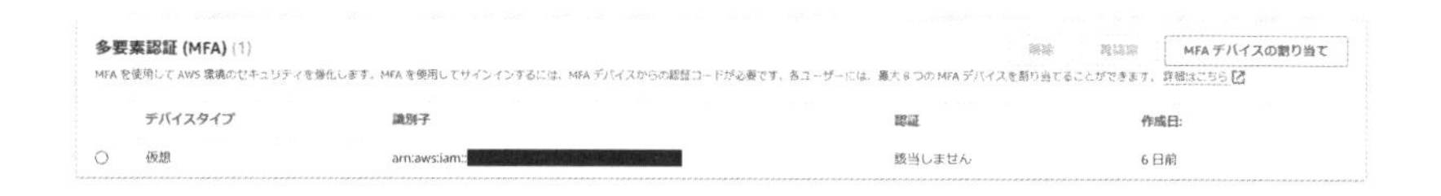

ステップ 3：IAM ユーザーの作成と MFA の設定

❶マネジメントコンソール上部の検索タブに【IAM】と入力

❷サービス項目に表示された【IAM】をクリック

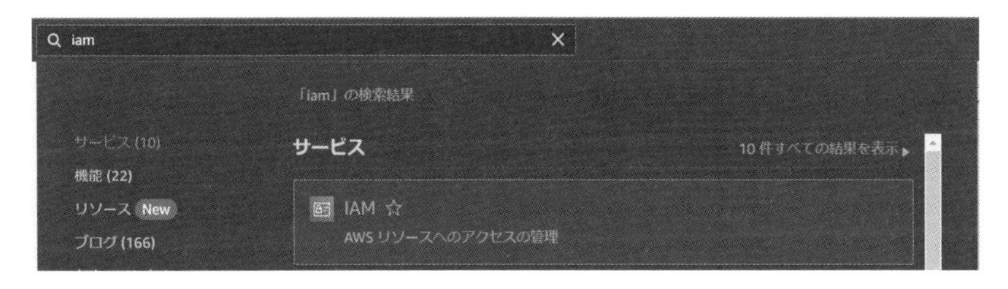

❸画面左のナビゲーションペインから【ユーザー】をクリック

❹【ユーザーの作成】をクリック

❺表示された画面の【ユーザーの詳細】項目において、アルファベットで任意の【ユーザー名】を入力

❻【AWS マネジメントコンソールへのユーザーアクセスを提供する】にチェックを入れる

❼【ユーザータイプ項目】で【IAM ユーザーを作成します】を選択

❽【自動生成されたパスワード】を選択
※デフォルトで選択されている場合は、そのままにします。

❾【自動生成されたパスワード】を選択
※デフォルトで選択されている場合は、そのままにします。

❿【ユーザーは次回のサインイン時に新しいパスワードを作成する必要があります】にチェックを入れる
※デフォルトで選択されている場合は、そのままにします。

⓫【次へ】をクリック

⓬【許可のオプション】項目で【ポリシーを直接アタッチする】を選択

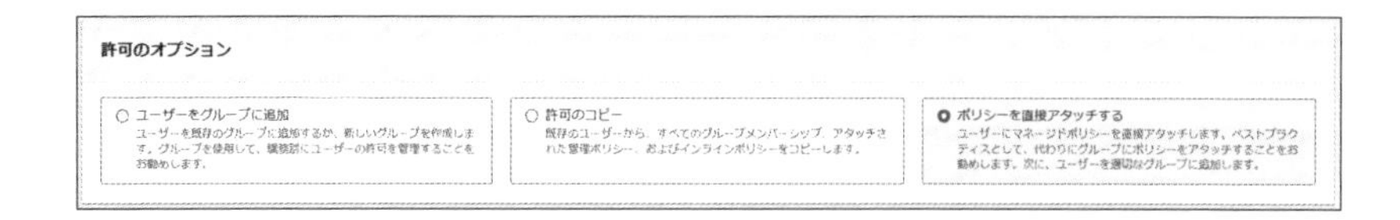

⑬【許可ポリシー】項目の検索欄に【administrator】と入力

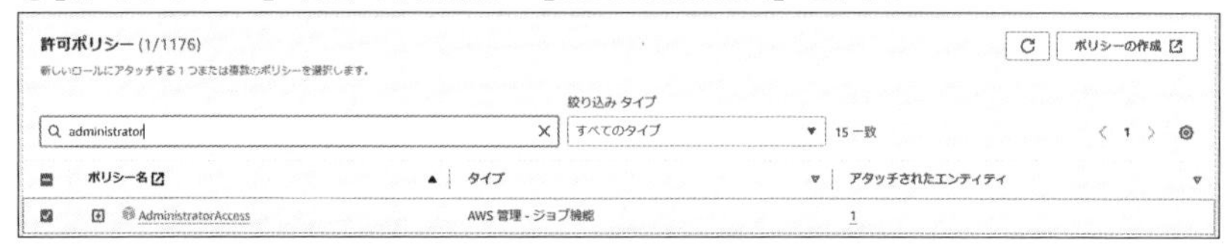

⑭【AdministratorAccess】にチェックを入れる

⑮【次へ】をクリック

⑯設定を確認し【ユーザーの作成】をクリック

⑰【コンソールサインインの詳細】項目において【コンソールサインイン URL】【ユーザー名】【コンソールパスワード】の左のコピーボタンを押下し、それぞれをテキストエディタ等に保存

⑱【ユーザーリストに戻る】をクリック

⑲表示された画面の【ユーザー】項目に作成したユーザーが存在することを確認

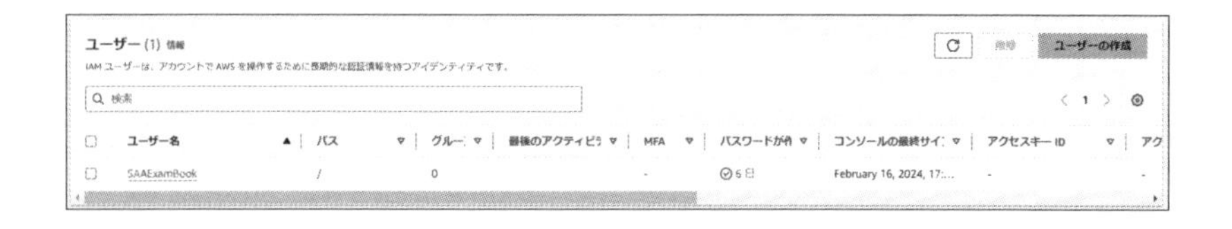

⑳マネジメントコンソール右上のアカウント名をクリック

㉑【サインアウト】をクリック

㉒手順⑰でコピーした【コンソールサインイン URL】をブラウザに貼り付ける

㉓表示された画面において、【ユーザー名】欄に先ほど作成した IAM ユーザーの名前を入力する。

㉔【パスワード】欄に手順⑰でコピーしたパスワードを貼り付ける

㉕【サインイン】をクリック

㉖表示された画面において【古いパスワード】欄に手順⑰でコピーしたパスワードを入力

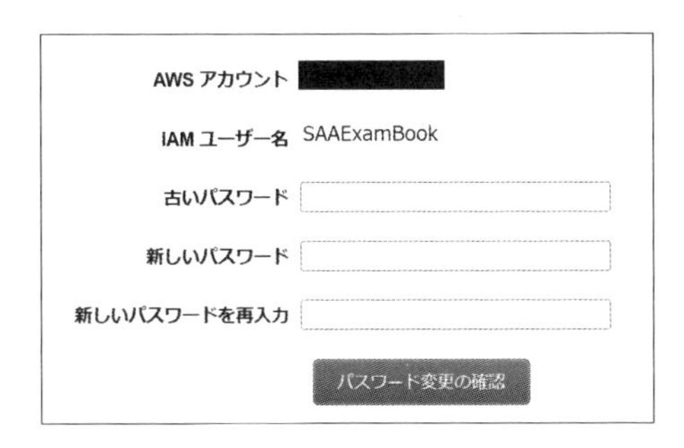

㉗【新しいパスワード】と【新しいパスワードを再入力】欄に任意のパスワードを入力する

㉘【パスワード変更の確認】をクリック

㉙マネジメントコンソールが表示される

㉚マネジメントコンソール上部検索タブに【IAM】と入力し IAM サービスのコンソールに移動

㉛画面左のナビゲーションペインで【ユーザー】を選択する。

㉜【ユーザー】項目内で作成した IAM ユーザー名のリンクをクリック

㉝【セキュリティ認証情報】タブをクリック

㉞【多要素認証 (MFA)】項目において、【MFA デバイスの割り当て】をクリック

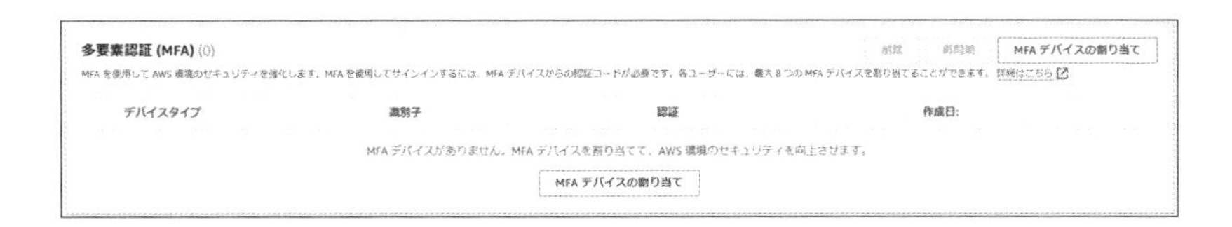

㉟【ステップ 2 ルートユーザーに対する MFA の設定】の手順❸以降と同じ手順を実施し、IAM ユーザーに MFA の設定を行う

以上で「0. AWS アカウント」の作成の手順は終了です。

参　照

1. 以降の作業は、ダウンロード特典にて案内しています。
詳細は p.xxxv の「ダウンロードのご案内」を参照してください。

AWS実践環境ガイド

6. AWSアカウント等の削除

課金を防ぐため、AWS リソースを終了させ、AWS アカウントを削除します。AWS アカウントをそのまま利用する人は、削除する必要はありません。

注　意

AWS アカウントを解約しても、すぐに利用が停止されるわけではありません。そのため、未削除の AWS リソースがあった場合、課金が継続されます。今一度削除が漏れた AWS リソースが無いか、確認をお願いします。
なお、AWS アカウントでアクティブなリソースを確認する方法は、以下も参考になります。
https://repost.aws/ja/knowledge-center/check-for-active-resources

ステップ1：AWS リソースの削除

❶AWS マネジメントコンソールに、root ユーザーでアクセス
❷AWS マネジメントコンソールの検索タブに【Resource Groups】と入力し、【Resource Groups & Tag Editor】を選択
❸画面左のナビゲーションペインにて、【タグエディタ】を選択
❹【リージョン】プルダウンにて【All regions】を選択し、【リソースタイプ】プルダウンにて【All supported resource types】を選択

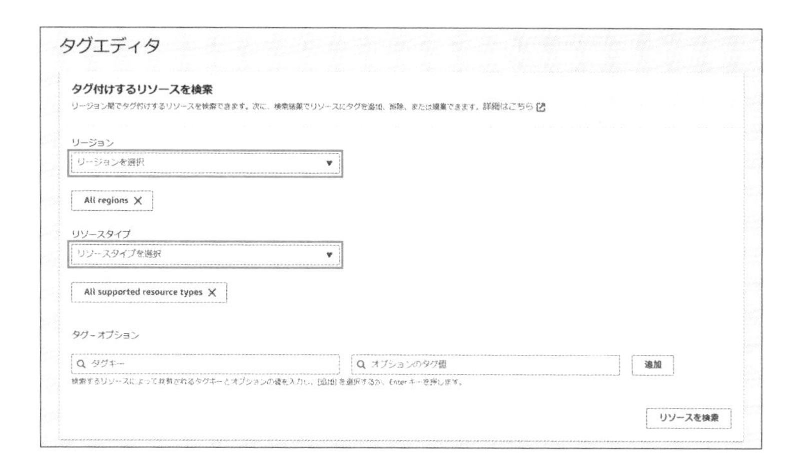

❺【リソースを検索】をクリック

❻検索されたアクティブなリソースを削除

※【サービス】欄が IAM のリソースは削除不要です。

※【タイプ】欄が【RouteTable】や【Subnet】等と表示されている、VPC に関連したリソースは、親の VPC を削除すると同時に削除されるため、VPC を先に削除することをお勧めします。

ステップ 2：AWS アカウントの削除

参 照

AWS アカウントの削除については、以下のページも参考にしてください。
https://repost.aws/ja/knowledge-center/close-aws-account

❶ルートユーザーとして、AWS アカウントにサインイン

❷マネジメントコンソールの画面右上にあるアカウント名をクリックし、【アカウント】メニューを選択

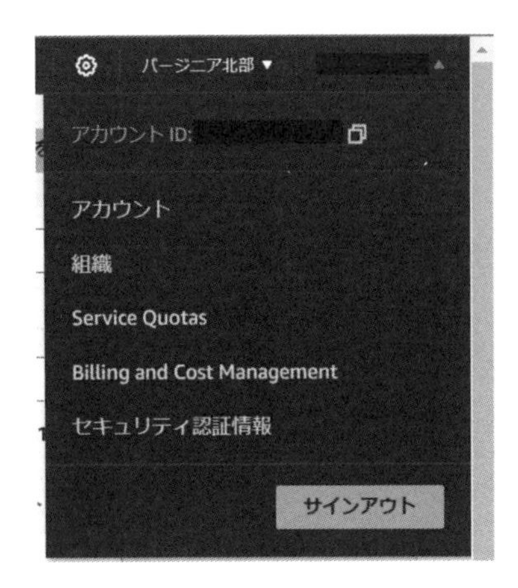

❸【アカウントを閉鎖】セクションまでスクロールし、【アカウントを閉鎖】をクリック

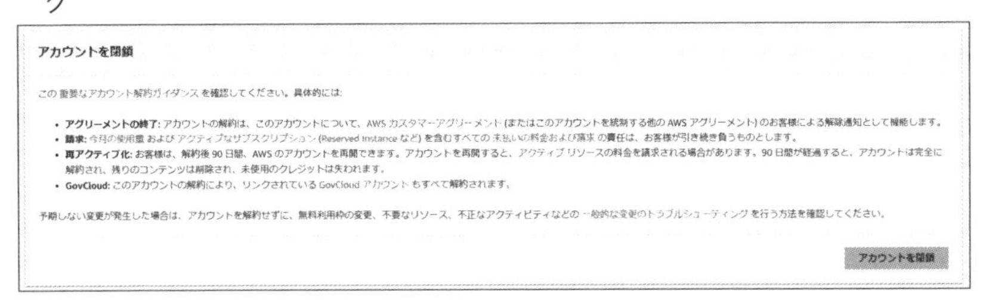

❹ポップアップにて、再度【アカウントを閉鎖】をクリック

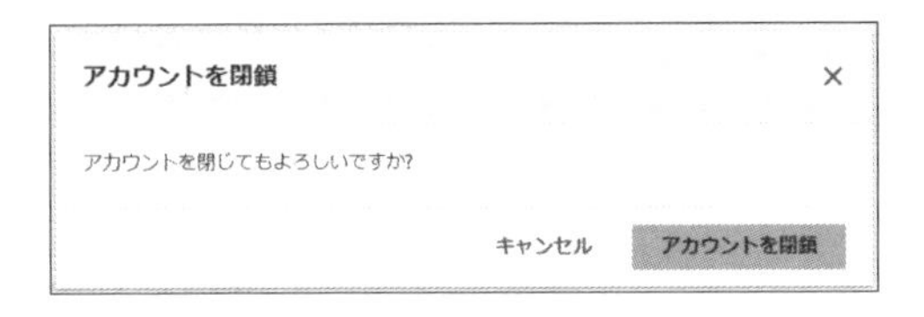

❺画面上部にアカウントを閉鎖した旨のメッセージが表示される

❻数分以内にルートユーザーのメールアドレス宛にアカウントを閉鎖した旨のメールが届くため、その受信を確認

ダウンロード特典（模擬問題１回分・体験学習用ツール等）のご案内

本書の読者特典として、「模擬問題１回分」、「AWS 実践環境ガイド」（1. ～ 5.）、「テンプレートファイル」、「Web 形式のサンプル問題」を提供いたします。

◉模擬問題１回分

ダウンロード特典として、1 回分の模擬問題と解答・解説を収録しています。各問題に簡単な解説を入れていますが、よく理解できなかった箇所は本文に戻って復習するとよいでしょう。

◉AWS 実践環境ガイド

「1. AWS Budgets を使用した料金アラームの設定」から、「5. CloudWatch や CloudTrail を使用しメトリクスやイベント履歴を参照」までの作業ステップの解説は、ダウンロード特典として提供します。

概要、「0. AWS アカウントの作成」、「6. AWS アカウントの削除」については p.xix に記載しています。

◉テンプレートファイル

AWS 実践環境ガイドの「1. ～ 5.」のステップで活用できる、クラウドフォーメーションのテンプレートファイルを提供します。好きな作業ステップから、体験学習を開始できます。

提供サイト：

https://www.shoeisha.co.jp/book/present/9784798183268

アクセスキー：本書のいずれかのページに記載されています（上記の提供サイト参照）

※一部のファイルのダウンロードには、SHOEISHA iD（翔泳社が運営する無料の会員制度）への会員登録が必要です。詳しくは、Web サイトをご覧ください。

◉Web 形式のサンプル問題

Web 上で解けるサンプル問題を用意しました。予告なく終了する可能性がありますので、ご了承ください。

提供サイト：https://academy.intellilink.co.jp/books/aws-saa03-book

※ダウンロードファイルの提供開始は 2024 年 4 月末頃の予定です。

※ダウンロードしたデータを許可なく配布したり、Web サイトに転載することはできません。

※ダウンロードファイルの提供は、本書の出版後一定期間を経た後に予告なく終了することがあります。

序章

AWSクラウド入門

本編に入る前に、本章ではクラウドサービスに関する基礎知識についておさらいをします。クラウドとは何か、クラウドサービスのメリット、AWSのカテゴリ、AWS Well-Architectedフレームワークについて学びましょう。
実務経験がある人や「クラウドプラクティショナー」に合格した人は、本章を飛ばして、第一部「サービス別対策」(p.14)の学習に入っていただいても結構です。

0.1 クラウドとは

はじめに、クラウドとは何か、クラウドサービスを利用するメリットは何かを紹介します。

クラウドとは、構築済みのリソース（ネットワーク、サーバ、ストレージなど）を、インターネット・社内ネットワーク等のネットワークを経由し、必要に応じて利用できるシステムモデルです。

一方、クラウドとは違い、自社データセンタなどにサーバやストレージの機器を所有し、利用するモデルを**オンプレミス**といいます。オンプレミスでは、ユーザ自身が機器を所有しているため、各機器に対するカスタマイズなど、細かな制御を行うことができますが、自社内での構築や運用管理が必要です。オンプレミスのシステムは、基本的にインターネットを経由せずに社内ネットワーク内で利用します。

▶ 図0.1：オンプレミスとクラウドの違い

クラウドでは、クラウドサービスを提供する企業であるクラウドサービスプロバイダが機器などを所有し、運用管理を行います。**ユーザは、それらの機器を所有することなく、必要な時に、必要な分のリソースを「利用」することができます。**

クラウドのデプロイモデルには、「パブリッククラウド」、「オンプレミス/プライベートクラウド」、「ハイブリッドクラウド」の3種類があります。その違いについてまとめたものが、表0.1です。

表0.1：クラウドの3つのデプロイモデル

デプロイモデル	説明
パブリッククラウド	クラウドサービスプロバイダが提供するサービスをネットワーク経由で利用するモデル。
オンプレミス/プライベートクラウド	仮想化とリソース管理ツールを使用してオンプレミスにクラウド環境をデプロイするモデル。
ハイブリッドクラウド	クラウドベースのリソースと、オンプレミスの環境を接続し、利用するモデル。

図0.2：クラウドの3種のデプロイモデルの違い

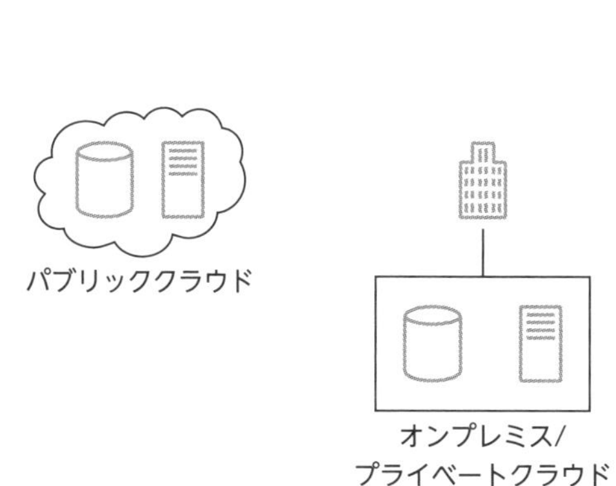

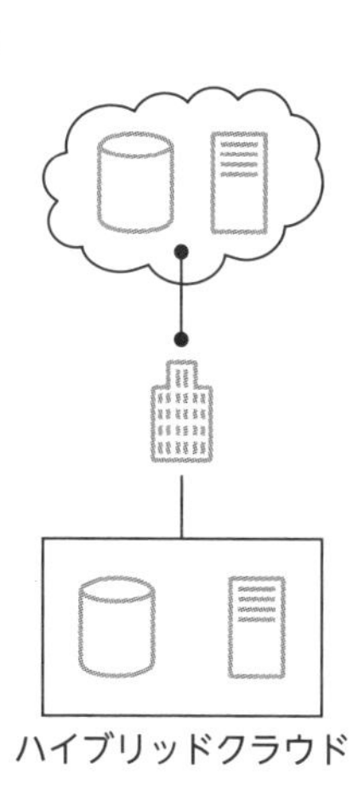

0.2 クラウドサービスの導入で得られるメリット

クラウドを利用することにより、従来のオンプレミスと比較して、以下のメリットを得ることができます。

表0.2：クラウドサービスのメリット

メリット	説明
固定費を変動費に変換できる	従来はデータセンタ、サーバ、ストレージなどに多額の設備投資を行う必要がありました。しかし、クラウドサービスを利用することにより、ユーザは、**リソースを使用したときにのみ、使用した分のみを支払う**ようにできます。
規模の経済によるコストメリット	世界中のユーザのリソースをクラウドに集約させることができるため、クラウドサービスプロバイダは**規模の経済性を高め、調達コストをおさえる**ことができます。調達コストが下がった分は、ユーザに対して値下げとして還元されます。
キャパシティ予測が不要になる	クラウドにより、コンピューティングリソースなど、あらゆるリソースが数分程度でデプロイできるため、必要に応じて、迅速にリソースを確保することができます。そのため、従来行われていたキャパシティ予測を行った上での機器調達は不要となります。
スピードと俊敏性の向上	従来、サーバなどの機器調達に数週間から数カ月かかっていましたが、クラウドでは数分程度で調達できます。そのため、ビジネスのスピードを加速させることができます。
運用保守の時間とコストを削減	従来データセンタや機器の運用保守を顧客が自ら行っていましたが、クラウドでは、基本的にクラウドサービスプロバイダが運用保守を行ってくれます。そのため、ユーザは運用保守の時間とコストを削減し、他社と差別化するための本来のビジネス領域に注力することができるようになります。
数分で世界中にデプロイ	従来、リソースの必要な国や地域に、サーバなどを構築する必要がありましたが、クラウドでは、データセンタを切り替えて、デプロイすることにより、アプリケーションを複数の国や地域にデプロイできます。

0.3 AWSの主要サービスカテゴリ

AWS では、コンピューティング、ストレージ、ネットワーキング、データベース、Game Tech、また衛星通信のコントロールに至るまで、クラウド環境を構築または拡張するためのサービスを数多く提供しています。これらのサービスは、ユーザのすばやい行動、IT コストの削減、スケーラビリティを促進するように設計されています。AWS での代表的なサービスカテゴリは以下の通りです（表 0.3）。

表0.3：AWSの代表的なサービスカテゴリ

サービスカテゴリ	カテゴリの説明	代表的なサービス
コンピューティング	アプリケーションなどを実行するために必要な、CPU やメモリなどのリソースを提供します。また、必要に応じて自動的にスケーリングする機能なども提供します。	Amazon Elastic Compute Cloud (EC2) AWS Elastic Beanstalk AWS Fargate AWS Lambda
ストレージ	アプリケーションで使用されるデータを保持します。データを保存、送信、バックアップするための各種オプションを提供します。	Amazon Simple Storage Service (Amazon S3) Amazon Elastic Block Store (Amazon EBS) Amazon S3 Glacier
ネットワーキングとコンテンツ配信	各種リソースを配置するための仮想ネットワーク、DNS機能、コンテンツ配信機能などを提供します。	Amazon Virtual Private Cloud (Amazon VPC) Amazon Route 53 Amazon CloudFront
データベース	高可用性、スケーラビリティ、バックアップが組み込まれたリレーショナルデータベース、また非リレーショナルデータベースを提供します。	Amazon Aurora Amazon Relational Database Service (Amazon RDS) Amazon DynamoDB
分析	未加工データを意味のある情報に変えるための機能を提供します。データを収集、視覚化、分析して、ビジネスの運営に必要なデータを得ることができます。	Amazon Athena Amazon Redshift Amazon Kinesis

サービスカテゴリ	カテゴリの説明	代表的なサービス
コスト管理	コストと使用状況に関する情報へアクセスし、使用傾向の把握、予算の設定、AWS使用の最適化を行うための機能を提供します。	AWS Cost Explorer AWS Budgets AWS Cost and Usage Report
マネジメントとガバナンス	自動構築、リソースのモニタリング、ユーザのアクティビティ追跡など、構築および運用効率を強化する機能を提供します。	Amazon CloudWatch AWS CloudFormation AWS CloudTrail AWS Trusted Advisor
移行と転送	オンプレミスのワークロードやデータをAWSに移行するための各種機能を提供します。	AWS Database Migration Service AWS Snowball AWS DataSync
セキュリティ、アイデンティティ、コンプライアンス	コンプライアンス、ガバナンスを維持し、インフラストラクチャとデータを内部および外部の脅威と漏洩から保護するための機能を提供します。	AWS Identity and Access Management (IAM) Amazon Inspector AWS Shield AWS Security Hub

0.4 AWSのサービスへのアクセス

AWSの各種サービスを操作する際には、AWSマネジメントコンソール、ソフトウェア開発キット（SDK）またはAWS Command Line Interface（AWS CLI）を使用することができます（表0.4）。

表0.4：AWSサービスにアクセスするツール

ツールの名称	説明
AWSマネジメントコンソール	ブラウザのユーザインタフェースを通じてAWSの各種サービスを直感的に操作するためのツールです。iOSおよびAndroid用AWSマネジメントコンソールも用意されているため、外出先でもリソースを表示・確認することができます。
AWS Command Line Interface (AWS CLI)	AWSの各種サービスをコマンドにより管理するためのツールです。コマンドラインから複数のAWSサービスを制御し、**スクリプトを使用した操作の自動化が可能です。**

ツールの名称	説明
AWSソフトウェア開発キット（SDK）	プログラミング言語またはプラットフォームに合わせたアプリケーションプログラムインターフェイス（API）を使用して、アプリケーション内でAWSサービスを簡単に操作できるようにするツールです。プログラミング言語の繰り返し処理、分岐処理を組み合わせることにより、より柔軟に操作をすることができます。

0.5 グローバルインフラストラクチャ

AWSグローバルインフラストラクチャは、200を超えるAWSサービスを提供するためのクラウドプラットフォームです。グローバルインフラストラクチャは、リージョン、アベイラビリティゾーン、エッジロケーション等で構成されており、ユーザは、一部のリージョン（北京、寧夏、GovCloud）を除き、世界中のリージョンを自由に使用することができます。

ここでは、データセンタ、アベイラビリティゾーン、リージョン、エッジロケーション、AWS Local Zones、AWS Outpostsについて個別に紹介します。

◇ データセンタ

AWSの200を超えるサービスは、AWSのデータセンタ内で稼働し、ユーザに提供されています。AWSの1つのデータセンタにつき、数千台単位のサーバをホストしており、ユーザはほぼ無制限にリソースを利用することができます。

また、データセンタは、機器へのアクセス制御を行う境界レイヤ、機器を障害から保護するためのインフラストラクチャレイヤ、データ自体への不正アクセスなどから保護するためのデータレイヤ、環境管理対策に特化した環境レイヤの4つのレイヤにより、セキュリティ面で保護されています。

◇ アベイラビリティゾーン

アベイラビリティゾーン（以下、AZ）とは、1つ以上のデータセンタの

集まりです。

各 AZ には、個別の電力源、冷却システム、そして物理的セキュリティが備わっており、1 つのデータセンタでは実現が難しい高可用性、耐障害性、および拡張性を備えたアプリケーションの構成が可能です。

同一リージョン（後述）内の AZ 間は、高スループットかつ低レイテンシのプライベートネットワークで相互接続されています。その AZ 間のレイテンシは、平均 1 ミリ秒、最大 2 ミリ秒に収まるように設計されています。そのため、AZ 間の同期レプリケーションを実行するのに十分なネットワークパフォーマンスを備えています。AZ により、高可用性実現を目的にしたアプリケーションの分割配置が簡単になります。アプリケーションが AZ 間で分割配置されている場合、停電、落雷、竜巻、地震などの問題からより安全に隔離され保護されます。

各 AZ 同士は、物理的に数キロメートルから数十キロメートル離れていますが、互いにすべて 100 キロメートル（60 マイル）以内に配置されています。

図0.3：1つのアベイラビリティゾーン

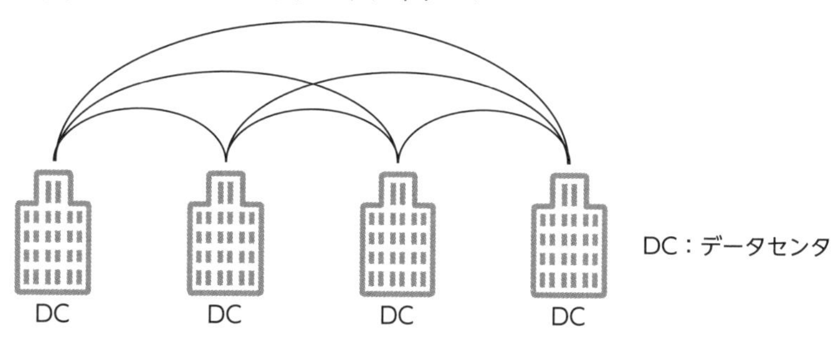

リージョン

AWS リージョンとは、国や地域でまとめられた複数のアベイラビリティゾーンとトランジットセンタで構成されたロケーションです。

トランジットセンタは、インターネット、AWS Direct Connect、別リージョンとの結節点として機能します。各 AZ は 2 つのトランジットセンタを経由して外部と接続することができます。また、各リージョンは、最低 3 つの AZ で構成されています。また、リージョン間（中国リージョンを除く）とエッジロケーション（後述）は、冗長化された 100GbE の暗号化されたプライベートネットワークである、グローバルネットワークで結ばれています。

▶ 図0.4：リージョン

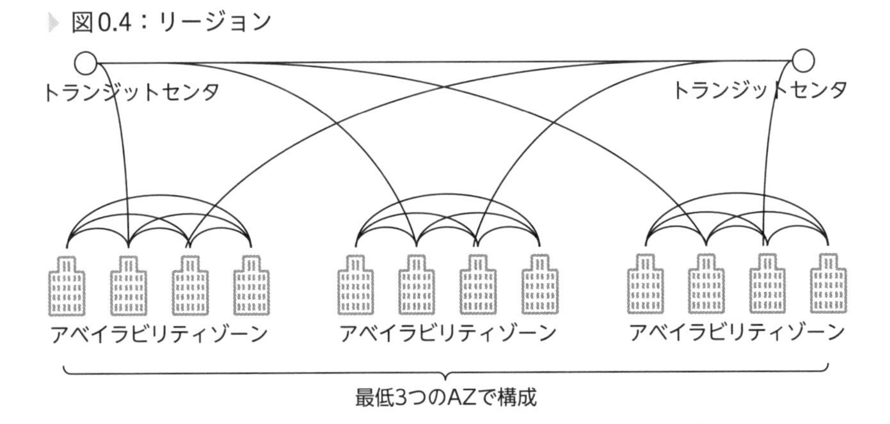

エッジロケーション

エッジロケーションとは、CDN（コンテンツデリバリネットワーク）のサービスであるAmazon CloudFrontやAWSの一部のサービスを、**ユーザのより近い場所から提供することにより、低レイテンシを実現するための拠点**です。

AWS Local Zones

AWS Local Zonesとは、人口の多い場所や産業の発達したエリアにAWSがインフラを展開している特定エリア（都市）に配置されるAWSインフラストラクチャの一種で、世界で30を超えています。ユーザは、リージョンよりも近い距離に展開されたAWS Local Zonesのインフラを利用することにより、1桁台のミリ秒のレイテンシでサービスを利用することができます。

AWS Outposts

AWS OutPostsは、AWSサービスが構成された物理サーバを利用できるサービスです。一部のAWSサービスをユーザのデータセンタなどの拠点で実行することにより、低レイテンシでAWSのサービスを利用することができます。

また、Outpostsは、オンプレミスのシステムに対する低レイテンシのアクセスや、ローカルでのデータ処理が必要となるワークロードとデバイスをサポートしており、ローカルのシステムとの相互依存性を維持しながらアプリケーションを移行する場合にも活用できます。

Outpostsは、業界標準の42UのラックタイプのOutpostsラックと、1Uまたは2Uのサイズで構成されるOutpostsサーバの2つから選択することができます。

0.6 AWS Well-Architected フレームワーク

AWS Well-Architectedフレームワークは、AWSが提唱する設計、構築、運用時のベストプラクティス集です。本試験では、AWS Well-Architectedフレームワークに基づくソリューションの設計とAWSのテクノロジを使用する能力が問われます。

このフレームワークを使用することによって、信頼性が高く、安全で、効率的で、コスト効率が高く、持続可能なシステムを設計し、運用するための、アーキテクチャに関するベストプラクティスを学ぶことができます。AWS Well-Architectedフレームワークには、「**一般的な設計原則**」と「**フレームワークの柱**」があります。

一般的な設計原則

AWS Well-Architectedフレームワークの「一般的な設計原則」では、クラウド上における適切な設計を可能にする一般的な設計の原則を確認することができます。

◇ キャパシティニーズの推測が不要

従来はリソースの調達に時間がかかるため、将来にわたるシステムの負荷を予測し、最大の負荷に基づいてキャパシティを決定することが多くありました。結果、使用されない無駄なリソースが発生したり、逆にリソースが不足したりすることがありました。

クラウドコンピューティングでは、スケールアップやスケールアウトなどのスケーリングにより、即座にリソースを調整できるため、そもそもキャパシティを予測することが不要となります。

図0.5：キャパシティニーズの推測がクラウドでは不要

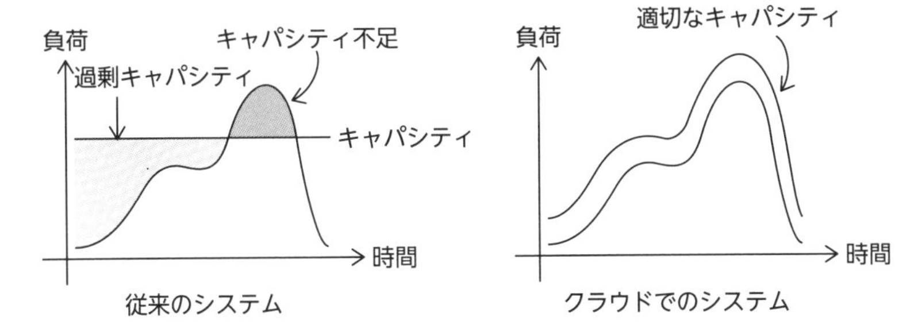

本稼働スケールでシステムをテストする

従来、システムテストを行う場合、時間とコストを考慮し、実際の本番環境の規模よりも小さい規模の環境を構築し、システムテストを行うことが一般的でした。その場合、本番環境で発生する可能性のあるシステム負荷などが再現できないため、テストは不十分な場合があります。

クラウドコンピューティングでは、短時間で大規模環境を構築することも可能であり、またテスト終了後に即座にリソースを廃棄することにより、コストの発生を、テスト中のみに制限することができます。

▶ 図0.6：クラウドでは本稼働スケールで、システムをテストできる

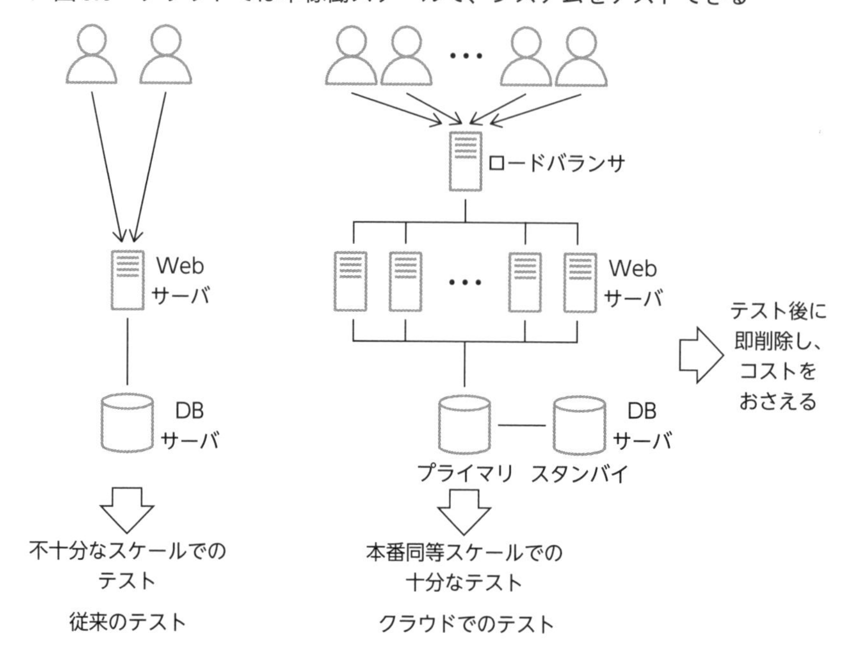

◇ 自動化によってアーキテクチャでの実験が容易に

環境の設定、構築を手作業ではなく自動化することにより、作業の負荷を減らしつつ、何度でも環境を構築することができます。そのため、実験的に変更を加えたり、元に戻したりといったことが容易に行えるようになります。

◇ 発展するアーキテクチャが可能に

従来のシステムは、一度設計、構築するとその状態のまま使用していました。そのため、即座にビジネスニーズの変化に対応することが難しかったのです。しかし、クラウドコンピューティングでは、システムを停止せずに、オンデマンドでテストを行うことができるため、システムを時間とともに進化させることができます。

◇ データに基づいてアーキテクチャを駆動

従来は勘や経験からシステムを運用することがありましたが、クラウドコンピューティングでは、システムの各リソースのパフォーマンス情報をメト

リクスとして収集できるため、データに基づいてシステムを改善することができます。

ゲームデーを利用して改善する

ゲームデーとは、シミュレーションや演習とも呼ばれ、現実的なシナリオでインシデント管理計画や手順をシミュレーションするためのイベントです。ゲームデーにより、システムの改善できる箇所を把握し、組織が実際のインシデントなどに対応するための経験を積むのに役立ちます。

フレームワークの柱

AWS Well-Architected フレームワークには、以下の６つの柱があります。

- 運用上の優秀性
- セキュリティ
- 信頼性
- パフォーマンス効率
- コスト最適化
- 持続可能性

この６つの柱を考慮しながら AWS を活用していくことが、効率的なインフラの構築にきわめて重要です。

第一部

サービス別対策

試験では複数のサービスを比較してどのサービスを使用するのが正解か、また特定サービスの複数機能を比較してどの機能を使用するのが正解かが問われます。
第一部では、まずサービス毎にその概要や機能等を学習します。
第一部の中でも、第1章「コンピューティング」、第2章「ストレージ」、第3章「ネットワーク」は特に重要度が高いです。
各サービスは三ツ星で重要度を評価しています。★★★はユースケースやオプション等の理解が必要な一方、★は概要と代表的な用語がある程度おさえられていれば大きな問題は生じません。まずは、各カテゴリの★★★と★★のサービスからおさえていただければと思います。

第1章

コンピューティング

コンピューティングサービスは、アプリケーションを実行するために必要なCPUやメモリを提供します。EC2やLambda等が特に重要なサービスです。

アクセスキー：l（小文字のエル）

1.1 Amazon Elastic Compute Cloud（Amazon EC2）

重要度 ★★★

概要

Amazon Elastic Compute Cloud（以下、Amazon EC2）とは、仮想サーバの機能を提供するサービスです。Amazon EC2により、仮想サーバを数分で用意することができます。また、管理者は、物理的なITインフラを気にすることなく、EC2インスタンス（Amazon EC2で作成した仮想サーバ）上で、自由にアプリケーションを構築することができます。

メリット/デメリット

◇ サイズ変更が可能

管理者はインスタンスタイプを変更することで、EC2インスタンスのCPUのコア数、メモリ等のサイズを変更できます。

◇ 運用管理が必要

EC2インスタンスは、OSレベルで柔軟に管理することが可能です。しかし、AWS側が管理を行ってくれるマネージドサービスと比較すると、EC2インスタンスの各種設定、OSのパッチ適用、運用管理等については、ユーザ側で管理を行う必要があります。

構成要素・オプション等

◇ Amazon マシンイメージ（AMI）

Amazon マシンイメージ（以下、AMI）とは、OS、アプリケーション、各種設定などEC2インスタンスを起動するうえで必要な情報を含んだルートボリュームのテンプレートのことです。AMIには、ルートボリュームの情報以外に、AWSアカウントでAMIを使用してEC2インスタンスを起動するための起動許可や、EC2インスタンスを起動時にEC2インスタンスにアタッチするボリュームを指定する際のブロックデバイスマッピングが含まれます。

以下の組織・団体等が提供するAMIがあり、自由に取得・使用することができます。

- AWSが提供するAMI
- コミュニティが提供するAMI
- AWS Marketplaceにて提供されるAMI

また、既存のEC2インスタンスから独自のAMIを作成することもできます。逆に**独自のAMIから、同等のEC2インスタンスを作成できるので、独自に作成したAMIはEC2インスタンスのバックアップとして使用できます。**

図1.1：AMI（Amazonマシンイメージ）

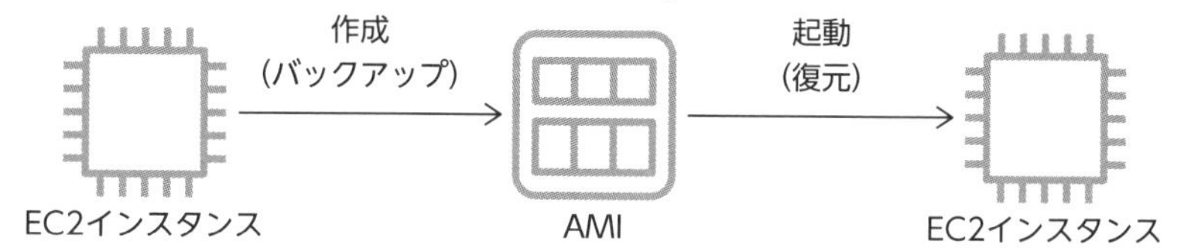

インスタンスタイプ

インスタンスタイプは仮想サーバのCPUやメモリ、ストレージ、ネットワークキャパシティ等の仕様を表します。EC2インスタンス上で実行するワークロードに応じて、さまざまなインスタンスタイプを選択します。

インスタンスタイプは、用途に応じて以下のタイプが用意されています。

汎用：CPU、メモリ、ネットワークのリソースがバランスよく構成されており、一般的なWebサーバなどを含むような多様なワークロードで使用できるように構成されています。
コンピューティング最適化：高パフォーマンスのプロセッサが搭載されてお

り、高パフォーマンスを必要とするWebサーバや科学的モデリングなどに適した構成となっています。

メモリ最適化：メモリが多く搭載されており、多くのメモリを利用することによりパフォーマンスを発揮するデータベースなどに適しています。

高速コンピューティング：GPUベースのインスタンスタイプとなり、深層学習や、グラフィックス処理などに適した構成となっています。

ストレージ最適化：ローカルストレージで数万IOPSの低レイテンシなランダムI/Oなどが行えるように構成されており、高速な読み取りと書き込みが必要なデータベースや、リアルタイム分析などに適した構成となっています。

HPC最適化：高パフォーマンスのプロセッサ、また大きなネットワーク帯域幅により､計算負荷の高いハイパフォーマンスコンピューティング（HPC）に適した設計になっています。

インスタンスタイプの名称は以下のように構成されています。

図1.2：インスタンスタイプの名称

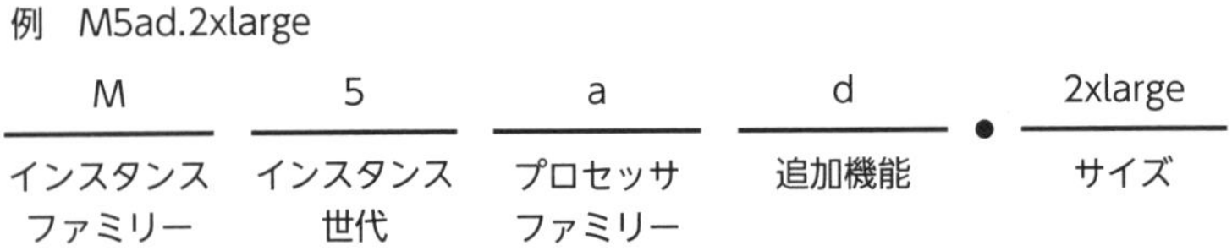

例　M5ad.2xlarge

M	5	a	d	.	2xlarge
インスタンスファミリー	インスタンス世代	プロセッサファミリー	追加機能		サイズ

インスタンスファミリーでは、高い計算能力を持っていたり、メモリを多く搭載していたりといった、インスタンスの特性を識別できます。

プロセッサファミリーでは、AMD製のEPYCプロセッサ、AWS独自のGravitonプロセッサ、Intel製のXeonプロセッサなどプロセッサを搭載していることを識別できます。

また、追加機能では、高速なブロックストレージであるインスタンスストアを搭載していたり、通常のインスタンスに対してネットワークが強化されていたり、追加機能が搭載されていることが識別できます。

表1.1：インスタンスファミリー

分類	適している主なワークロード	インスタンスファミリー
汎用	多様なワークロード ウェブアプリケーション	Mac、T、M
コンピューティング最適化	コンピューティングバウンドのアプリケーション 高パフォーマンスプロセッサ メディアトランスコーディング 科学モデリング 機械学習	C
メモリ最適化	メモリ内の大容量データの高速配信 データベースサーバー ウェブキャッシュ データ分析	X、Z、U、R
高速コンピューティング	高グラフィックス処理 Graphics Processing Unit（GPU）バウンド 機械学習 ハイパフォーマンスコンピューティング（HPC） 自動運転車	G、P、F、Inf、Trn、DL、VT
ストレージ最適化	高速シーケンシャル読み取り/書き込み 大容量データセット NoSQLデータベース Amazon OpenSearch Service	I、D、H
HPC最適化	計算流体力学（CFD） 天気予報 分子動力学	Hpc

表1.2：プロセッサファミリー

プロセッサファミリー	説明
a	AMDプロセッサ
g	AWS Gravitonプロセッサ
i	Intelプロセッサ

表1.3：追加機能

追加機能	説明
d	標準インスタンスに対して内蔵ストレージ（インスタンスストア）付加
n	標準インスタンスに対してネットワークを強化
e、z、flex	その他（従来よりCPU、メモリ搭載量が異なるなど）

ストレージオプション

EC2 インスタンスのローカルストレージとして使えるオプションは、Amazon Elastic Block Store（以下、Amazon EBS)、Amazon EC2 インスタンスストア（以下、インスタンスストア）の 2 種類あります。

Amazon EBS：EC2 インスタンスにアタッチして使用することができるブロックストレージです。EC2 インスタンスの起動、停止の状態に関わらず、永続的にデータを保存することができます（不揮発性）。

参　照

「Amazon EBS」の詳細については、第 2 章の「Amazon EBS（Amazon Elastic Block Store)」をご参照ください。

インスタンスストア：EC2 インスタンスに一時的なストレージ領域を提供します。インスタンスストアは、EC2 インスタンスが稼働するホストコンピュータに、物理的にアタッチされているストレージ上にあります。インスタンスストアの特徴は、格納されたデータが EC2 インスタンス起動時のみ保持できるという点です。EC2 インスタンスを停止、休止、またはインスタンス変更など行うと、インスタンスストア上のデータは消滅します（揮発性)。そのため、EC2 インスタンスを停止する際などは、インスタンスストア上のデータを Amazon EBS ボリューム、Amazon S3 バケット、Amazon EFS ファイルシステムなどの永続的なストレージに手動でコピーする必要があります。

また、インスタンスストアのパフォーマンスは、EBS ボリュームよりも高い数百万 IOPS を出すことも可能です。そのため、EBS ボリュームよりも高い I/O パフォーマンスが求められる一時ストレージとしての利用に適しています。

インスタンスストアのボリュームの数やサイズは、インスタンスタイプとインスタンスサイズごとに、あらかじめ決められています。また、EC2 インスタンスの料金に含まれているため、Amazon EBS のように、別途料金が発生することはありません。

▶ 図1.3：インスタンスストアとEBSボリュームの違い

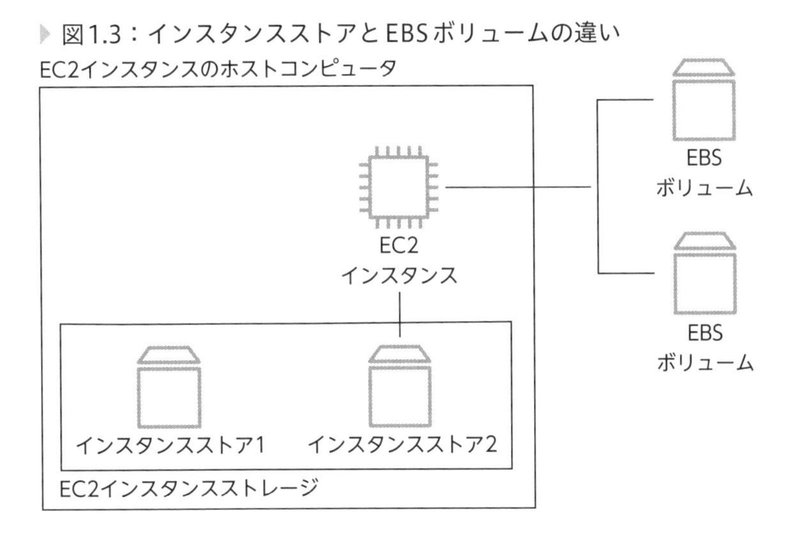

キーペア

EC2インスタンス接続時の身分証明に使用する認証情報のセットです。キーペアは、パブリックキーとプライベートキーで構成されます。AWS側でキーペアを作成し、プライベートキーをダウンロードすることもできますし、ユーザがローカルでキーペアを作成し、AWS側へインポートもできます。

パブリックキーはAWSによって管理され、EC2インスタンスを起動する際、自動的に埋め込まれます。ユーザはパブリックキーに対応するプライベートキーを使用することで、EC2インスタンスへの安全な接続が可能となります。逆に、プライベートキーがあると誰でもEC2インスタンスへ接続できてしまうため、プライベートキーは安全な場所に保存しておく必要があります。

図1.4：キーペア

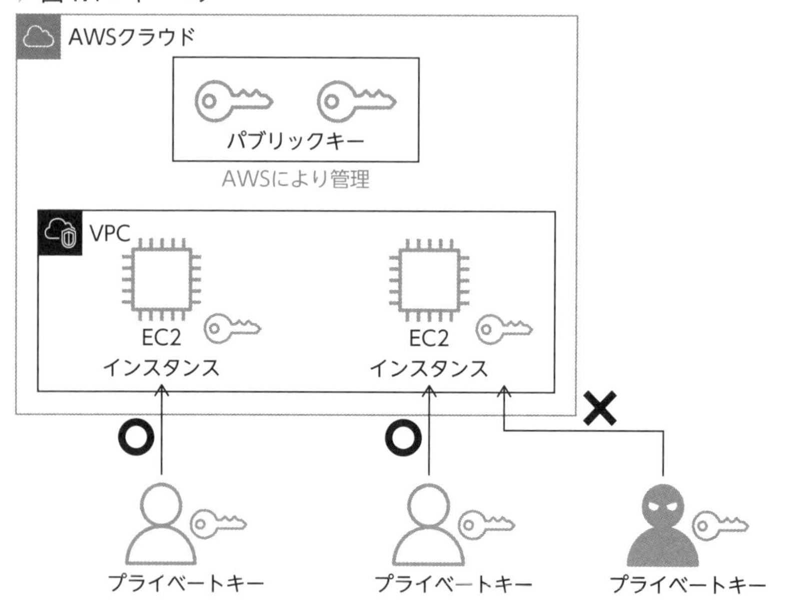

ユーザデータ

EC2 インスタンスに対して行う操作をスクリプトとして渡しておくことができる機能です。EC2 インスタンスを起動する際、ユーザデータを設定しておくことにより、EC2 インスタンスの初回起動時に、スクリプトの内容を自動実行できます。これにより、EC2 起動後に SSH 接続し、手作業で初期設定や構築作業を行う必要がなくなります。ユーザデータは Linux の場合、cloud-init により実行され、Windows の場合は EC2Launch サービスにより実行されます。

インスタンスメタデータ

インスタンスメタデータは、実行中の EC2 インスタンスに関する設定情報（ホスト名や IP アドレスなど）を参照することができる機能です。例えばリスト 1.1 のコマンドを実行することにより、インスタンスメタデータにアクセスすることができます。また、前述のユーザデータ内でインスタンスメタデータへアクセスすることも可能です。

通常は EC2 インスタンスのパブリック IP アドレスやインスタンス ID、

AMIなどの情報は、EC2インスタンス上でOSコマンドを入力しても取得することはできませんが、インスタンスメタデータに問い合わせれば、取得できます。

インスタンスメタデータを取得する際には、インスタンスメタデータを返すインスタンスメタデータサービス（IMDS）のIPアドレスである「169.254.169.254」をcurlコマンドで指定します。そして、IMDSのIPアドレスの後ろに「latest/meta-data」と記述し、その後に、取得したい情報のキーワードとして、AMIであれば「ami-id」、インスタンスIDであれば、「instance-id」などを指定します。

リスト1.1：インスタンスメタデータにより取得できる情報を表示しているサンプル（IMDSv1を使用する場合）

```
$ curl http://169.254.169.254/latest/meta-data/
ami-id
ami-launch-index
ami-manifest-path
block-device-mapping/
events/
hostname
iam/
```

以下割愛

タグ

EC2インスタンスに対して、付与することができるキーバリュー型のメタデータです。タグにより、EC2インスタンスを所有者や環境、目的、ソフトウェアバージョンなどで識別できるようになります。

図1.5：タグ

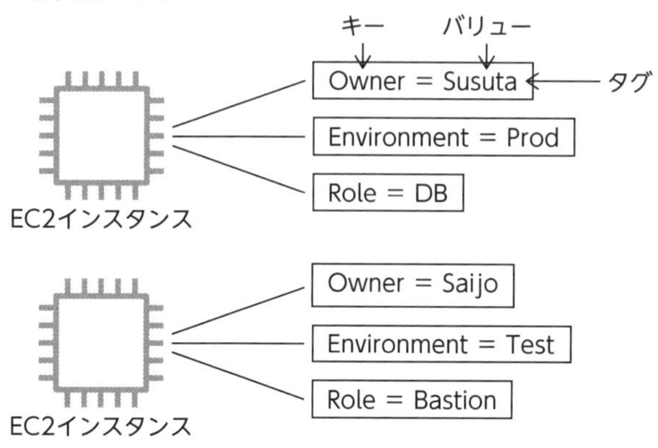

また、IAM ポリシーの「ec2:ResourceTag」条件キーと組み合わせることにより、特定の EC2 インスタンスごとにアクセス制御を行うことができます。

リスト1.2：IAMポリシーにおいてタグを使ったアクセス制御をする際の記載

```
"Condition": {
  "StringEquals": {
    "ec2:ResourceTag/Owner": "${aws:ownername}"
  }
}
```

購入オプション

Amazon EC2 には、要件に応じて、6 つの購入オプションがあります。

オンデマンドインスタンス：事前の設定や長期契約などなしに、EC2 インスタンスを起動している時間に応じて、時間単位もしくは秒単位で料金を支払い、使用することができるオプションです。EC2 インスタンスを停止もしくは終了することにより、支払いは停止します。
リザーブドインスタンス（以下、RI）：1 年もしくは 3 年の長期契約により、オンデマンドインスタンスと比較して、最大 72%の割引を受けることができるオプションです。そのため、長期利用が決まっているシステム、24時間365日稼働が求められるシステムや、需要の変化するシステムにおいて、ベースライン部分として、常に最低限必要な台数分をRIで確保するという場合に向いています。なおRIは、購入後、EC2インスタンスを停止しても、オンデマンドインスタンスのように料金が停止することは有りません。また、RIを購入する際には、リージョン、プラットフォーム、インスタンスタイプ、テナンシーなどを指定する必要があります。

RIは、スタンダードRIとコンバーティブルRIの2種類から選択することができます。スタンダードRIは、契約期間中に、インスタンスファミリーやインスタンスタイプ、またプラットフォームなどを変更はできませんが、大幅な割引を受けることができます。コンバーティブルRIは、インスタンスファミリー、インスタンスタイプ、プラットフォーム、スコープやテナンシーなどの新しい属性の別のコンバーティブルRIに交換することができます。

図1.6：RIの購入オプション

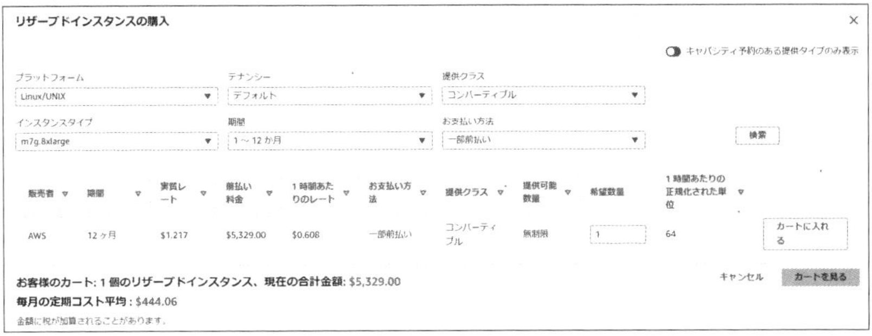

Savings Plans：RIと同様、1年もしくは3年の長期契約により、オンデマンドインスタンスと比較して、最大72%の割引を受けることができるオプションです。RIと異なり、時間単位の利用料金のコミットメントを指定し購入します。また、RIは、インスタンスタイプやインスタンスサイズなどを細かく指定する必要がありますがSavings Plansは、指定する項目が緩和されています。そのため、RIと比較して、柔軟な利用が可能です。

Savings Plansには、EC2 Instance Savings Plans、Compute Savings Plans、SageMaker Savings Plansという3つのプランがあります。

EC2 Instance Savings Plansは、リージョン、インスタンスファミリーなどの指定が必要ですが、高い割引を受けることができます。Compute Savings Plansは、リージョンなどを指定せずに利用することができます。また、このタイプはFargateやLambdaを使用する場合にも適用され、同様にコスト低減のメリットを受けられます。SageMaker Savings Plansは、フルマネージドの機械学習サービスであるSageMakerの割引プランですが、SAAの試験においては重要度が低いです。

図1.7：Savings Plans

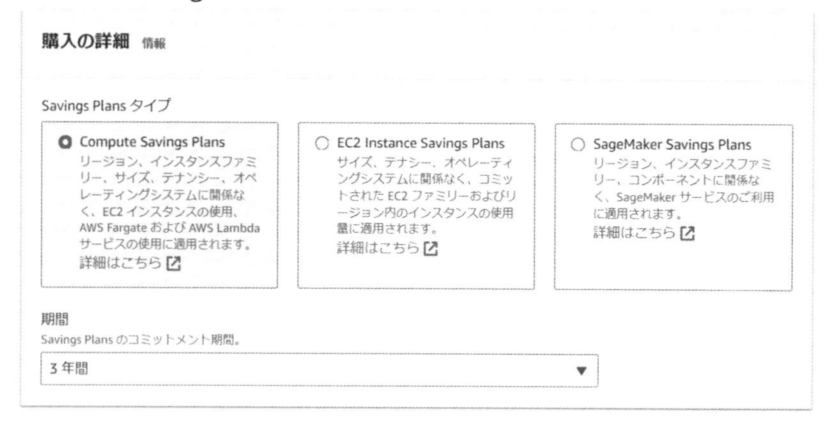

スポットインスタンス：EC2サービスの空きキャパシティを活用し、最大90％の割引を受けることができるオプションです。空きキャパシティの状況に応じて、料金が緩やかに変化し、リージョン、アベイラビリティゾーン、インスタンスタイプ、プラットフォームごとに、料金が設定されています。その料金に対して、支払い可能な上限金額を指定することにより、スポットインスタンスが利用可能となります。

空きキャパシティが不足している場合には、EC2インスタンスを起動できない可能性があります。また、スポットインスタンスの需要が増加したり、供給が減少したりした場合、起動中のスポットインスタンスは中断される可能性があります。中断時には、中断の2分前に警告が通知されます。そのため、**スポットインスタンスについては、開始と中断が柔軟に指定でき、ステートレスな処理である、データ分析や機械学習などのワークロードでの利用が向いています**。また、需要の変化するシステムにおいては、ベースライン部分をリザーブドインスタンスで確保し、追加容量部分でスポットインスタンスを使用することが一般的です。

図1.8：スポットインスタンスの料金設定履歴

スポットインスタンスの料金設定履歴
×
インスタンスタイプの要件、予算の要件、およびアプリケーション設計によって、アプリケーションに以下のベストプラクティスを適用する方法が決まります。詳細については、次を参照してください スポットインスタンスのベストプラクティス
グラフ
アベイラビリティーゾーン
インスタンスタイプ
m6in.16xlarge
プラットフォーム
Linux/UNIX
日付範囲
3 か月
料金
$6.000
$4.000
$2.000
$0.000
11月19日 0:00 11月26日 0:00 12月3日 0:00 12月10日 0:00 12月17日 0:00 12月24日 0:00 12月31日 0:00 1月7日 0:00 1月14日 0:00 1月21日 0:00 1月28日 0:00 2月4日 0:00 2月11日 0:00
時間 (UTC-9:00)
オンデマンド料金 ap-northeast-1a ap-northeast-1c ap-northeast-1d
日付範囲内の 1 時間あたりの平均
オンデマンド
$5.7283
ap-northeast-1a
$2.6549
$0.0415 仮想 CPU あたり
53.55% 節約
ap-northeast-1c
$1.2736
$0.0199 仮想 CPU あたり
77.77% 節約
ap-northeast-1d
$1.1525
$0.0180 仮想 CPU あたり
79.88% 節約

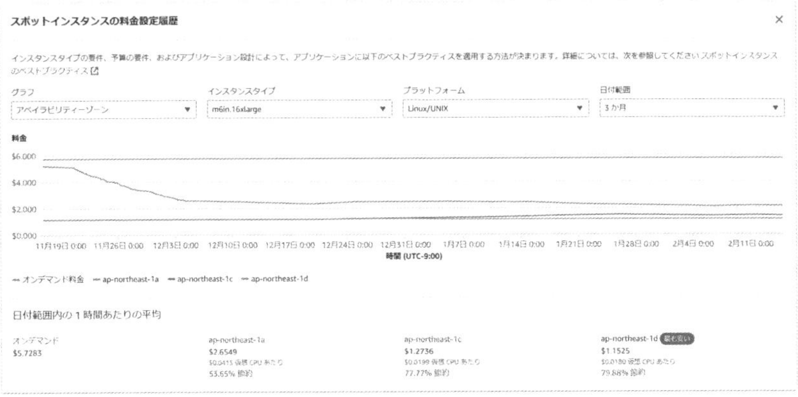

ここが

ポイント

大まかなイメージは以下の通りです。

コスト比較：オンデマンドインスタンス>リザーブドインスタンス≒Savings Plans>スポットインスタンス

制約の比較：オンデマンドインスタンス<リザーブドインスタンス≒Savings Plans <スポットインスタンス

◇ 専有オプション

EC2インスタンスを起動する際に、物理ホストを専有することができます。企業コンプライアンスや規制要件を満たすことができるオプションです。

専有オプションについては、専有ホスト（Dedicated Hosts）と専有インスタンス（Dedicated Instance）の2種類から選択することができます。

専有ホストは、ユーザ専用の物理サーバが提供され、物理サーバ上のソケット、コア、ホストIDなどの確認や、物理サーバ上でのEC2インスタンスの配置を制御することが可能です。これにより、既存のソケット単位、コア単位、または仮想マシン単位のソフトウェアのライセンスを活用することができます。また、ソフトウェアライセンスを管理するためのAWS License Managerとも統合されています。物理サーバを専有するため、物理サーバ単位の料金が発生します。

専有インスタンスは、EC2 インスタンスを起動する際に、他の AWS アカウントに属する EC2 インスタンスとは、物理的に分離されます。しかし、同じ物理サーバ上に、同じ AWS アカウントの、専有インスタンス以外のインスタンスが起動される可能性はあります。料金は EC2 インスタンス単位となります。

図1.9：専有オプション

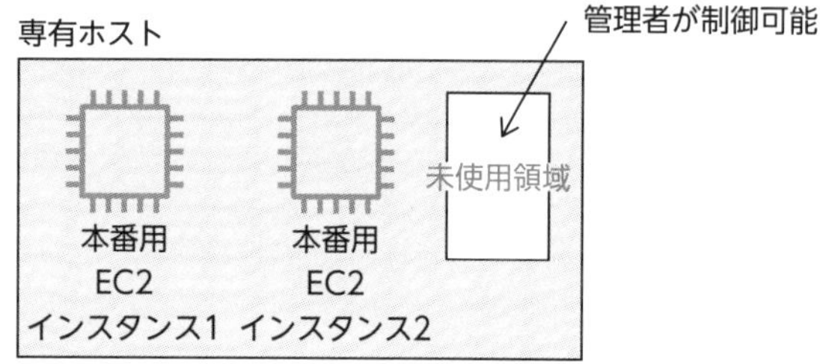

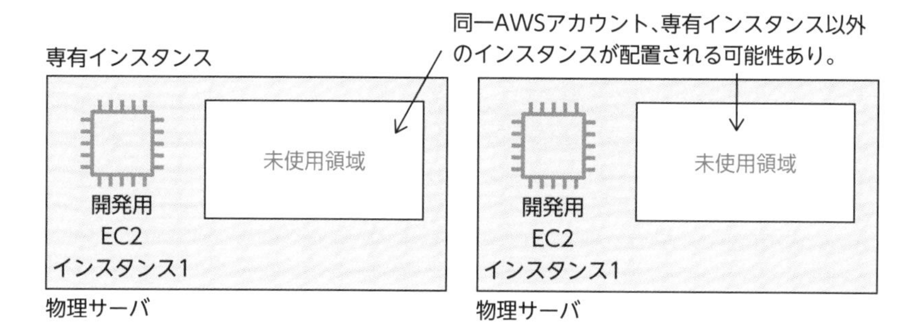

◇ プレイスメントグループ

プレイスメントグループは、複数の EC2 インスタンス間の配置の距離等を制御するための機能です。プレイスメントグループの設定方法は、3 種類あります。

クラスタプレイスメントグループ：1 つのアベイラビリティゾーン内のインスタンスを論理的にグループ化し、EC2 インスタンス同士を近い距離に配置します。これにより、EC2 インスタンス間のネットワークの低レイテンシ、高スループットが提供されます。**ネットワークのレイテンシの要件が厳しい、ハイパフォーマンスコンピューティング（HPC）などに向いています。**

図1.10：クラスタプレイスメントグループ

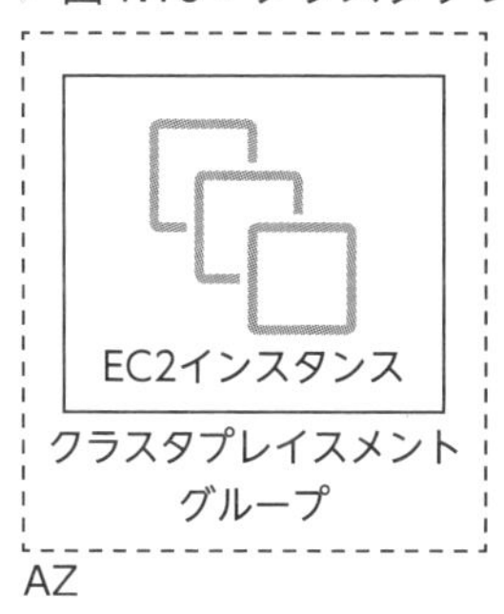

パーティションプレイスメントグループ：パーティションと呼ばれる論理的なセグメントに分割し、1つのアベイラビリティゾーン内のEC2インスタンスをそれぞれ異なるセグメントに配置します。各パーティションは、独自のネットワークと電源を備えたラックにそれぞれ配置されます。これにより、ハードウェア障害が発生した際に、影響範囲を特定のパーティションのみにおさえることができます。**大規模な分散および複製ワークロードを必要とするHDFS、HBase、Cassandraなどでの使用に向いています。**

図1.11：パーティションプレイスメントグループ

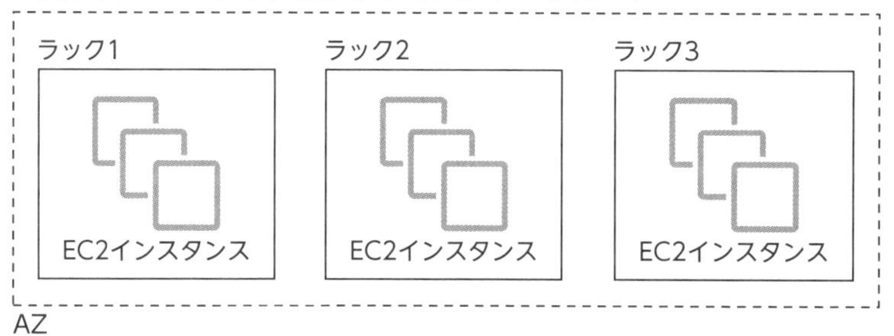

スプレッドプレイスメントグループ：1つのアベイラビリティゾーン内のEC2インスタンスを、それぞれ異なるハードウェアに配置します。これにより、ハードウェア障害が発生した際に、影響範囲を特定のEC2インスタンスのみにおさえることができます。そのため、**重要なEC2インスタンスを互いに分離して保持する必要があるような医療記録システムなどでの使用に向いています。**

図1.12：スプレッドプレイスメントグループ

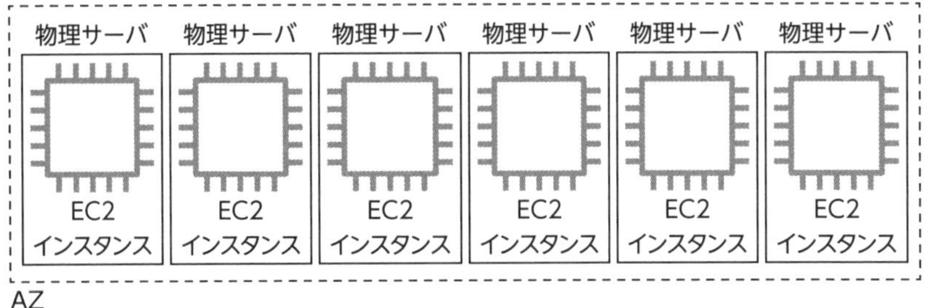

AWS Compute Optimizer

AWS Compute Optimizerは、機械学習を使って、EC2インスタンスの設定および利用履歴のメトリクスから過剰プロビジョニングや過小プロビジョニングなどの分析を行い、適切な構成を推奨してくれるサービスです。

従来は利用履歴やメトリクス情報などを使用してエンジニアが分析をしていましたが、AWS Compute Optimizerで自動的に分析および推奨事項を得ることができるようになるため、分析のための時間と人件費を削減できます。

また、AWS Compute Optimizerがサポートするサービスは、EC2インスタンス以外に、Amazon EC2 Auto Scalingグループ、Amazon EBSボリューム、AWS Lambda関数があります。

1.2 Amazon EC2 Auto Scaling

重要度 ★★★

概要

Amazon EC2 Auto Scaling（以下、Auto Scaling）は、アプリケーションの負荷に応じて、自動的にEC2インスタンスの数を調整してくれるサービスです。Auto Scalingにて起動されるEC2インスタンスに対して料金は発生しますが、Auto Scalingは、無料で利用することができます。

メリット/デメリット

◇ 可用性の向上

Auto Scaling により、需要が変化する場合、自動的にスケーリングすることにより、適切なキャパシティを調整できるため、アプリケーションの可用性を向上させることができます。

◇ 耐障害性の向上

一部の EC2 インスタンスに障害が発生した場合、障害の発生した EC2 インスタンスを削除し、新しい EC2 インスタンスを起動することができるため、アプリケーションの耐障害性を向上させることができます。

◇ コスト最適化

需要に応じて EC2 インスタンスの数を自動的に調整できるため、不要な EC2 インスタンスを排除することができ、コスト最適化に繋がります。

構成要素・オプション等

Auto Scaling を構成する際には、起動テンプレート、Auto Scaling グループ、Auto Scaling ポリシーの 3 点について、以下の設定を行います。

図1.13：Auto Scalingの構成に必要な設定

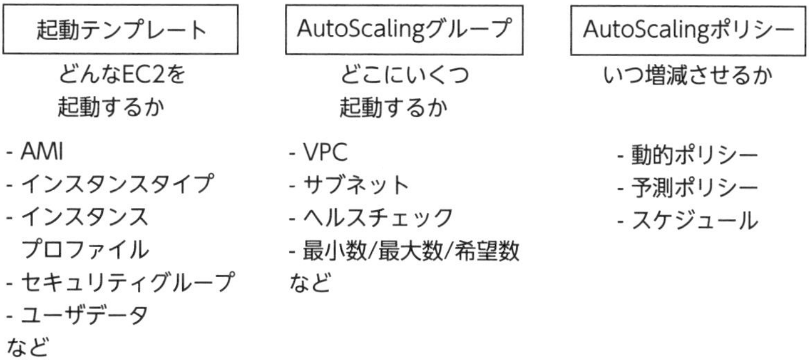

起動テンプレート	AutoScalingグループ	AutoScalingポリシー
どんなEC2を 起動するか	どこにいくつ 起動するか	いつ増減させるか
- AMI - インスタンスタイプ - インスタンス プロファイル - セキュリティグループ - ユーザデータ など	- VPC - サブネット - ヘルスチェック - 最小数/最大数/希望数 など	- 動的ポリシー - 予測ポリシー - スケジュール

◇ 起動テンプレート

起動テンプレートにより、EC2 Auto Scaling にて、どのような EC2 インスタンスを起動するかを設定できます。設定項目としては、Amazon マシンイメージ（AMI）、インスタンスタイプ、キーペア、セキュリティグループなどがあり、EC2 インスタンスを起動する際に指定する情報と似ています。以前は起動設定というコンポーネントのみ使用できましたが、今は起動テンプレートも使うことができ、複数のバージョンを定義できるようになりました。

◇ Auto Scaling グループ

Auto Scaling グループにより、どこに、いくつの EC2 インスタンスを起動するかの設定を行うことができます。Auto Scaling グループは作成時に、希望するキャパシティに対応する EC2 インスタンスを起動させます。その後定期的なヘルスチェックを実行することにより、設定された EC2 インスタンスの数を維持します。ヘルスチェックで異常を検知すると、指定された数の EC2 インスタンスを維持するために、異常な EC2 インスタンスを終了させ、新しい EC2 インスタンスと置き換えます。設定項目としては、関連付ける起動テンプレートもしくは起動設定、VPC やサブネット、ロードバランサの有無、ヘルスチェックの設定、Auto Scaling グループのサイズとして最小の希望する容量、最大の希望する容量、スケーリングポリシーなどです。

図1.14：Auto Scalingグループサイズ

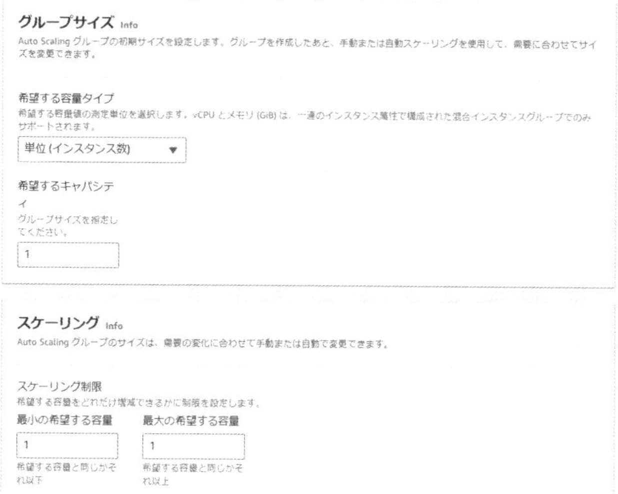

グループサイズ Info
Auto Scaling グループの初期サイズを設定します。グループを作成したあと、手動または自動スケーリングを使用して、需要に合わせてサイズを変更できます。
希望する容量タイプ
希望する容量値の測定単位を選択します。vCPU とメモリ (GiB) は、一連のインスタンス属性で構成された混合インスタンスグループでのみサポートされます。
単位 (インスタンス数)
希望するキャパシティ
グループサイズを指定してください。
1
スケーリング Info
Auto Scaling グループのサイズは、需要の変化に合わせて手動または自動で変更できます。
スケーリング制限
希望する容量をどれだけ増減できるかに制限を設定します。
最小の希望する容量
1
希望する容量と同じかそれ以下
最大の希望する容量
1
希望する容量と同じかそれ以上

図1.15：ヘルスチェックステータス

VPC
Auto Scalingグループ
自動検知
自動起動
EC2インスタンス
AZ a
EC2インスタンス
AZ b

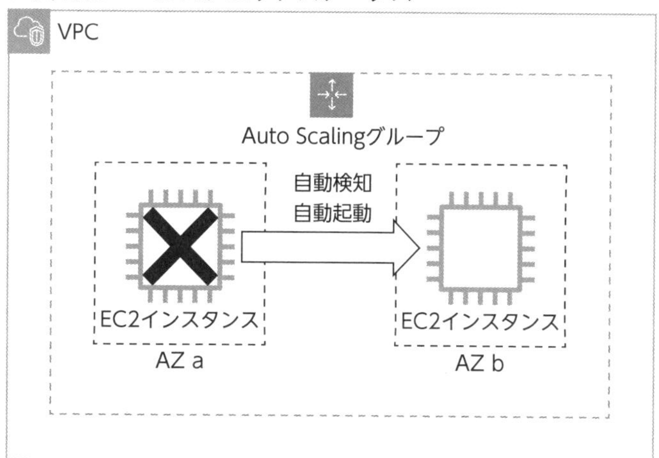

◇ Auto Scaling ポリシー

需要の変化に応じて Auto Scaling グループのサイズを動的に変更するためのポリシーを定義することができます。設定は、Auto Scaling グループの中で行います。ポリシータイプはスケジュール、動的、予測の 3 種類があります。

スケジュール：スケジュールに基づくスケーリングにより、予想可能な需要の変化に応じて、スケーリングを行うことができます。例えば、毎日正午にアナウンスをすると瞬時に Web アプリケーションへのトラフィックのスパイクが発生し、そのスパイクが 1 時間程度継続するというような場合など、EC2 インスタンスを、いつ増加させる必要があり、いつ減少させる必要があるかを管理者が正確に把握できるような場合には、需要が高まる少し前にキャパシティを増やし、需要が減少したあとにキャパシティを減らすように Amazon EC2 Auto Scaling のスケジュールを設定することができます。

動的：需要の変化があらかじめ予測できないような場合は、動的なスケーリングを使用することにより、Auto Scaling グループのサイズを需要の変化に応じて自動的に調整することができます。その際は、需要の変化に応じて動的に調整するためのポリシーを定義します。例えば、Auto Scaling グループを構成する複数の EC2 インスタンス上で Web アプリケーションが実行されており、Web アプリケーションに対する負荷が変化したとしても、Auto Scaling グループ内の各 EC2 インスタンスの CPU 使用率を約 70% に維持する必要があるような場合は、Amazon CloudWatch で EC2 インスタンスの CPU 使用率のメトリクスをモニタリングし、CPU 使用率のメトリクスに対して 70% のしきい値を設定します（★）。そのしきい値を超えた際に、EC2 インスタンスの数を増加、または減少させることにより EC2 インスタンスの数を自動的に調整できるようになります。

▶ 図1.16：Auto Scaling、ELB、CloudWatchの連携

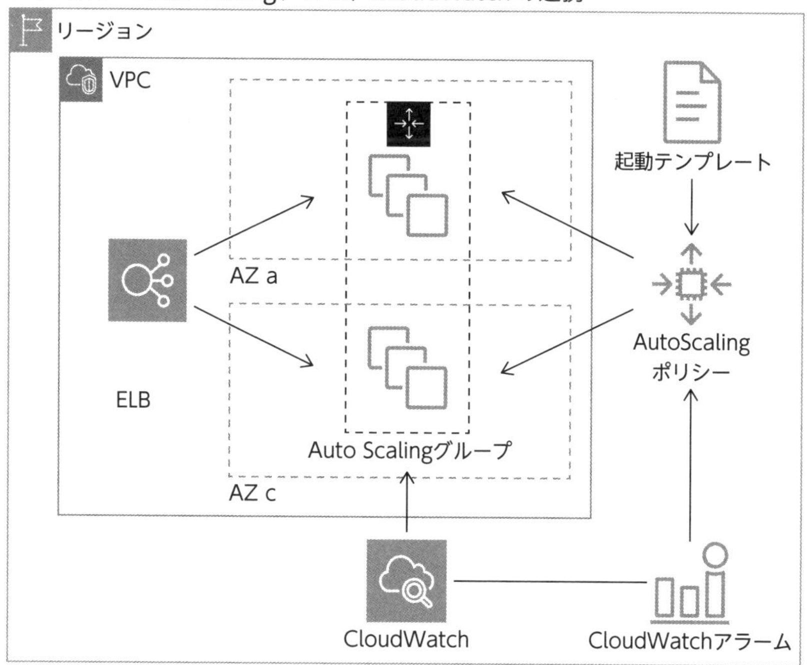

動的なスケーリングを設定する際には、以下の3種類から要件に合わせて設定方法を選択することができます。

① ターゲット追跡スケーリング

前述の★の例の場合、EC2インスタンスのCPU使用率を約70%に維持することを指定すると、各EC2インスタンスのCPU使用率が約70%を維持するように、自動的にEC2インスタンスの数を調整してくれるようになります。そのため、**ステップスケーリングなどと比較して、細かな設定を行う必要がないため、管理を容易に行うことができます。**

図1.17：動的スケーリングポリシー①　ターゲット追跡スケーリング

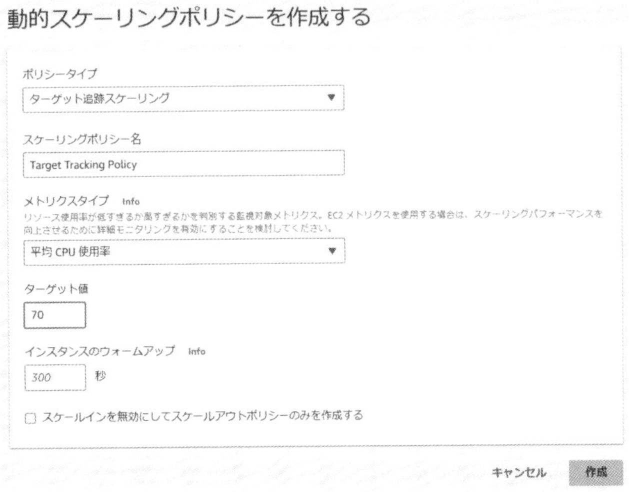

② ステップスケーリング

前述の★の例の場合、EC2 インスタンスの CPU 使用率を増加・減少させる際の具体的なしきい値を、管理者が細かく制御することができます。例えば、EC2 インスタンスの CPU 使用率が約 70% を超えた際に 1 台追加する、さらに CPU 使用率が約 80% を超えた際には 2 台追加するなど、**CloudWatch アラームの設定に対して、上限値と下限値を設定することにより、多段階でかつ柔軟な制御を行うことができます。**

図1.18：動的スケーリングポリシー②　ステップスケーリング

動的スケーリングポリシーを作成する

ポリシータイプ
ステップスケーリング
スケーリングポリシー名
CPU Utilization Tracking Policy
CloudWatch アラーム
次の場合にいつでも容量をスケールできるアラームを選択します。
CPU Utilization Alarm
CloudWatch アラームを作成する
アラームのしきい値を超過: 次のメトリクスディメンションに対して 300 秒間の 1 連続期間で CPUUtilization > 70:
InstanceId = i-0244b7cddeeaa9ae4
アクションを実行する
追加
1 容量ユニット 次のとき: 70 <= CPUUtilization < 80
2 容量ユニット 次のとき: 80 <= CPUUtilization < +無限大
ステップを追加する
インスタンスのウォームアップ Info
300 秒
キャンセル 作成

③ シンプルスケーリング

基本的にステップスケーリングと同様の設定を行いますが、ステップスケーリングとは異なり、一段階のアクションのみの設定となります。**多くの場合は、**一段階のみのスケーリングであっても、**将来的な拡張を考慮すると、シンプルスケーリングよりもステップスケーリングを使用することをお勧めします。**

シンプルスケーリングでは、スケーリングのアクティビティが開始されると、追加のアラームが発生した場合であっても、前のアクティビティが完了しクールダウン期間が終了するまで、次のアクティビティを待機する必要があります。これにより、前のアクティビティの効果が表示される前に、追加のスケーリングが実行されることを防ぐことはできます。

ステップスケーリングの場合は、スケーリングのアクティビティが進行中であっても、追加のアラームに対して、前のアクティビティの完了を待機することなく、次のアクティビティを開始することができるようになります。

図1.19：動的スケーリングポリシー③　シンプルスケーリング

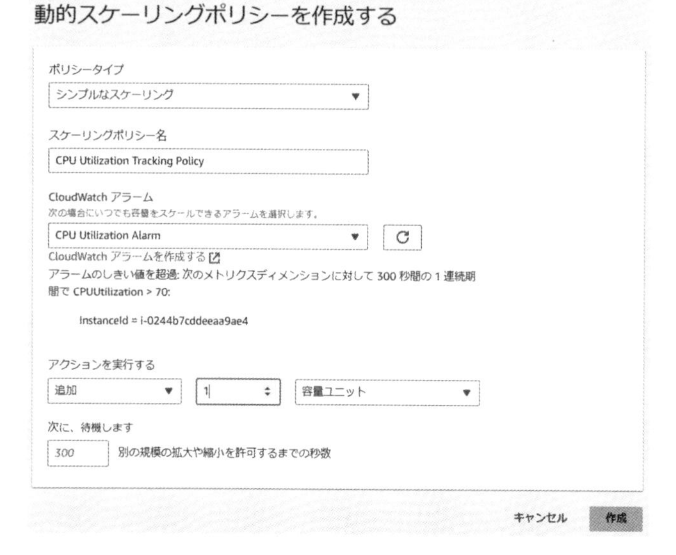

予測：CloudWatchからの履歴データを利用し、機械学習によるキャパシティの予測を行います。デフォルトでは、過去14日間のCloudWatchメトリクスの情報から、次の48時間の時間ごとの予測を作成します。予測データは、最新のCloudWatchメトリクスのデータに基づいて6時間ごとに更新されます。

利用にあたっては、まずシステムのワークロードが予測によるスケーリングに適しているかどうかを確認する必要があります。ワークロードが曜日や時刻により定期的なパターンを示す場合には、予測によるスケーリングが適していますが、定期的なパターンに当てはまらない場合には、ステップスケーリングをお勧めします。また、過去の履歴データから、予測を行いますので、予測を開始する際には、少なくとも24時間以上の履歴データが必要となります。なお、評価期間に関しては、2日、1週間、2週間、4週間、6週間、8週間のいずれかから選択することができます。

▶ 図1.20：予測スケーリングポリシー

予測スケーリングポリシーを作成する Info

予測スケーリングは、履歴データに基づいて予測を構築し、予測される時間単位のロードの前に容量をスケールアウトします。これにより、新しいインスタンスはロードが到着したときにトラフィックを処理できるようになります。

ポリシーの詳細

スケーリングポリシー名

CPU Utilization Prediction Policy

このグループに対して一意である必要があります。最大 255 文字。

スケーリングをオンにする Info

予測に基づいてスケールする

オフにすると、予測スケーリングは容量のみを予測し、スケーリングアクションは実行しません。
一度に 1 つの予測スケーリングポリシーのみがスケーリングを有効にできます。

メトリクスとターゲット使用率 Info

メトリクス

予測スケーリング用に 2 つのメトリクスが用意されています。1 つのメトリクスは、アプリケーションのロードについてポリシーに伝えます。もう 1 つのメトリクスとターゲット使用率は、ターゲットとする全体的な平均使用率を決定します。

CPU 使用率 ▼

ターゲット使用率

予測期間中にターゲットとなる平均 CPU 使用率。

70 % (インスタンスあたり)

0 より大きくする必要があります。

追加のスケーリング設定 - 省略可能

インスタンスを事前起動する Info

新しいインスタンスが起動される時間を制御して、トラフィックを処理する準備が確実にできているようにします。スケーリングアクションは、時間単位のロード予測の時間からこの時間分だけ早く開始されます。

5 分 ▼

最小: 0、最大: 60

最大容量の動作 Info

予測容量が最大容量を超えた場合に最大容量を上書きするかどうかを選択します。

予測された容量を超える最大容量をバッファリングする

予測された容量が最大容量に近いか、それを超える場合、予測スケーリングが、必要に応じて指定した割合まで予測された容量を追加することを許可します。0 に設定した場合、Amazon EC2 Auto Scaling は最大容量を超える容量をスケールできますが、予測容量を超えることはできません。

キャンセル 作成

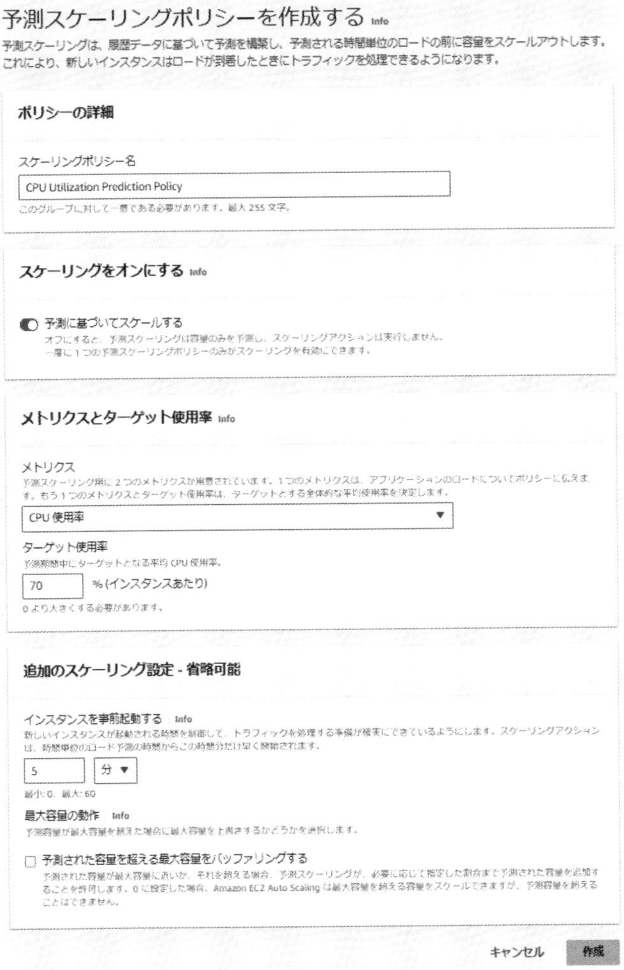

上記のスケーリングポリシーについて、高度なスケーリングの設定として、Auto Scaling グループに複数のスケーリングポリシーを設定することもできます。例えば、1 つ以上のターゲット追跡スケーリングポリシーを設定したり、1 つ以上のステップスケーリングポリシーを設定したり、またはそれらの両方を定義することができます。これにより、複数のシナリオに対応できる柔軟なスケールを設定することが可能となります。

◇ 購入オプション

1つのAuto Scalingグループにおいて、複数の購入オプションを使用することができます。Auto ScalingグループにおけるEC2インスタンスのコストを最適化しつつ、アプリケーションに必要なスケールとパフォーマンスを調整することができます。

具体的には、1つのAuto Scalingグループにおいて、オンデマンドインスタンスとスポットインスタンスのフリート（グループ）を起動し、自動でスケーリングすることができます。また、スポットインスタンス以外にも、リザーブドインスタンスまたはSavings Plansを使用することにより、通常のオンデマンドインスタンスの割引を受けることもできます。

▶ 図1.21：複数の購入オプション

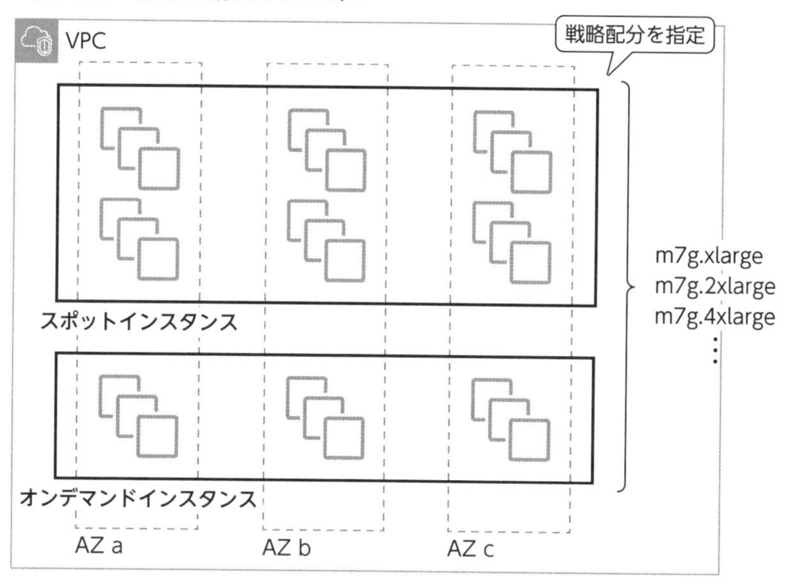

1.3 AWS Elastic Beanstalk

重要度 ★★

概要

AWS Elastic Beanstalk（以下、Elastic Beanstalk）は、アプリケーションを自動的にデプロイするためのサービスです。OS、言語インタプリタ、HTTPサーバ、アプリケーションサーバなどを含む、アプリケーションを実行する際に必要な各種コンポーネントを組み合わせ、典型的なシステム構成の環境を自動的に構築します。Elastic Beanstalkにより、アプリケーション開発者は、アプリケーションを実行するためのインフラストラクチャを心配することなく、アプリケーションの実行環境をデプロイおよび運用することができます。

Elastic Beanstalkは、プログラミング言語（Go、Java、Node.js、PHP、Python、Ruby）、アプリケーションサーバ（Tomcat、Passenger、Puma）、Dockerコンテナのプラットフォームをサポートします。また、必要に応じて、Amazon RDSのDBインスタンスを構成することも可能です。

メリット/デメリット

管理の簡素化

Elastic Beanstalkは、アプリケーションのデプロイと管理を簡素化することで、開発者がアプリケーションの開発に集中できるようにします。

コスト効率

Elastic Beanstalkは、インフラストラクチャを自動構築および管理するため、構築および運用管理コストを削減します。また、EC2 Auto Scalingも構成されるため、無駄なサーバが排除されコスト効率を向上させます。

図1.22：Elastic Beanstalk

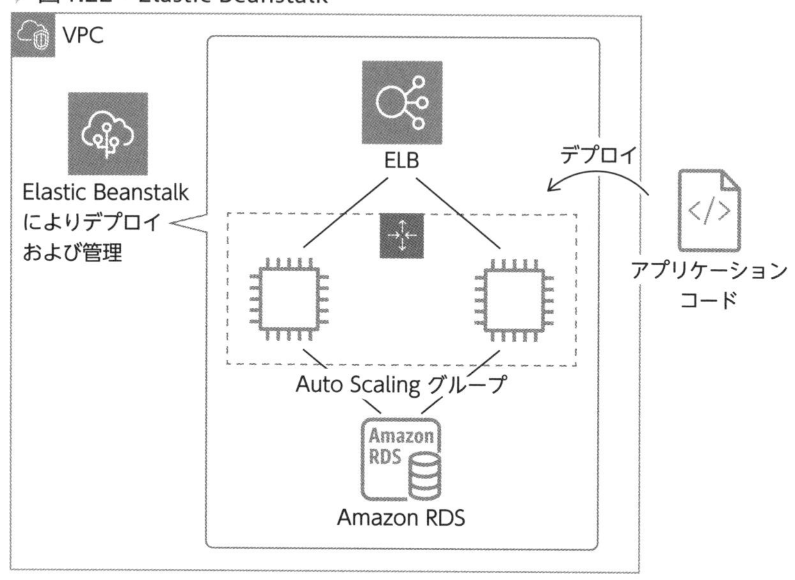

構成要素・オプション等

Elastic Beanstalk により構築される環境は、以下の 2 種類があります。

◇ ウェブサーバ環境

ウェブサーバ環境により、スケーラブルな Web アプリケーションの実行環境がデプロイされます。また、環境ごとに myapp. ap-northeast-1. elasticbeanstalk.com のような DNS 名が付与されます。ウェブサーバ環境では、以下の AWS リソースにより構成されます。

- 1 つの Elastic Load Balancing
- Auto Scaling グループ
- 1 台以上の Amazon EC2 インスタンス

▶ 図1.23：ウェブサーバ環境

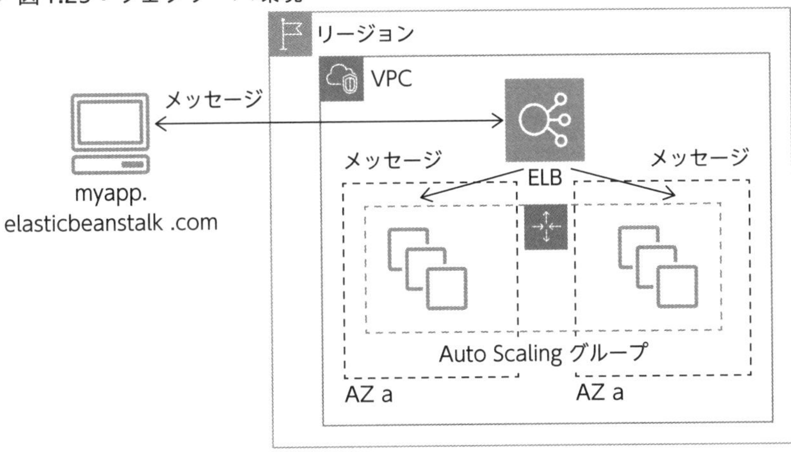

◇ ワーカー環境

ワーカー環境により、バックグラウンドにてタスクを処理するアプリケーションを実行するための環境が作成されます。イメージやビデオの処理、Eメールの送信、ZIP アーカイブの生成など、リクエストが完了するまでに長い時間がかかるオペレーションまたはワークフローを実行する場合、それらのタスクをワーカー環境にオフロードできます。そのため、ワーカー環境にメッセージを送信するクライアント側は過負荷になることを防がれ、応答性を保つことができるようになります。

▶ 図1.24：ワーカー環境

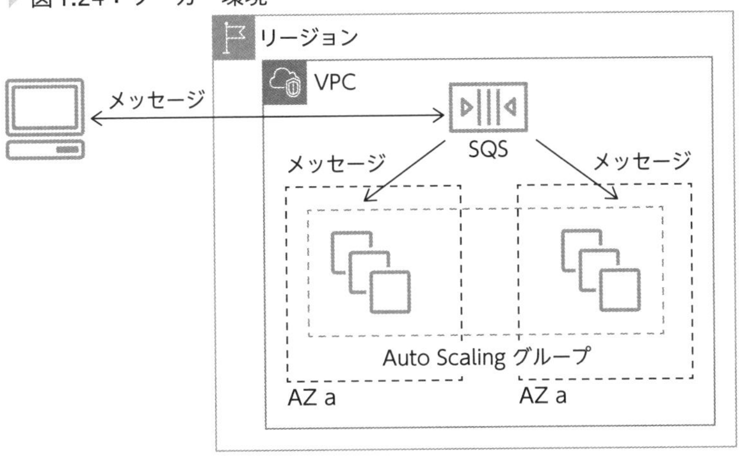

1.4 AWS Outposts

重要度 ★☆☆

概要

AWS Outpostsは、AWSが管理するラックまたはサーバを自社のデータセンターに設置することにより、Amazon EC2やAmazon S3などのサービスを自社のデータセンター内でローカルアクセスで提供するサービスです。AWS Outpostsにより低レイテンシや高スループットを実現できるため、ビデオストリーミング、ゲーム、金融取引、科学的シミュレーションなどのアプリケーションに適しています。

図1.25：AWS Outpostsの概要

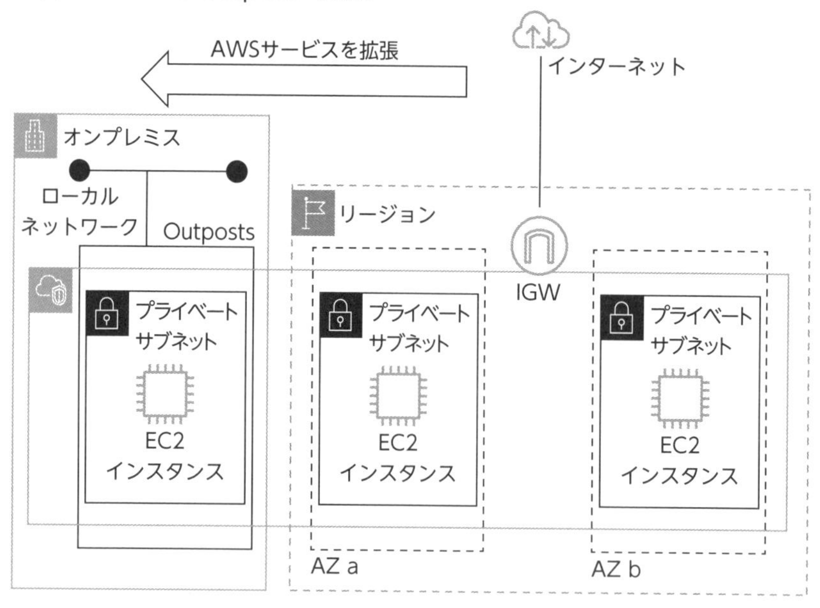

メリット/デメリット

低レイテンシ

Outpostsで、オンプレミスのデータやアプリケーションのすぐ近くで、EC2インスタンス、RDS DBインスタンス、またS3バケットを構成することができ、低レイテンシのワークロードをサポートします。

構成要素・オプション等

契約期間・料金

Outpostsは、オンプレミスに設置するため、契約期間は3年間となります。支払方法としては、全額前払い、一部前払い、前払いなしから選択することが可能です。支払料金の中には、配送、設置、インフラストラクチャサービスのメンテナンス、およびソフトウェアのパッチとアップグレードが含まれます。

AWS Outposts ラック

AWS Outpostsラックは、業界標準の42Uラックで構成されています。最大96ラックの複数のラックデプロイまで拡張できます。

AWS Outposts サーバ

Outpostsサーバは、19インチ幅のラックマウント型サーバとして構成されています。AWS Graviton2プロセッサを使用しているモデルは、高さ1U、奥行き24インチとなります。インテルXeonプロセッサを使用しているモデルは、高さ2U、奥行き30インチとなります。

1.5 AWS Batch

重要度 ★★☆

概要

AWS Batchは、AWS上でバッチ処理を実行・管理するためのフルマネージドサービスです。AWS Batchにより、クラウドでスケールするコンピューティング環境上で、コスト効率良く大量の計算を行うことが可能となります。

ここでのバッチ処理とは、夜間バッチなどのように、あらかじめ登録した一連の処理を自動的に実行するような定型業務などではなく、スーパーコンピュータなどで行う大規模科学計算や、ゲノム分析、CGレンダリングなどを指します。

メリット/デメリット

◇ 時間削減

従来は、固定のリソースでバッチ処理を逐次行っていましたが、AWS Batchにより、多数のクラウドコンピューティングリソースを使用し、複数のジョブを同時に実行することができるため、処理時間を短縮することが可能となります。

◇ 管理負担の削減

従来はバッチ処理を行うためのコンピューティングリソースのデプロイおよび管理を行う必要がありましたが、AWS Batchにより、必要に応じて必要な台数のコンピューティングリソースをデプロイすることができ、またバッチ処理が終了後にコンピューティングリソースを自動的に終了させることができます。よってコストが停止し、運用管理からも解放されます。

AWS Batchでは、コンピューティングリソースとして、コンテナが使用されます。そのため、コンテナ化が難しい処理などの場合は、AWS Batch

ではなくAWS ParallelClusterの利用検討をお勧めします。

構成要素・オプション等

ジョブ

ジョブは、AWS Batchに送信する作業単位となります。各ジョブに名前を付け、シェルスクリプト、Linux実行可能ファイルなどを指定します。ジョブはECSクラスタ上で実行されるコンテナ化されたアプリケーションとして呼び出すことができます。

ジョブ定義

ジョブ定義では、ジョブの実行方法を指定します。設定項目としては、使用されるコンテナイメージ、コンテナで使用するvCPU数、メモリ量、実行するコマンドなどとなります。各ジョブは、ジョブ定義を参照しますが、パラメータは、ジョブ実行時に上書き可能です。

ジョブキュー

クライアントからのジョブをAWS Batchのコンピューティング環境へ受け渡すための保管場所のことです。ジョブキュー内で、ジョブの待ち行列が構成されます。ジョブキューには、1つ以上のコンピューティング環境がひもづけられます。

ジョブキューには優先度を指定することができるため、ジョブにより高優先度キューや、低優先度キューなど使い分けが可能です。

コンピューティング環境

コンピューティング環境は、ジョブを実行するためのコンピューティングリソースのことです。コンピューティング環境には、コンテナ化されたバッチジョブを実行するためのAmazon ECSコンテナインスタンスが含まれています。パラメータとして、インスタンスタイプ、vCPUの最小数、最大数、VPCなどを設定することができます。

図1.26：AWS Batchの概要

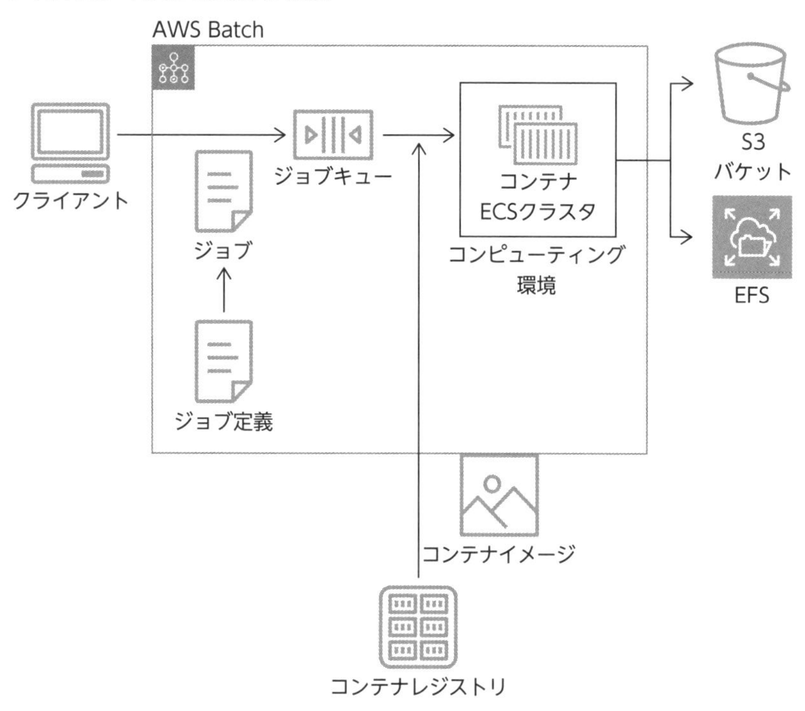

1.6 AWS Lambda

重要度 ★★★

概要

AWS Lambda（以下、Lambda）は、**サーバをプロビジョニング・運用管理することなく、コードを実行するためのコンピューティングサービス**です。Lambdaにより、リクエストがあった場合にのみ関数が実行され、必要に応じて自動的にスケーリングされます。関数を実行した際にのみ課金が発生します。

図1.27：サーバレスコンピューティング

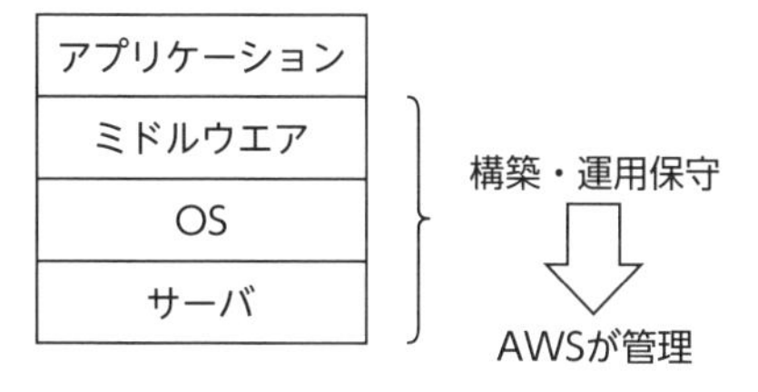

メリット/デメリット

サーバ管理不要

Lambdaでは、コードを実行するためのインフラストラクチャの管理、メンテナンス、パッチ適用などのタスクはAWS側で実行されるため、ユーザは、構築および運用管理なしにコードを実行することが可能となります。また、Amazon CloudWatch、CloudWatch Logs、AWS CloudTrailなどと統合されているため、ログ記録やモニタリングなども行われます。

柔軟なスケーリング

Lambdaではリクエストが増加すると、アカウントの同時実行数の上限に達するまで自動的にスケーリングを行います。1つのリージョン内での同時実行数の上限はデフォルトで1,000となっています。

管理者は、必要に応じて、上限を引き上げるか、管理者が関数レベルでの同時実行の制御を行うことにより、適切に関数が実行させるように制御することも可能です。

時間短縮とコストの削減

Lambdaにより、コードを実行するためのインフラストラクチャの設計・構築・テスト、さらに運用管理も不要となるため、その分の時間とコストを削減することができます。また、関数がリクエストされ、処理が行われたときのみ、コストが発生するため、アイドル時のリソース確保も不要となり、コスト削減につながります。

構成要素・オプション等

◇ Lambda 関数

実行するコードと、コードの実行に関連する設定がまとまったリソースのことです。リクエストを受けると、Lambda では Lambda 関数が呼び出されます。

▶ 図1.28：Lambda、Lambda関数、レイヤの概要

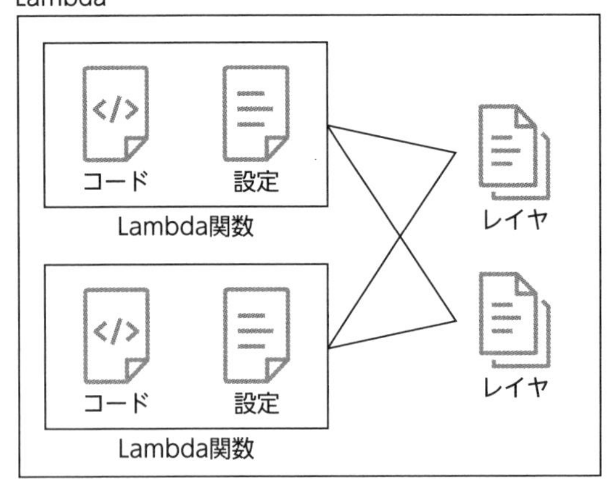

トリガー

トリガーは、Lambda 関数を呼び出すリソースや設定のことです。例えば、S3 などといった AWS のサービスがトリガーになります。ユーザは必要に応じて、1 つの Lambda 関数に対して、複数のトリガーを作成および設定することが可能です。しかし、トリガーにより Lambda 関数を呼び出す際、Lambda 関数に対してデータを渡すトリガーは 1 つのみです。

実行環境

Lambda 関数が呼び出された際、Lambda サービスがコードを実行する環境のことです。Lambda 関数の実行に必要なプロセスとリソー

スが、実行環境により管理されます。

実行環境は、Firecracker MicroVM上で動作します。1つの実行環境は、複数のLambda関数で共有されることはなく、Lambda関数はそれぞれ分離した実行環境で実行されます。ただ、同一のLambda関数を実行するときは単一の実行環境は再利用されます。これにより、環境準備の時間が短縮され、パフォーマンスの向上につながります。逆に、一定期間リクエストを受け取らなかった場合は、削除されます。

▶ 図1.29：実行環境

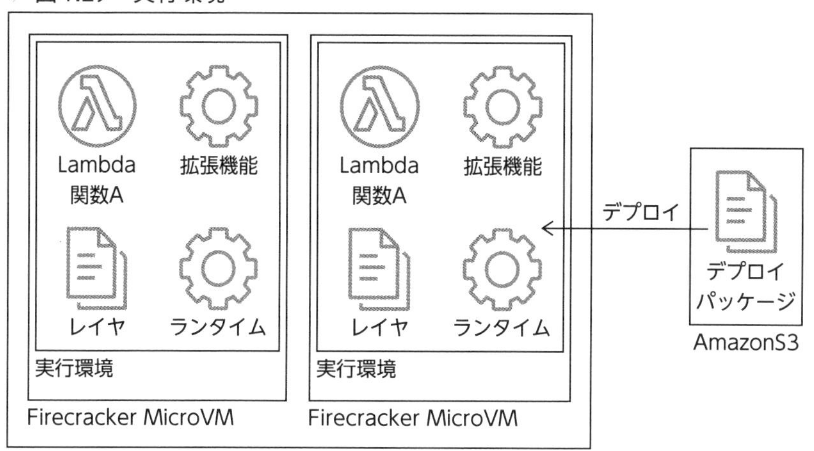

実行環境には図1.29の通り、いくつかの要素が含まれています。具体的には、Lambdaと関数をつなぐ環境であるランタイム、関数のコードと関数の実行に必要な依存関係、ランタイム、ライブラリをコンテナイメージまたはzipファイルにまとめたデプロイパッケージ、複数のLambda関数で共通的に使用するライブラリの依存関係や設定ファイルなどが含まれるレイヤ、Lambda関数の機能を拡張する拡張機能などです。

◇ 同時実行数

Lambdaでは、AWSアカウントごとに、1つのリージョン内のすべての関数全体で、1,000の同時実行を行うことができます。必要に応じて、上限の引き上げをリクエストしたり、関数レベルでの同時実行コントロールを設定したりすることで、重要な関数で実行制限が発生しないようにすることができます。AWSアカウント・リージョンごとに同時実行数の上限管理が行われているため、複数のAWSアカウントや複数のリージョンを使用することによる、負荷分散の手法として利用可能となります。

◇ Lambda@Edge

Lambda @ Edgeは、Lambda関数をCloudFrontディストリビューションと関連付けることにより、Lambda関数を自動的に世界中で複製できるようにする、Lambda関数の拡張機能です。**CloudFrontイベントに対応させ、ビューワにより近い場所で、配信するコンテンツをカスタマイズすることができるようになります。** Lambda@Edgeが対応しているプログラミング言語は、Node.jsとPythonです。

対応するCloudFrontのイベントソースは、ビューワーリクエスト、ビューワーレスポンス、オリジンリクエスト、オリジンレスポンスです。

図1.30：Lambda@Edgeのイベント

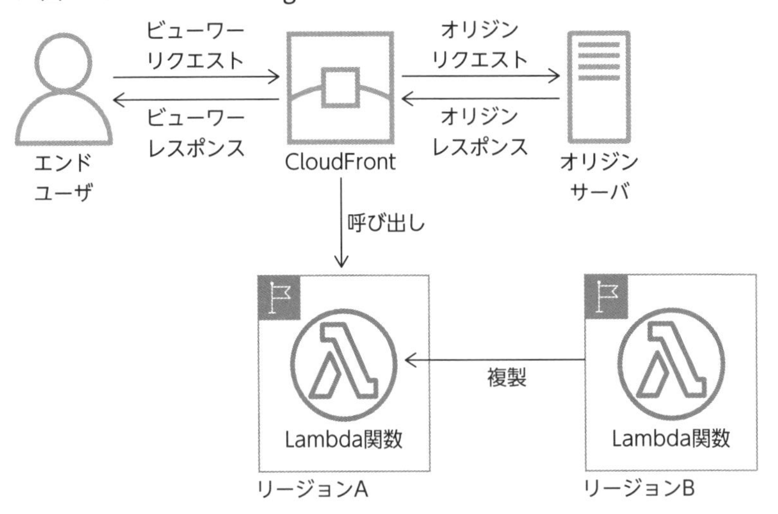

1.7 その他のコンピューティングサービス

重要度★

以下のサービスを軽くおさえておくとよいでしょう。

表1.4：その他のコンピューティングサービス

サービス名	特徴
AWS Wavelength	AWS Wavelengthにより、5Gネットワークのエッジにある通信事業者のデータセンター内にAWSのコンピューティングおよびストレージサービスをデプロイできます。 そのため、5Gネットワーク上のデバイスからAWSクラウド上のアプリケーションリソースへのネットワークホップ数をおさえることができます。
VMware Cloud on AWS	VMware Cloud on AWSによりAWSのベアメタルインスタンス上で、VMware SDDC（Software-Defined Data Center）を利用できるサービスです。これにより、オンプレミスの仮想サーバをそのままAWS環境へ移行させることができます。 また、AWS環境内の他のサービスとの連携を容易に行えるようになります。

※各章末の「確認問題」ならびにWeb提供の「模擬問題1回分」の問題文のみ、サービス名や用語をAWSウェブサイト等の表記に揃えています。

確認問題

問題❶ **ある会社は、AWS でホストされるアプリケーションとして、複数の EC2 インスタンスを使用して、ハイパフォーマンスコンピューティング（HPC）ワークロードを構築することを計画しています。この要件に適したソリューションはどれですか。**

A. クラスタプレイスメントグループを使用します。
B. スプレッドプレイスメントグループを使用します。
C. パーティションプレイスメントグループを使用します。
D. 専有インスタンスを使用します。

問題❷ **ある企業は、Application Load Balancerの背後にあるAmazon EC2 オンデマンドインスタンス上でステートレスな Web アプリケーションを運用しています。アプリケーションは、平日の日中帯に約 8 時間にわたり高い使用率となります。平日の夜間帯にアプリケーションの使用量は中程度となります。また、週末にアプリケーションの使用率は低くなります。**
同社は、アプリケーションの可用性に影響を与えずに EC2 インスタンスのコストを最小限におさえたいと考えています。
これらの要件を満たすソリューションはどれですか。

A. ベースラインレベルの使用には専有ホストを使用します。アプリケーションが必要とする追加容量には、オンデマンドインスタンスを使用します。
B. ベースラインレベルの使用にはリザーブドインスタンスを使用します。アプリケーションが必要とする追加容量には、スポットインスタンスを使用します。
C. ワークロード全体にオンデマンドインスタンスを使用します。

D. ベースラインレベルの使用には専有インスタンスを使用します。アプリケーションが必要とする追加容量には、オンデマンドインスタンスを使用します。

問題❸ ある企業は、Java で記述された Web アプリケーションを持っています。この企業は、Web アプリケーションをオンプレミスから AWS に移行することを計画しています。この企業は、Web アプリケーションの運用上のオーバーヘッドを最小限におさえる、伸縮性と可用性の高いマネージドソリューションを必要としています。これらの要件を満たすソリューションはどれですか。

A. Amazon S3 バケットを作成する。S3 バケットで静的 Web サイトホスティングを有効にし、Web アプリケーションをバケットにアップロードします。

B. AWS Elastic Beanstalk のウェブサーバ環境に Web アプリケーションをデプロイします。

C. Java の実行環境を構成した Amazon EC2 インスタンスに Web アプリケーションをデプロイします。Auto Scaling グループと Application Load Balancer を使用して、ウェブサイトの可用性を管理します。

D. Web アプリケーションをコンテナ化します。Amazon ECS と EC2 インスタンスを組み合わせた環境にコンテナをデプロイします。Application Load Balancer を使用して、コンテナにトラフィックを分散させます。

問題❹ ある企業はバッチジョブのアプリケーションを 1 時間ごとに実行しています。ジョブは、CPU を集中的に使用します。オンプレミスサーバの場合、バッチジョブには平均 20 分かかります。また、オンプレミスのサーバでは 64 個の仮想 CPU（vCPU）と 512 GB のメモリが搭載されています。

運用上のオーバーヘッドが最小限でバッチジョブを 15 分以内に実行できるソリューションはどれですか。

A. AWS Lambda を使用します。
B. Amazon EC2 で Amazon Elastic Container Service（Amazon ECS）を使用します。
C. AWS Auto Scaling で Amazon Lightsail を使用します。
D. Amazon EC2 で AWS Batch を使用します。

問題❺ **ある企業は、Web アプリケーションを持っています。この環境は、Application Load Balancer（ALB）の背後にある Auto Scaling グループの Amazon EC2 インスタンス上で実行されます。この Web アプリケーションは、日中平日帯にトラフィックが大幅に増加しますが、週末には稼働させる必要はありません。また、需要に合わせてシステムをスケーリングできるようにする必要があります。ソリューションアーキテクトとして、あなたはどのようなアクションの組み合わせを提案しますか。2 つ選択してください。**

A. AWS Auto Scaling を使用して、ALB の容量をスケーリングさせます。
B. AWS Auto Scaling を使用して、NAT ゲートウェイの容量をスケーリングします。
C. 複数の AWS リージョンで EC2 インスタンスを起動して、リージョン間で負荷を分散します。
D. ターゲット追跡スケーリングポリシーを使用して、インスタンスの CPU 使用率に基づいて Auto Scaling グループをスケーリングします。
E. スケジュールされたスケーリングを使用して、週末の Auto Scaling グループの最小、最大、および必要な容量をゼロに変更します。週の初めにデフォルト値に戻します。

確認問題の解答と解説

問題❶ 正解 A

本文参照：「プレイスメントグループ」（p.28）

Aが正解です。クラスタプレイスメントグループを使用すれば、EC2インスタンス同士が近い距離に配置され、結果EC2インスタンス間のネットワークの低レイテンシ、高スループットが提供されます。

Bは不正解。スプレッドプレイスメントでは、EC2インスタンス同士が、異なるハードウェアに配置されるため、EC2インスタンス間でレイテンシが高くなり、スループットは低くなります。

Cは不正解。パーティションプレイスメントではEC2の論理的なグループが異なるハードウェアに配置されるため、グループ間でレイテンシが高くなり、スループットは低くなります。

Dは不正解。専有インスタンスでは各EC2インスタンス同士で異なる物理サーバに配置されるため、EC2インスタンス間でレイテンシが高くなり、スループットは低くなります。

問題❷ 正解 B

本文参照：「購入オプション」（p.24）

Bが正解です。常に使用するベースライン部分は、リザーブドインスタンスを使用してコストをおさえます。また、Webアプリケーションはステートレスであるため、追加容量部分はスポットインスタンスを使用することにより、コストをおさえます。

A・Dは不正解。専有ホストや専有インスタンスを使用すると、現状、オンデマンドで構成しているコストよりも増加するためです。

Cは不正解。現状の構成と変わらず、コストをおさえられません。

問題❸ 正解 B

本文参照：「ウェブサーバ環境」（p.42）

Bが正解です。AWS Elastic Beanstalkのウェブサーバ環境により、Elastic Load BalancingとEC2 Auto Scalingが構成されるため、伸縮性と高可用性を実現できます。また、運用管理もAWS側で行われるため、運用上のオーバーヘッドをおさえることができます。

Aは不正解。S3の静的Webサイトホスティングを使用しても、Javaで記述されたWebアプリケーションを実行することはできません。

C・Dは不正解。コンテナの実行環境として、EC2インスタンスを使用しており、OSのメンテナンス等の運用管理タスクが発生するため、運用上のオーバーヘッドは、AWS Elastic Beanstalkと比較すると高くなります。

問題❹ 正解 D

本文参照：AWS Batch（p.46）

Dが正解です。AWS Batchを使用すれば、ジョブの要件を満たす適切な量のCPUおよびメモリリソースを備えたコンピューティング環境で、ジョブのスケジューリング、インスタンス管理、スケーリングの運用面を処理できます。

Aは不正解。AWS Lambdaの最大実行時間は15分であり、要件を満たすことができないため、適切なソリューションとは言えません。

Bは不正解。Amazon EC2を使用した場合、EC2インスタンスのメンテナンスは管理者が行う必要があり、運用上のオーバーヘッドを最小限にしているとは言えません。

Cは不正解。Amazon LightsailはAuto Scalingをサポートしていません。また、最大で指定できるvCPUも8vCPUであるため、要件を満たすことができません。

問題❺ 正解 D・E

本文参照：Auto Scaling ポリシー（p.33）

DとEが正解です。ターゲット追跡スケーリングポリシーにより、需要に合わせてスケーリングする必要があるとの要件を満たすことができます。あらかじめ週末はシステムを稼働させる必要がないということが分かっているため、スケジュールされたポリシーを設定すれば、要件を満たすことができます。

A・Bは不正解。ALB・NATゲートウェイはフルマネージドのサービスであるため、容量をスケーリングさせる必要はありません。

Cは不正解。複数のリージョンにEC2インスタンスを起動した場合、ALBのみでは複数のリージョンへの負荷分散は対応しておらず、Global AcceleratorやRoute 53などの他のサービスと組み合わせる必要があるため、今回のケースでは適切なソリューションとは言えません。

第 2 章

ストレージ

ストレージサービスは、アプリケーション等利用されるデータを保存するサービスです。あらゆるシステムで利用することになるため、非常に重要なサービスと言えます。ストレージのタイプごとにどんなサービスがあるのか、ストレージサービス内のオプション等をまずはおさえましょう。

アクセスキー：4（数字のヨン）

AWSのストレージサービスとタイプ

AWSのストレージサービスは、以下の3つのタイプに大別されます。

・ブロックストレージ
・ファイルストレージ
・オブジェクトストレージ

図2.1：AWSのストレージサービスのタイプ

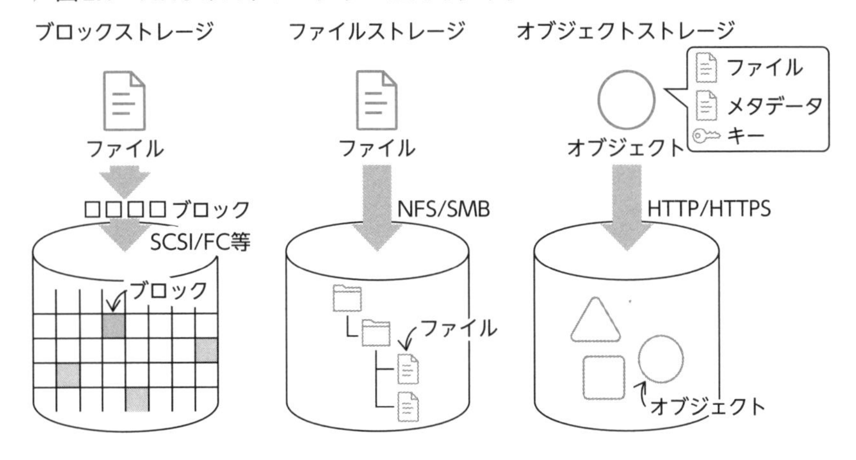

ブロックストレージ

ブロックストレージはファイルなどの任意のデータを、同じサイズのブロックに分割し、ストレージに対して読み込みと書き込みを行います。複数のサーバからアタッチして共有ストレージとして使用することも可能ではありますが、基本的には1つのサーバにアタッチして、専有して使用します。また、ブロックストレージはアタッチしているサーバのOS用に構成され、読み込みと書き込みが制御されます。

AWSサービスのブロックストレージとしては、Amazon Elastic Block Store（Amazon EBS）などがあります。

ファイルストレージ

ファイルストレージにより、サーバとアプリケーションは共有ファイルシステムを通して、ファイル単位でデータにアクセスできます。ファイルストレージでは、ツリー構造のフォルダやファイルとして認識され、直感的に操作できます。

基本的には、複数のクライアントからアクセスし、ファイルを共有する目的で使用されます。

AWSサービスのファイルストレージとしては、Amazon Elastic File System（Amazon EFS）、Amazon FSxなどがあります。

◇ オブジェクトストレージ

オブジェクトストレージは、データをオブジェクトと呼ばれる個別の単位として格納および管理します。オブジェクトは通常、テキストや画像などのファイルのデータと、ファイルに関連するメタデータで構成されます。メタデータは、オブジェクトを取得するために使用できるオブジェクトに関する追加情報です。メタデータには、一意の識別子、オブジェクト名、サイズ、作成日、カスタム定義タグなどの属性を含めることができます。また、オブジェクトにアクセスする際には、オブジェクトを格納する際に付与されるキーを使用します。

2.1 Amazon Simple Storage Service（Amazon S3）

重要度 ★★★

Amazon S3の概要

Amazon Simple Storage Service（以下、Amazon S3）とは、高い耐久性を備えた**オブジェクトストレージサービス**です。Amazon S3を使用することにより、ファイルタイプを問わず、**実質無制限にオブジェクトを保管**し、共有することができます。

Amazon S3のメリット・デメリット

◇容量が無制限

Amazon S3は、格納データの数と総量の制限がありません。ただし、オブジェクトには1つあたり5TBまでという制限があります。

◇セキュリティ

オブジェクトは保管時、転送時に暗号化されます。また、アクセス制御や監査機能も提供されます。

◇コストパフォーマンス

オブジェクトへのアクセス頻度などに応じて、ストレージクラスを変更することでコストを最適化できます。

ここがポイント｜他のストレージサービスと比較しても、Amazon S3は低コストです。コストの大小は、Amazon S3 < Amazon EBS < Amazon EFSと覚えておきましょう。

◇高い耐久性

Amazon S3に格納したデータは少なくとも3つのアベイラビリティーゾーンにまたがる複数のデバイスに保存されるため、非常に高いデータ耐久性（99.999999999%）と99.99%の可用性を実現するように設計されています。

▶ 図2.2：Amazon S3へのオブジェクトアップロード時の挙動

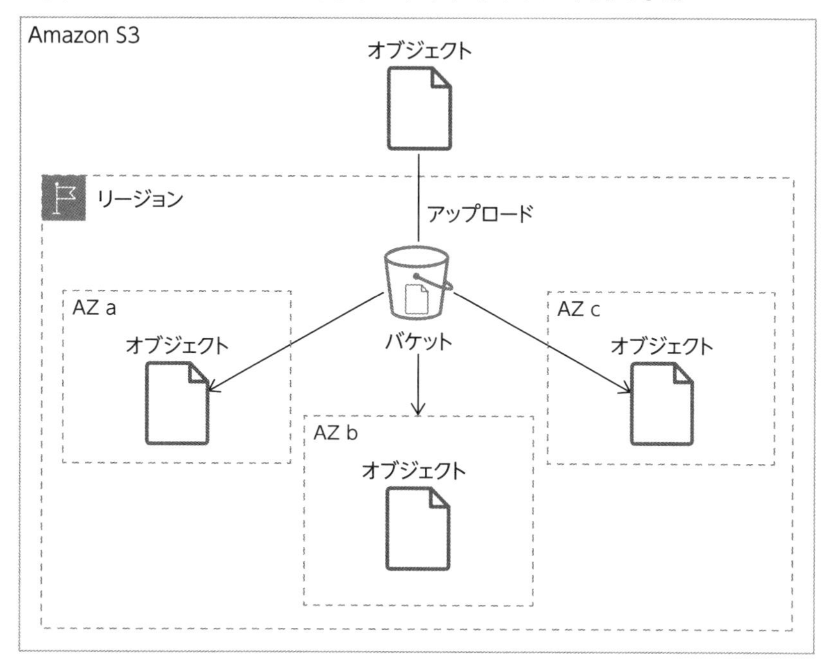

◇ バージョニングによるデータ保護

Amazon S3ではオブジェクト単位での世代管理（バージョン管理）を行行います。誤ってデータの上書きや削除が行われた場合でも、処理前のデータが別のバージョンとして残っているため、容易に処理前の状態に戻すことができます。

Amazon S3の構成要素・オプション等

◇ バケット

バケットはAmazon S3における、オブジェクトのコンテナ（保存場所）です。Amazon S3にオブジェクトを保存する時に、特定の1つのバケットを指定する必要があります。また作成時のバケット名は全世界的にユニーク（一意）である必要があります。

デフォルトの設定では、**1つのAWSアカウントに100個までバケットを**

作成することができます。もし100個を超えるバケット数が必要な場合には、上限緩和申請（サービスクォータ緩和のリクエスト）が行えます。

バケットはデータの暗号化、アクセス制御、監査ログなどさまざまな機能を提供します。それらの機能については、各項目で説明します。

▶ 図2.3：Amazon S3の構成要素

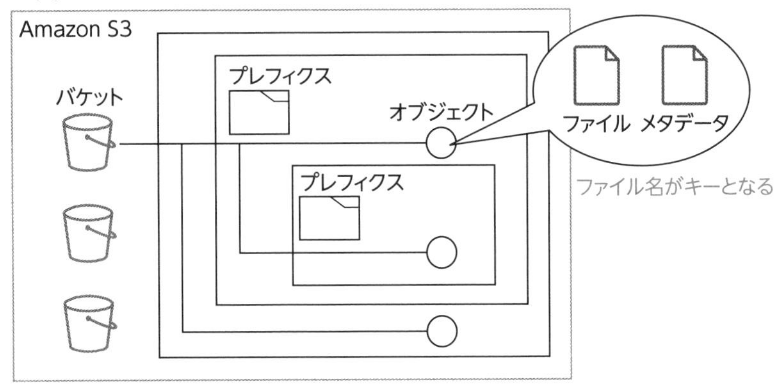

◇ オブジェクトキー

バケット内のオブジェクトを一意に識別するための名前です。

◇ プレフィクス

オブジェクトはバケット内では階層構造はなく、フラットに格納されます。しかし、プレフィクスを使用することにより、仮想的な階層構造を指定することができます。

◇ ストレージクラス

ストレージクラスとは、Amazon S3が提供するさまざまな特性を持つストレージの種類のことです。アクセス頻度の高いオブジェクト向けのストレージクラスや、逆に長期アーカイブ向けのストレージクラスなどがあります。**ユーザは、ユースケースやパフォーマンスなどの要件に合わせて、ステージクラスを使い分けることにより、コストを最適化することが可能**となります。

Amazon S3では、以下のストレージクラスが提供されています。

図2.4：Amazon S3のストレージクラス

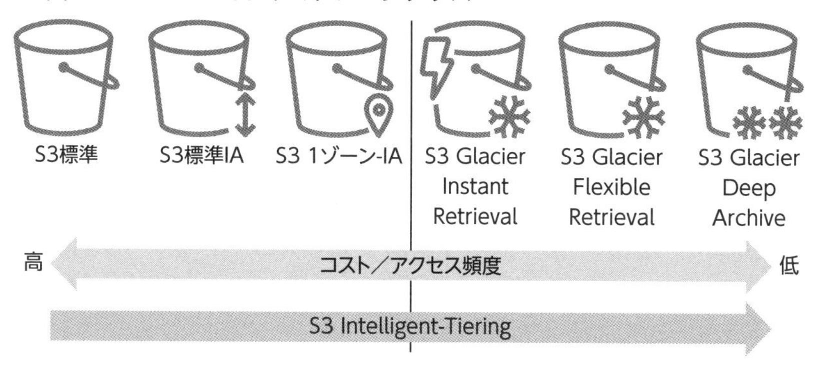

ストレージクラスは、アクセス頻度とコストなどの要件に応じて大きく2種類に分けられます（**図2.4**）。アクセス頻度が高から中程度の場合は、S3 Standard（S3標準）、S3 Standard-IA（S3標準IA）、S3 1ゾーン-IAを使用します。アクセスがめったにない場合は、S3 Glacier Instant Retrieval、S3 Glacier Flexible Retrieval、S3 Glacier Deep Archiveを使用します。

また、オブジェクトへのアクセスパターンが変化する、もしくは不明な場合には、S3 Intelligent-Tieringを使用します。アクセスパターンに応じて、ストレージクラス間でオブジェクトを自動的に移動してくれるため、自動的にコストを最適化することができます。

ストレージクラスの詳細については、以下の表2.1の通りです。

表2.1：ストレージクラスの種類と詳細

ストレージクラス	利用用途	取り出し時間
S3標準	アクセス頻度が高いデータ	ミリ秒単位でアクセス
S3標準IA	アクセス頻度が低いデータ	ミリ秒単位でアクセス
S3 1ゾーン-IA	再作成可能でアクセス頻度が低いデータ	ミリ秒単位でアクセス
S3 Intelligent-Tiering	アクセスパターンが不明または変化するデータ	ミリ秒単位でアクセス
S3 Glacier Instant Retrieval	高速の復元が必要になるアーカイブ済みデータ	ミリ秒単位で復元
S3 Glacier Flexible Retrieval	復元が必要になるオブジェクト	数分～数時間で復元
S3 Glacier Deep Archive	復元される可能性が低いアーカイブデータ	12時間以内で復元

◇ 静的Webサイトホスティング

Amazon S3の静的Webサイトホスティングは、Amazon S3を使用して静的ウェブサイトをホストする機能です。ユーザはWebサーバの構築、運用などを行うことなく、バケットに、HTML、CSS、JavaScript、画像およびその他のファイルを配置することにより、ウェブサイトを簡単に公開することができます。

バケットを作成後、バケットの静的Webサイトホスティングのプロパティを有効にすることで利用が可能となります（デフォルトは無効）。また、要件に応じたバケットのアクセス許可を設定する必要もあります。なお、有効に設定する時、Webサイトのインデックスドキュメント（デフォルトページ）やエラードキュメント（エラーページ）、およびリダイレクトルールを指定することができます。

◇ ライフサイクルルール

Amazon S3ライフサイクルルールは、オブジェクトのグループに適用するアクションを定義するものです。ライフサイクルルールを使用すると、生成されてからの経過日数に応じて、**オブジェクトの低コストストレージクラスへの移行、または削除などの作業を自動化することができます**。低コストクラスを利用したり、不要になったオブジェクトを自動的に削除できるため、データの保管コストを削減することができます。

図2.5：Amazon S3のライフサイクルルール

◇ ボールトロック

Amazon S3のボールトロックは、Amazon S3 Glacierのアーカイブ（オブジェクト）の格納場所であるボールトに対して、書き込み処理、削除処理ができないようにロックをかけるオプションです。

ボールトに対してボールトロックポリシーを適用すると、アーカイブの参照は可能でありますが、削除などの操作ができないようにすることができます。

この機能により、意図しない編集や削除や、悪意のある編集や削除などを防ぐことができます。

◇ オブジェクトロック

Amazon S3のオブジェクトロックは、オブジェクトに書き込みや削除が行えないようにロックをかける機能です。

- ガバナンスモード

  ガバナンスモードでは、オブジェクトのバージョンを上書きや削除することができません。**一部の管理者ユーザにはリテンション設定の変更やオブジェクトの削除を許可することもできます。**

- コンプライアンスモード

  コンプライアンスモードでは、保持期間中にオブジェクトのバージョンを上書きや削除できないようにします。

◇ バージョニング

Amazon S3のバージョニングは、同じバケット内でオブジェクトの複数のバージョンを保持する機能です。**意図しないユーザーによるアクションやアプリケーションの誤作動から、オブジェクトを保護することができます。**バージョニングの設定は、バケットレベルで有効化および停止します。

図2.6：Amazon S3バージョニング

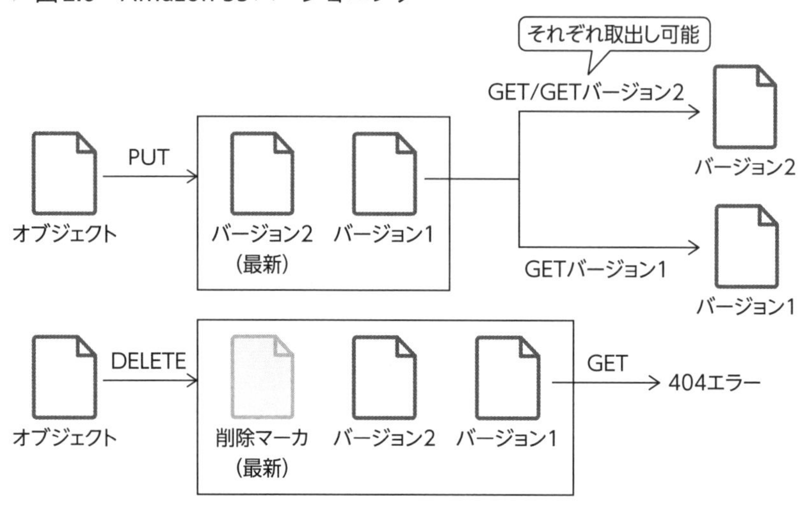

バージョニングを有効にすると、バケット内のすべてのオブジェクトのすべてのバージョンを保存、取得、復元できます。

バージョニングが無効の場合は、特定のバケットに対して同じオブジェクトの複数のアップロードを行うと、自動的に上書きされます。

バージョニングが有効の場合は、同じオブジェクトに対する複数回のアップロードを行うと、すべてのオブジェクトがそれぞれ異なるバージョンのオブジェクトとして保存され、各バージョンのオブジェクトに対する操作を行うことができます。

オブジェクトを削除する際、バージョニングが無効の場合は、オブジェクトは削除され、復元することはできません。

バージョニングが有効の場合は、オブジェクトを誤って削除したとしても、実際には、オブジェクトを削除する代わりに削除マーカーが挿入され、削除マーカーが最新のオブジェクトのバージョンになります。

ただし、**バージョニングを有効にすると、各バージョンのオブジェクトが保持されるため、旧バージョンのオブジェクトに対しても容量課金が発生**します。

MFA（多要素認証）削除

Amazon S3バケットでS3バージョニングを設定する時、MFA削除（MFA

Delete）が有効になるようにバケットを設定すると、セキュリティをさらに強化できます。

バージョニング状態を変更したり、オブジェクトを完全に削除したりする時に MFA による追加の認証が必要となるため、予期せぬオブジェクト削除に備えることができます。MFA 削除の設定を変更するには、AWS CLI、AWS SDK または Amazon S3 REST API を使用します。

◇ バケットポリシー

Amazon S3 のバケットポリシーは、バケット内のオブジェクトへのアクセスを制御し、適切な権限を持つ IP アドレスや IAM ユーザなどがアクセスできるようにするためのものです。例えば、**リスト 2.1** のように、特定の IP アドレスからのみ、バケットおよびオブジェクトへの操作を許可するというようなことが設定できます。バケットポリシーは、JSON 形式で記述します。

▶ リスト2.1：バケットポリシーのサンプル

```
{
  "Id":"ExamprePolicy01",
  "Version":"2012-10-17",
  "Statement":[
    {
      "Sid":"ExampleStatement01",
      "Effect":"Allow",
      "Action":"s3:*" ,
      "Principal":"*",
      "Resource":"arn:aws:s3:::susuta",
      "Condition":{
        "IpAddress":{
          "aws:SourceIp":"203.0.113.0/24"
        }
      }
    }
  ]
}
```

代表的なバケットポリシーの要素は、以下の通りです。

表2.2：代表的なバケットポリシーの要素

要素	説明
Id	ポリシーの識別子を指定します。
Version	ポリシー内で使用されるポリシー言語のバージョンを指定します。現行バージョンは、「2012-10-17」となります。
Statement	ポリシーの主要要素。バケットポリシーの本体となります。必須です。
Sid	ポリシー内のステートメントの識別子を指定します。
Effect	ステートメントの結果について、「許可（Allow）/拒否（Deny)」のどちらかを指定します。許可と拒否が混在する場合には、拒否が優先されます。
Action	「許可/拒否」の影響を受ける特定の「アクション」を指定します。*を指定すると、すべてのアクションを指します。
Principal	「アクション」を実行する「ユーザ」などを指定します。ARN形式で指定します。*を指定すると、すべてのプリンシパルを指します。
Resource	「アクション」の対象となる「バケット/オブジェクト」を指定します。ARN形式で指定します。BACKET_NAME/と指定した場合、バケットを指します。BACKET_NAME/OBJECT_NAMEの場合はバケット内の特定のオブジェクトを、BACKET_NAME/*の場合はすべてのオブジェクトを指します。
Condition	ポリシーを実行する際の条件を指定します。

アクセスコントロールリスト（ACL）

Amazon S3のアクセスコントロールリスト（以下、ACL）により、各バケット、オブジェクトに対するACLがアタッチされ、アクセス制御を設定することができます。

アクセス制御の対象・設定は、ALCの設定対象となるユーザの集まりである「被付与者」と、読み込みや書き込みの設定である「アクセス許可」の組み合わせで構成されます。ACLは現在も使用することは可能ですが、最近ではオブジェクト所有者を、バケットを所有しているAWSアカウントに設定しつつACLを無効化することにより、バケットポリシーのみでアクセス制御ができるため、**ACLを無効化することが推奨**されています。

ブロックパブリックアクセス

ブロックパブリックアクセスにより、バケット、アクセスポイント、およびオブジェクトに対するパブリックアクセスを防止します。バケットに対するバケットポリシー、アクセスポイントに対するアクセスポイントポリシー、またはACLのそれぞれの設定において、誤った設定をしてしまい、予期せぬオブジェクトを公開してしまうことを防ぐことができます。

図2.7：ブロックパブリックアクセス

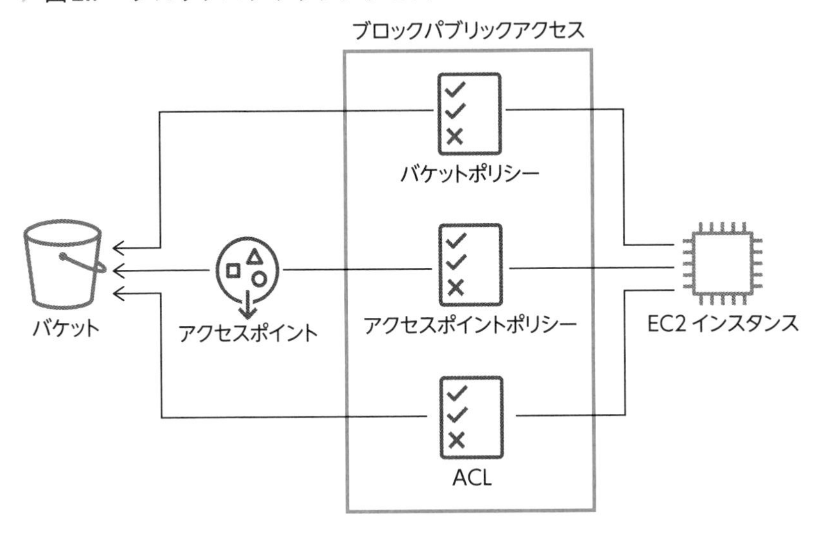

アクセスポイント

Amazon S3アクセスポイントを使用すると、バケットに対するアクセス制御が容易に行えるようになります。従来は1つのバケットポリシーで、複数のアクセス制御を行っていたため、ポリシーの記述が複雑になり、セキュリティインシデントの発生につながる可能性がありました。**現在は各アクセスポイントに対し、アクセスポイントポリシーを設定できるため、アクセス制御をシンプルに行うことができます。**

図2.8：アクセスポイント

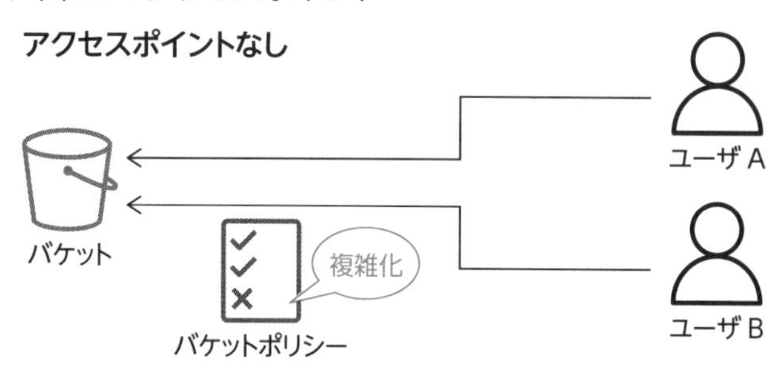

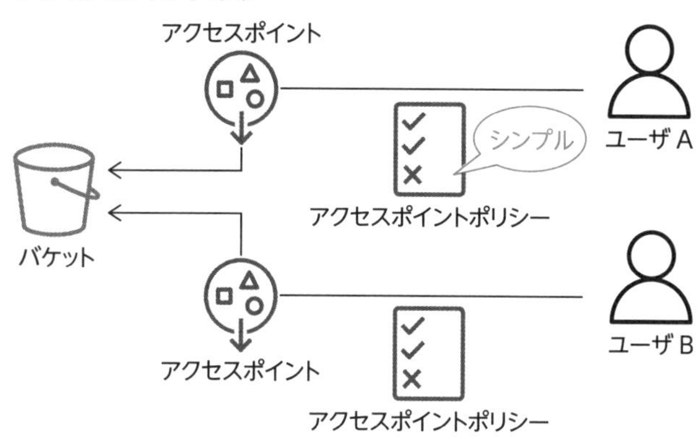

イベント通知

Amazon S3 イベント通知は、S3 バケットで特定のイベントが発生したときに通知を受け取ることができるようにする機能です。例えば、オブジェクトがバケットにアップロードされたとき、AWS Lambda に向けてイベント通知を行い、格納されたオブジェクトを参照して DynamoDB にオブジェクトの情報を書き込むというような自動処理を行うことが可能になります。イベントの通知の送信先としては、Amazon Simple Notification Service（Amazon SNS）、Amazon Simple Queue Service（Amazon SQS）、AWS Lambda、Amazon EventBridge を指定することが可能です。しかし、各イベント通知で指定できる送信先は、1 か所のみです。

クロスリージョンレプリケーション

Amazon S3クロスリージョンレプリケーションは、異なるAWSリージョン内のAmazon S3バケット間でオブジェクトを自動的にレプリケートする機能です。クロスリージョンレプリケーションを使用することにより、災害復旧のために、別のAWSリージョンにデータをバックアップすることもできます。

◇ Amazon S3 Object Lambda

Amazon S3 Object Lambdaを使用すると、Amazon S3 GET、LIST、HEADリクエストをトリガーとしてLambda関数を起動したり、また独自のコードを実行したりして、データがアプリケーションに返されるときにそのデータを変更および処理できます。例えば、アプリケーションからのリクエストに対して、画像の動的なリサイズや機密データのマスクなど独自の処理を施した上で、データを渡すことができます。

◇ Amazon S3 インベントリ

バケット内のオブジェクトに関する詳細な情報を提供するレポートを生成することができます。これにより、例えばビジネス、コンプライアンスおよび規制上のニーズに対応して、監査、データ検証あるいはレポートのニーズに対応することができます。

2.2 Amazon Elastic Block Store（Amazon EBS）

重要度 ★★★

Amazon EBSの概要

Amazon Elastic Block Store（Amazon EBS。以下EBS）は、**Amazon EC2向けに設計されたブロックストレージサービス**です。EC2インスタンスにEBSボリュームを割り当てることで、EC2のストレージ管理が柔軟に行えるようになります。

Amazon EBSのメリット/デメリット

高パフォーマンス

ボリュームあたり、最大256,000 IOPS、4,000 MB/秒のスループット、またミリ秒未満のレイテンシを提供できるように設計されています。

高耐久性・高可用性

最大99.999%の耐久性、0.001%の年間故障率（AFR）となるように設計されています。また、特定時点のデータを保存するスナップショット機能も提供されているため、万が一データが破損した際にも、スナップショットからボリュームを再作成することにより、容易に復旧することが可能です。

容易な管理

暗号化、容量の増加、パフォーマンス調整、ボリュームタイプの変更、バックアップの管理などを容易に行うことができます。

図2.9：EC2インスタンス起動時のEBSボリュームの設定画面

コスト最適化

HDD、SSDなどの複数のボリュームタイプが提供されており、用途に応じてブロックストレージの指定および変更ができるため、コストを最適化することが可能です。

構成要素・オプション等

◇ボリュームタイプ

EBSのボリュームタイプには、ソリッドステートドライブ（以下、SSD）ボリュームタイプとハードディスクドライブ（以下、HDD）ボリュームタイプがあり、それぞれさらに各2種類に分けられるため、全部で計4種類あります（表2.3）。要件に応じて、選択します。

SSDボリュームタイプは、読み書きのサイズが比較的小さく、頻繁な読み取り/書き込みの操作を伴うトランザクションワークロード向けに最適化されています。HDDボリュームタイプは、大容量の分析データ、ログ処理など、頻繁にアクセスされる大規模なシーケンシャルI/Oワークロードに向いています。

▶表2.3：ボリュームタイプの種類と概要

ボリュームタイプ	概要
汎用SSD	一般的なワークロードの処理向けであり、コストとパフォーマンスのバランスが取れたSSDボリューム
プロビジョンドIOPS SSD	レイテンシの要件が数ミリ秒未満と厳しい場合や、高いIOPSの性能が要求されるような、ミッションクリティカルな場面で使用するSSDボリューム
スループット最適化HDD	アクセス頻度が高く、比較的高いスループットが必要な場合に使用するHDDボリューム
Cold HDD	アクセス頻度が低く、アーカイブ目的などで低コストなHDDボリューム

注意

HDDボリュームは、EC2のブートボリューム（起動ディスク）としては使用できません。

◇EBSスナップショット

EBSスナップショットは、EBSボリュームのデータをAmazon S3にバックアップする機能です。スナップショットは、以下のような特徴があります。

◉EBSの特定時点でのバックアップ

スナップショットは、EBSボリュームの特定時点のデータをバックアップするため、オペレーションミス、アプリケーションによるデータブロックの論理的な破損、ウイルス感染などによるデータ消失に備えることができます。

◉非同期処理

スナップショットは非同期に行われます。スナップショットの作成を指定し、レスポンスが返ってきたならば、そこからバックアップがバックグラウンドで開始されます。バックグラウンドで行われているスナップショットが完了する（変更されたすべてのブロックがAmazon S3に転送が完了する）まで、スナップショットのステータスはpending（保留状態）となります。大規模なEBSボリュームの初回のスナップショットの取得時や、多数のブロックが変更されているEBSボリュームのスナップショット取得時の場合、スナップショットの作成が完了するまでの時間が、数時間かかることもあり得ます。しかし、スナップショットの作成中であっても、EBSボリュームに対する読み取りと書き込みの操作に対して影響を受けることはありません。

▶ 図2.10：EBSスナップショット取得時の挙動

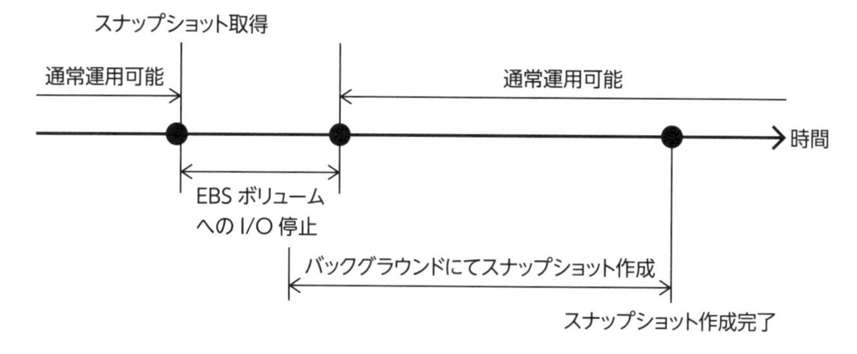

スナップショットを実行した時点でEBSボリュームに書き込まれているブロックのみを保存します。そのため、アプリケーションやOSなどでキャッシュされている変更データは、対象外となります。データの整合性を保つため、スナップショットを作成する際には、トランザクショ

ンを完了させ、EBS ボリュームにデータを書き出した状態にしておくか、OS を停止しておくか、もしくは一旦ボリュームをデタッチ（取り外す）ことにより I/O を停止するなどの検討をしておくことをお勧めします。

容量効率の良さ

スナップショットは増分バックアップで取得されます。増分バックアップとは、前回からの変更した箇所だけ、バックアップを取る方式です。複数回スナップショットを取得する場合、最後に取得されたスナップショット以降で、ボリューム上で変更のあるブロックだけが保存されます。一方､変更のないブロックはスナップショットに含まれないため、スナップショットの作成時間を抑えることができ、ストレージ容量およびコストも節約することができます。

図2.11：EBSスナップショットの増分の仕組み

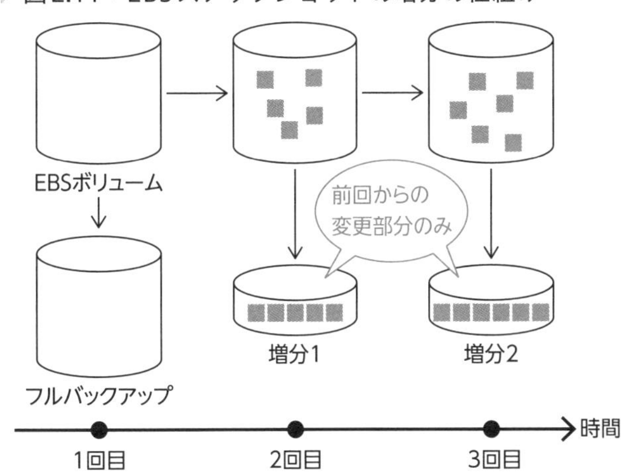

可用性

AWS が管理している Amazon S3 に保存されます。そのため、保存期間や世代数はほぼ無制限です。**バージョン管理が必要な場合は、Amazon Data Lifecycle Manager を使用することにより、スナップショットの作成、保持、削除を自動化することもできます。**

◉復元性

もしEC2にアタッチしているEBSが破損した場合は、スナップショットを使用して、新規にEBSボリュームを作成します。そして、破損したEBSボリュームをデタッチし、新規作成したEBSボリュームをアタッチすることにより、EC2を復旧することができます。

▶ 図2.12：スナップショットによるEBSの復元

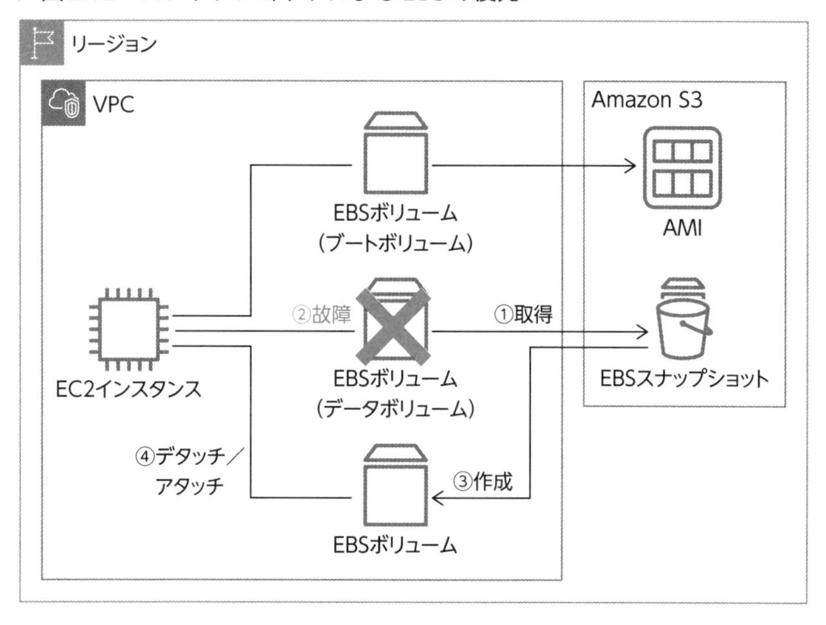

◇ Amazon EBSの暗号化

EBSボリュームについて、ブートボリュームとデータボリューム、両方を暗号化できます。暗号化されたEBSボリュームを作成すると、以下のデータが暗号化されます。

- 暗号化されたEBSボリュームに保存されているデータ
- 暗号化されたEBSボリュームとインスタンスの間で移動されるすべてのデータ
- 暗号化されたEBSボリュームから作成されたEBSスナップショット
- 暗号化されたEBSスナップショットから作成されたEBSボリューム

◇ EBS マルチアタッチ機能

1つのプロビジョンドIOPS SSDタイプのEBSボリュームを、同じアベイラビリティゾーンにある複数のEC2インスタンスにアタッチし、各インスタンスから読み取り、書き込みのアクセスをすることができます。

マルチアタッチ機能によりEC2でのHAクラスタ等を構築した場合は、EC2インスタンスの障害に対する可用性を高めることが可能ですが、同一アベイラビリティゾーンでの利用に制限されているため、アベイラビリティゾーン障害などには対応しません。また、マルチアタッチされたEBSボリュームに対するI/Oの排他制御は、アプリケーション側で行う必要があります。**マルチアタッチはプロビジョンドIOPS SSDボリュームでのみサポートされています。**

基本的には、EBSは単独のEC2インスタンスにアタッチすると覚えておけば、試験においては大きな問題は生じません。

図2.13：EBSマルチアタッチ機能の制限

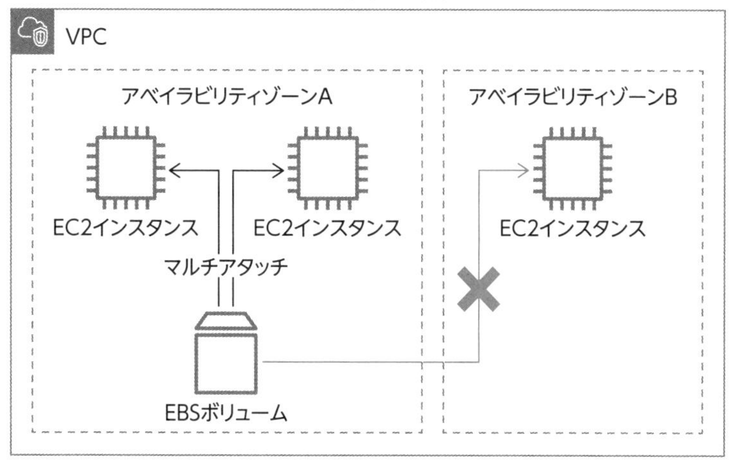

2.3 Amazon Elastic File System（Amazon EFS）

重要度 ★★★

Amazon EFSの概要

Amazon Elastic File System（以下、Amazon EFS）は、フルマネージドで、スケーラブルなネットワークファイルシステムを提供するサービスです。サーバやストレージなどファイルストレージの管理なしに、ユーザは複数のEC2インスタンスと、オンプレミスのサーバからもアクセスできるファイルシステムを利用することができます。

▶ 図2.14：Amazon EFSの概要図

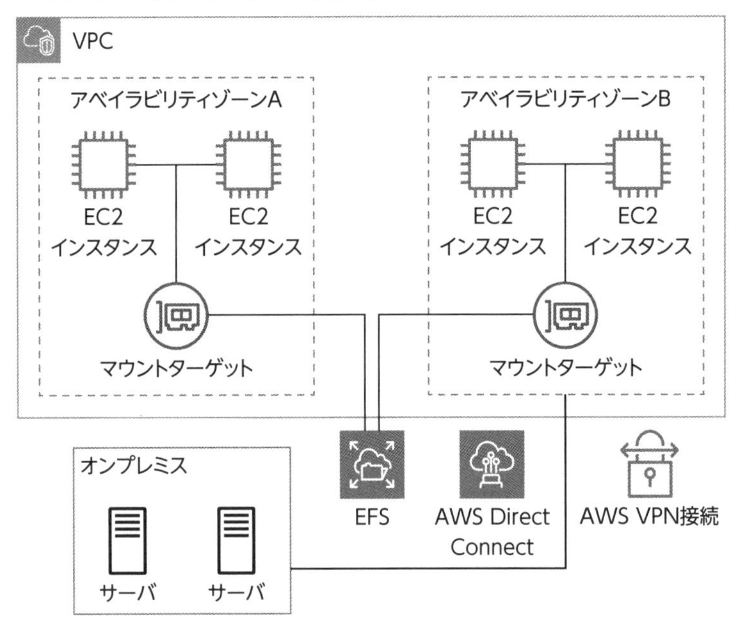

Amazon EFSのメリット/デメリット

◇ フルマネージドサービス

Amazon EFSでは、ストレージの構築やパッチの適用、バックアップなどの運用管理の作業をAWS側で行います。そのため、ユーザはアプリケーションやビジネスに専念することができます。

◇ Linuxのワークロード対応

Amazon EFSは、Linuxでよく使用されるNFSプロトコルに対応しており、主にLinuxやUnix系のサーバのワークロードに対応しています。

◇ 高可用性と高耐久性

Amazon EFSは、複数のアベイラビリティゾーンにデータのコピーを配置することにより、システム障害、アベイラビリティゾーン障害に対しても、データを保護することが可能です。

構成要素・オプション等

◇ ストレージクラス

Amazon EFSは以下のストレージクラスが用意されているため、要件に応じて適切なストレージクラスを選択することにより、耐久性やコストを調整することができます。

アクセスパターンが変化するファイルにはEFS Intelligent-Tieringを使用することにより、アクセスパターンをモニタリングし、ストレージクラス間でファイルを自動的に移動してくれるため、コスト最適化に繋げられます。

◉ EFS標準

頻繁にアクセスされるデータのストレージクラス。AWSリージョンの複数のアベイラビリティゾーンにまたがってファイルシステムデータを冗長的に保存することで、高い可用性と耐久性を実現します。

◉ **EFS 標準低頻度アクセス（標準 IA）**

アクセス頻度の低いデータのストレージクラス。AWS リージョンの複数のアベイラビリティゾーンにまたがってファイルシステムデータを冗長的に保存することで、高い可用性と耐久性を実現します。

◉ **EFS1 ゾーン**

頻繁にアクセスされるファイルが、AWS リージョンの単一のアベイラビリティゾーン内に冗長的に格納されているため、高い可用性と耐久性を必要としない場合に使用するストレージクラス。

◉ **EFS1 ゾーン -IA（1 ゾーン -IA）**

AWS リージョンの単一のアベイラビリティゾーン内に冗長的に格納される、かつアクセス頻度の低いファイル向けの低コストのストレージクラス。

◇ アクセス制御

Amazon EFS では、ネットワークとアプリケーションの両面からアクセス制御を利用することが可能です。ネットワークでは、EC2 などからファイルシステムをマウントする際に使用するマウントターゲットに対してセキュリティグループを設定するか、もしくはマウントターゲットを配置するサブネットに対してネットワーク ACL を設定することにより、アクセス制御を行うことができます。

アプリケーションでは、アプリケーション固有のエントリポイントである EFS アクセスポイントに API を実行するユーザやアプリケーションに対して、IAM ポリシーや IAM ロールを設定することにより、特定の操作や特定のユーザからのアクションを許可、拒否などのアクセス制御を行うことができます。

▶ 図2.15：EFSのアクセス制御

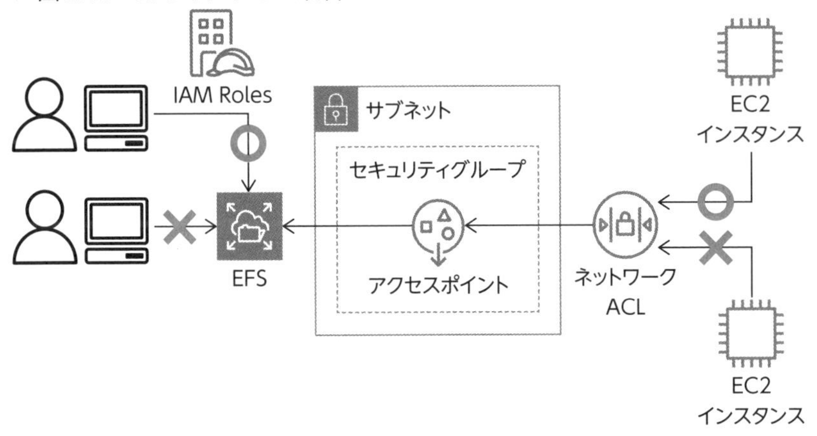

2.4 Amazon FSx

重要度 ★★★

Amazon FSxの概要

Amazon FSx はフルマネージドのファイルシステムで、Windows ファイルサーバや高性能な Lustre ファイルシステムを提供します。ユーザは OS や管理を意識することなく、ファイルストレージを利用することができます。

Amazon FSx は NetApp ONTAP、OpenZFS、Windows File Server および Lustre の計 4 種類のファイルシステムがフルマネージドで提供されています。

主にオンプレミスワークロードのクラウドへの移行や、各種ファイルシステムに備わっている機能を使用したい場合に選択します。

Amazon FSxのメリット/デメリット

◇ フルマネージドサービス

Amazon FSx はフルマネージドサービスであり、ユーザはファイルシステムの設定、運用管理に気を使う必要がありません。ユーザはストレージの管理に時間をかけることなく、効率的にファイルを利用できます。

構成要素・オプション等

Amazon FSx for Windows File Server

Windows Server上に構築されたフルマネージド共有ストレージを提供します。幅広いデータアクセス、データ管理および管理機能を提供し、以下の特徴があります。

- Windowsベースのアプリケーションに適している
- Active Directoryと統合されており、ユーザアクセスの管理が容易
- ファイル共有やユーザホームディレクトリなどの一般的な用途に使用できる

ファイルストレージを必要とする場合、Linuxクライアントであれば Amazon EFSを使用し、Windowsクライアントであれば Amazon FSx for Windows File Serverを使用します。

Amazon FSx for Lustre

Lustreファイルシステムのスケーラビリティとパフォーマンスを備えたフルマネージド共有ストレージを提供しており、以下の特徴があります。

- 高性能な並列ファイルシステムであり、大規模なデータ処理や科学計算に適している
- 並列アーキテクチャを使用しており、複数のノードでデータを同時に処理できる
- 高速な読み書きアクセスが可能で、大容量のファイルを効率的に扱える

Amazon FSx for NetApp ONTAP

AWSクラウド内のフルマネージド共有ストレージです。NetApp ONTAPの一般的なデータアクセスおよび管理機能を提供し、以下の特徴

があります。

- 高可用性とデータ保護を提供するファイルシステム
- スケーラブルで柔軟なストレージソリューションであり、多くのアプリケーションに適している
- SnapMirror 機能を使用してデータをリモートサイトから移行できる

◇ Amazon FSx for OpenZFS

OpenZFS ファイルシステム上に構築され、NFS プロトコル (v3、v4、v4.1 および v4.2) を介してアクセスできるフルマネージド共有ファイルストレージを提供しています。以下の特徴があります。

- オープンソースのファイルシステムであり、高い信頼性と柔軟性を持つ
- スナップショット、データのクローン作製、圧縮など、データ管理および操作のための豊富な機能をサポート
- 大容量のデータストレージに適している

2.5 AWS Backup

重要度 ★★☆

AWS Backupの概要

AWS Backup は、フルマネージドのバックアップサービスです。EC2、DynamoDB などの各種 AWS サービスのデータや、オンプレミスのデータといったさまざまなデータに対してバックアップポリシーを設定することにより、バックアップを集中的に管理し、自動化することができます。結果、企業でのバックアップに関するコンプライアンスの向上が見込めます。

AWS Backupのメリット/デメリット

◇ バックアップ管理の一元化

AWS Backupにより、各種AWSサービスのバックアップポリシーを一元管理できます。バックアップ対象となる各種AWSリソースに対して、整合性とコンプライアンスを確保しながらデータをバックアップすることができます。

◇ リージョン間バックアップ・アカウント間バックアップ

AWS Backupにより、バックアップを複数の異なるAWSリージョンにコピーすることができます。また、AWS Organizationsにより管理されるすべてのAWSアカウントにおいて、バックアップ全体を管理できます。バックアップポリシーは、AWSアカウントに自動的に適用され、組織内のAWSアカウント全体のバックアッププランを管理することができます。

構成要素・オプション等

◇ バックアップボールト

AWS Backupにてバックアップを保存および整理するためのコンテナのことです。

◇ バックアッププラン（計画）

バックアッププランによりバックアップ要件を定義し、各種AWSリソースにそれらの要件を適用します。特定のビジネスおよび規制関連のコンプライアンス要件を満たす個別のバックアッププランを作成できるため、顧客の要件に従って、確実に各AWSリソースがバックアップされるようになります。バックアッププランを使用すると、スケーラブルな方法で、組織全体およびアプリケーション全体にバックアップ戦略を簡単に適用できます。

2.6 AWS Storage Gateway

重要度 ★★★

AWS Storage Gatewayの概要

AWS Storage Gatewayは、オンプレミスのストレージをクラウドに拡張するためのサービスです。オンプレミスには容量の限界がありますが、オンプレミスのストレージでAWS Storage Gatewayを使用することにより、AWS上のほぼ無制限のストレージに格納することができるようになります。また、AWS上にバックアップとして保存することができ、オンプレミスのアプリケーションからAWS Storage Gatewayのインターフェイスを介して、AWS上のファイルにアクセスすることも可能です。

AWS Storage Gatewayのメリット/デメリット

◇ シームレスな統合

オンプレミスのアプリケーションに対して、AWS上に保存されたファイルへのアクセスを提供し、ビジネスを中断することなくユーザとアプリケーションのワークフローを維持することができます。

AWS Storage Gateway使用時には、**データ転送のためオンプレミス側に仮想マシンもしくはハードウェアアプライアンスをStorage Gatewayアプライアンスとして配置するか、AWS側にEC2インスタンスを起動する必要があります。**

図2.16：オンプレミス側にハードウェアアプライアンス/仮想マシンを配置して、AWS Storage Gatewayを使用する場合

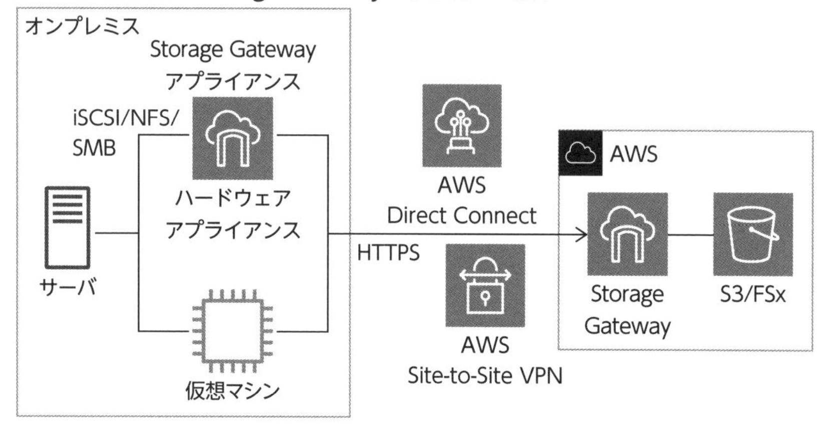

図2.17：AWS側にEC2インスタンスを起動してAWS Storage Gatewayを使用する場合

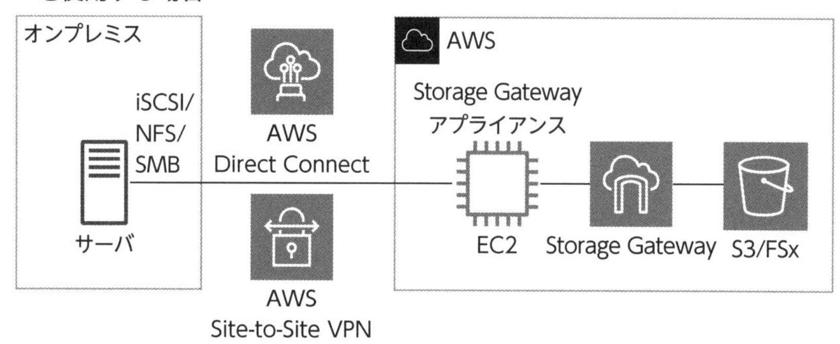

構成要素・オプション等

AWS Storage Gatewayの4つのタイプ

Storage Gatewayには、以下の4つのタイプがあります。

S3 File Gateway

NFSプロトコルとSMBプロトコルを使用し、ファイルをAmazon S3にオブジェクトとして保存および取得することができます。格納されたファイルに対しては、データセンターまたはAmazon EC2から

NFSプロトコル、SMBプロトコルを使用してアクセスするか、Amazon S3から直接アクセスすることができます。

FSx File Gateway

SMBプロトコルを使用し、ファイルをAmazon FSx for Windows File Serverに保存することができます。

Tape Gateway

仮想テープライブラリ（VTL）を使用し、バックアップデータを仮想テープとしてAmazon S3に保存することができます。

Volume Gateway

iSCSIプロトコルを使用してアプリケーションのブロックストレージボリュームを提供します。これらのボリュームに書き込まれたデータを、ボリュームのスナップショット（Amazon EBSスナップショット）として保存できます。

確認問題

問題❶ ある企業は、複数のアベイラビリティゾーンに配置されているAmazon EC2インスタンス上で実行されるWebアプリケーションを構築しています。Webアプリケーションは、合計サイズが約700 TBのテキストドキュメントへアクセスする機能を提供します。
同社は、Webアプリケーションの需要が高まる時期を予想しています。ソリューションアーキテクトは、常にアプリケーションの需要を満たすように、テキストドキュメントのストレージが拡張できることを確認する必要があります。同社は、ソリューションの全体的なコストを懸念しています。
これらの要件を最も費用対効果の高い方法で満たすストレージソリューションはどれですか。

A. Amazon Elastic Block Store
B. Amazon Elastic File System
C. Amazon OpenSearch Service
D. Amazon Simple Storage Service

問題❷ ある企業は、新たにクラウドエンジニアを採用しました。
クラウドエンジニアには、ConfidentialDocumentsというAmazon S3バケットに対してアクセスできないようにします。また、AdminToolsという名前のS3バケットに対する読み取り権限および書き込み権限を付与する必要があります。
これらの基準を満たすバケットポリシーはどれですか？

A.
```
{
    "Version":"2012-10-17",
    "Statement":[
```

```
        {
            "Effect":"Allow",
            "Action":"s3:ListBucket",
            "Resource":"arn:aws:s3:::AdminTools"
        },
        {
            "Effect":"Allow",
            "Action":["s3:GetObject","s3:PutObject" ],
            "Resource":"arn:aws:s3:::AdminTools/*"
        },
        {
            "Effect":"Deny",
            "Action":"s3:*",
            "Resource":[
                "arn:aws:s3:::ConfidentialDocuments/*",
                "arn:aws:s3:::ConfidentialDocuments"
            ]
        }
    ]
}
```

B.

```
{
    "Version":"2012-10-17",
    "Statement":[
        {
            "Effect":"Allow",
            "Action":"s3:ListBucket",
            "Resource":[
                "arn:aws:s3:::AdminTools",
                "arn:aws:s3:::ConfidentialDocuments/*"
            ]
        },
        {
            "Effect":"Allow",
            "Action":["s3:GetObject", "s3:PutObject",
            "s3:DeleteObject"],
```

```
            "Resource":"arn:aws:s3:::AdminTools/*"
        },
        {
            "Effect":"Deny",
            "Action":"s3:"*",
            "Resource":"arn:aws:s3:::ConfidentialDocuments"
        }
    ]
}
```

C.

```
{
    "Version":"2012-10-17",
    "Statement":[
        {
            "Effect":"Allow"
            "Action":["s3:GetObject", "s3:PutObject"],
            "Resource":"arn:aws:s3:::AdminTools/*"
        },
        {
            "Effect":"Deny",
            "Action":"s3:"*",
            "Resource":[
                "arn:aws:3:::ConfidentialDocuments/*",
                "arn:aws:3:::ConfidentialDocuments"
            ]
        }
    ]
}
```

D.

```
{
    "Version":"2012-10-17",
    "Statement":[
        {
            "Effect":"Allow",
            "Action":"s3:ListBucket",
```

```
            "Resource":"arn:aws:s3:::AdminTools/*"
        },
        {
            "Effect":"Allow",
            "Action":["s3:Getobject","s3:Putobject"],
            "Resource":"arn:aws:s3:::AdminTools/"
        },
        {
            "Effect":"Deny",
            "Action":"s3:*",
            "Resource":[
                "arn:aws:s3:::ConfidentialDocuments",
                "arn:aws:s3:::ConfidentialDocuments/*",
                "arn:aws:3:::AdminTools/*"
            ]
        }
    ]
}"
```


問題❸ ある会社は、各ファイルサイズが約10MBの多数のファイルを生成するアプリケーションを使用しています。ファイルはAmazon S3に保存されます。
会社のポリシーでは、ファイルを4年間保存する必要があり、4年間の保存期間を過ぎたファイルは削除する必要があります。
ファイルには容易に復元できない重要なビジネスデータが含まれているため、保護する必要があります。また、ファイルにアクセスする際には、即時に取り出せる必要があります。ファイルは、オブジェクト作成の最初の30日間は頻繁にアクセスされますが、31日目以降はほとんどアクセスされません。費用対効果が最も高いストレージソリューションはどれですか。

A. オブジェクト作成の30日後にファイルをS3標準からS3 Glacier Deep Archiveに移動するためのS3バケットライフサイクルルールを作成します。オブジェクトの作成から4年後にファイルを削除します。

B. オブジェクト作成の 30 日後にファイルを S3 標準から S3 1 ゾーン - 低頻度アクセス（S3 1 ゾーン - IA）に移動する S3 バケットライフサイクルルールを作成します。オブジェクトの作成から 4 年後にファイルを削除します。

C. オブジェクト作成から 30 日以内にファイルを S3 標準から S3 標準 - 低頻度アクセス（S3 標準 -IA）に移動する S3 バケットライフサイクルルールを作成します。オブジェクトの作成から 4 年後にファイルを削除します。

D. オブジェクト作成から 30 日以内にファイルを S3 標準から S3 標準 - 低頻度アクセス（S3 標準 -IA）に移動する S3 バケットライフサイクルルールを作成します。オブジェクトの作成から 4 年後にファイルを S3 Glacier に移動します。

問題❹ **ある企業が、Amazon EC2 インスタンスに新しいアプリケーションのデプロイを予定しています。アプリケーションは、Amazon Elastic Block Store（Amazon EBS）ボリュームにデータを書き込みます。同社は、EBS ボリュームに書き込まれるすべてのデータについて、保存時に暗号化されていることを確認する必要があります。この要件を満たすソリューションはどれですか。**

A. EBS ボリュームの暗号化を強制する IAM ロールを作成し、EBS ボリュームでの暗号化を必要とするすべての EC2 インスタンスに IAM ロールを設定します。

B. EBS ボリュームを暗号化ボリュームとして作成します。EBS ボリュームを EC2 インスタンスにアタッチします。

C. キーとして「Encrypt」、値として「True」というタグを作成し、EBS ボリュームでの暗号化を必要とするすべての EC2 インスタンスにタグを設定します。

D. EBS ボリュームの暗号化を強制する AWS Key Management Service（AWS KMS）キーポリシーを作成し、キーポリシーがアクティブであることを確認します。

問題❺ ある企業は、単一の Amazon EC2 インスタンスを使用して、Web アプリケーションをホストしています。その EC2 インスタンスでは、ユーザがアップロードしたドキュメントを Amazon EBS ボリュームに保存しています。スケーラビリティと可用性を向上させるために、同社はアーキテクチャを複製し、別のアベイラビリティゾーンに 2 番目の EC2 インスタンスと EBS ボリュームを作成し、両方の EC2 インスタンスを Application Load Balancer の背後に配置しました。この変更を完了した後、ユーザから、Web アプリケーションで処理を行うたび、アップロードされたドキュメントについて一部は表示されるが、すべてのドキュメントが同時に表示されることがないと報告を受けました。

ユーザがすべてのドキュメントを一度に閲覧できるようにするために、ソリューションアーキテクトは何を提案すべきでしょうか。

A. 両方の EBS ボリュームにすべてのドキュメントが含まれるようにデータをコピーします。
B. ユーザをドキュメントが保存されている EC2 インスタンスに誘導するように Application Load Balancer を構成します。
C. 両方の EBS ボリュームから Amazon EFS にデータをコピーします。新しいドキュメントを Amazon EFS に保存するようにアプリケーションを変更します。
D. リクエストを両方の EC2 インスタンスに送信するように Application Load Balancer を構成します。各ドキュメントを正しいサーバから返します。

確認問題の解答と解説

問題❶ 正解 D

本文参照：「Amazon S3 のメリット / デメリット」(p.64)

正解は D です。Amazon S3 は最もコスト効率の高いストレージです。Amazon S3 は、ウェブ上のどこからでも大量のデータを保存および取得できるように設計されており、スケーラビリティ、可用性、コスト効率が高いため、需要が高くなる期間にも対応可能な選択肢です。

A は不正解。Amazon EBS の Cold HDD ボリュームと Amazon S3 の標準ストレージクラスのコスト比較以外は、基本的に S3 の方がコストを抑えることができるためです。

B は不正解。Amazon EFS と Amazon S3 のコストを比較した場合、Amazon S3 の方がコストを抑えることができます。

C は不正解。Amazon OpenSearch Service は、オープンソースの検索および分析の機能を有する OpenSearch クラスタを提供するマネージドサービスです。Amazon OpenSearch Service と Amazon S3 のコストを比較した場合、Amazon S3 の方がコストを抑えることができます。

問題❷ 正解 A

本文参照：「バケットポリシー」(p.71)

A が正解です。ポリシーにより、AdminTools バケットに対する読み取り（s3:ListBucket）を許可し、AdminTools バケット内のオブジェクトの取得（s3:GetObject）と、オブジェクトの書き込み（s3:PutObject）を許可（Allow）しています。また、ConfidentialDocuments バケットに対するすべてのアクション（*）を拒否（Deny）しています。

B は不正解。ConfidentialDocuments バケットに対する読み取りが許可されてしまっています。

Cは不正解。AdminToolsバケット内のオブジェクトの読み取りは許可されていますが、AdminToolsバケットに対する読み取りが許可されていません。

Dは不正解。AdminToolsバケットのすべてのオブジェクトに対して、拒否の設定がされているためです。

問題❸ 正解 C

本文参照：「ストレージクラス」（p.66）

Cが正解です。S3標準により、アクセス頻度の高いデータに対して、高可用性を提供することができます。また、S3標準-IAにより、アクセス頻度の低いデータに対して、費用対効果の高いストレージを提供できます。4年後には削除する必要があるため、ライフサイクルルールにより4年後に削除するように構成します。

Aは間違いです。S3 Glacier Deep Archiveに移動した場合、即時に取り出せなくなるためです。

Bは間違いです。S3 1ゾーン-IAに移動した場合、アベイラビリティゾーン障害が発生すると、他の選択肢よりもファイルを復元できなくなる可能性が高くなるためです。

Dは間違いです。オブジェクトが作成されてから4年後に削除されていないためです。

問題❹ 正解 B

本文参照：「Amazon EBSの暗号化」（p.80）

Bが正解です。EBSボリュームを作成する際に、暗号化済み・暗号化なしを指定することができます。

Aは間違いです。IAMロールは、ユーザやアプリケーションに対して、アクセス制御を行うためのものであり、EBSボリュームに対して暗号化を強制するものではありません。

Cは間違いです。タグは、用途、所有者、環境などのさまざまな情報を、AWSリソースに対して、付与するための「キー」と「値」のペアです。暗号化を強制するものではありません。

Dは間違いです。AWS KMSキーポリシーは、KMSキーに対するアクセス制御を行うためのものであり、EBSボリュームに対して暗号化を強制するものではありません。

問題❺ 正解 C

本文参照：「Amazon EFS」（p.82）

Cが正解です。Amazon EFSを使用することにより、ドキュメントはEFS上に集約されるため、EC2インスタンスのスケーラビリティと可用性を向上させることができます。

Aは不正解です。データコピーによりユーザの課題は解決できますが、EC2インスタンスのスケーラビリティを向上させようとすると、すべてのインスタンスでのデータコピーが発生してしまうため、ネットワークトラフィックの増加と、データを冗長的に保持させることによるストレージ容量の増加が課題となります。

Bは不正解です。ユーザのドキュメントが保存されているEC2インスタンスに誘導することにより、ユーザの課題は解決できますが、ユーザごとにドキュメントが保存されるEC2インスタンスが限定されるため、EC2インスタンスに障害が発生した際にドキュメントが失われる可能性があり、可用性の向上には繋がりません。

Dは不正解です。ドキュメントごとにいずれかのEC2インスタンスのみに保存されると、EC2インスタンスに障害が発生した際にドキュメントが失われる可能性があり、可用性の向上には繋がりません。

第3章

ネットワークおよびコンテンツ配信

本章では、ネットワーク関連のサービスと、画像や動画等のコンテンツ配信に使用できるサービスについて紹介します。具体的には、Amazon VPC、Amazon ELB、Amazon Route 53、Amazon CloudFront、AWS Global Accelerator です。なお、VPC に関しては多様な機能があるため、VPC とインターネットの通信、VPC とオンプレミスネットワークの通信、VPC と他の VPC の通信、VPC 内のリソースと VPC 外のリソースの通信という 4 つの観点で機能を整理してご紹介します。

3.1 Amazon Virtual Private Cloud(VPC)

重要度★★★

概要

Amazon Virtual Private Cloud（以下、VPC）は、AWS クラウドの中に論理的に分離された仮想的なネットワーク空間を確保するためのサービスです。VPC を使うことにより、プライベート IP アドレスで通信できる領域をクラウドの中に作成することができます。VPC の中では、ルーティングやファイアウォール（以下、FW）を用いた通信制御を行うことや、インターネットやオンプレミス拠点といった他のネットワークとの通信を設定することが可能です。

図3.1：VPCの概要

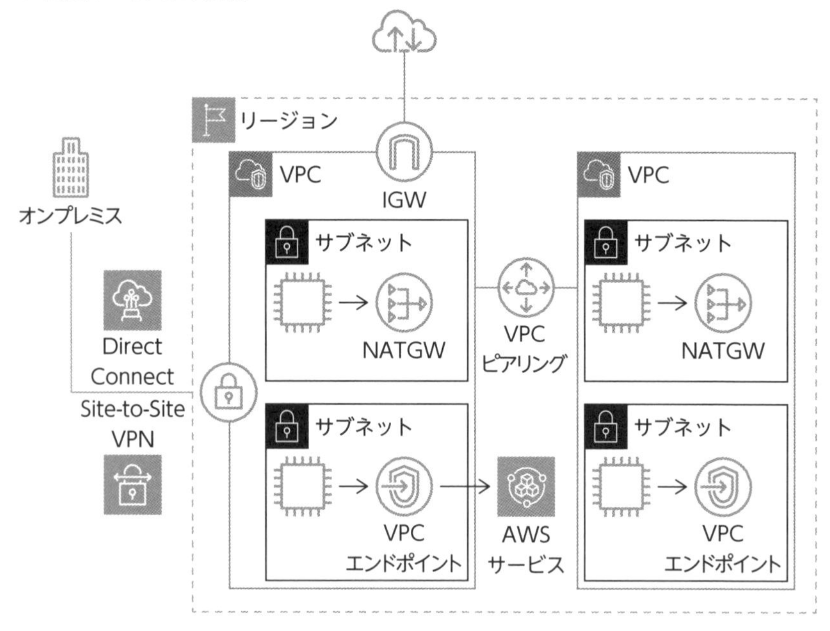

VPC とインターネットの通信（IGW、NATGW）

VPC 内のリソースに、インターネットから通信するには、インターネットゲートウェイとルートテーブルが必要です。

インターネットゲートウェイ（以下、IGW）とは、名前の通り VPC とインターネットの出入口です。ルートテーブルは、サブネットに対してアタッチ（接続）するルーティングを制御するための設定です。

ルートテーブルには、VPC のプライベート IP アドレスに対するルートが記載されています。ここに IGW へのルートを記載することで、アタッチされたサブネット内のリソースが IGW 経由でインターネットに通信できるようになります。つまり、**IGW へのルートが記載されたルートテーブルをアタッチされたサブネットが、パブリックサブネット**になるということです。

図3.2：VPCからインターネットへの通信の概略図

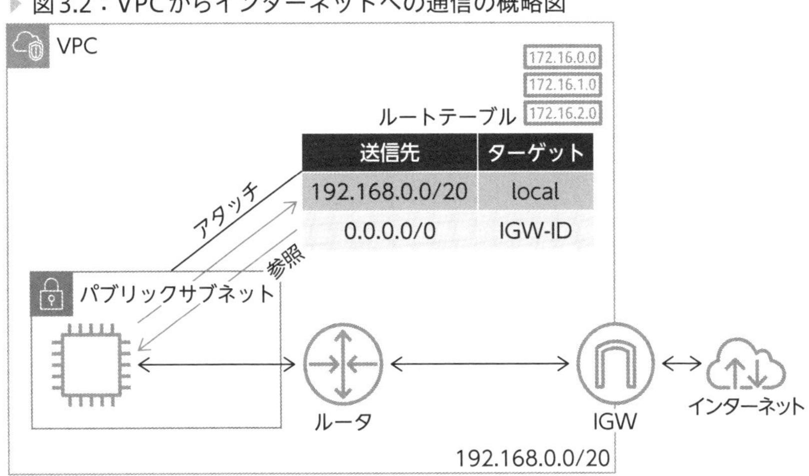

図3.3：パブリックルートテーブルのキャプチャ

一方で、IGW へのルートが記載されていないルートテーブルがアタッチされたプライベートサブネット内のリソースは、直接インターネットと通信

することはできません。ただし、インターネット経由でパッチをダウンロードしたり、外部の API を実行したりしたいという要求が出る場合があります。そこで必要になるのが NAT ゲートウェイ（以下、NATGW）です。

NATGW は、**NAT（Network Address Translation：IP アドレスの変換）を実行してプライベートサブネット内のリソースからインターネットへのアウトバウンド通信を可能に**します。**NATGW をパブリックサブネットに配置**し、プライベートサブネットにアタッチしたルートテーブルに、NATGW へのルートを記載することで、通信ができるようになります（図 3.4）。

図 3.4：NATGW を使用したインターネットへの通信の概略図

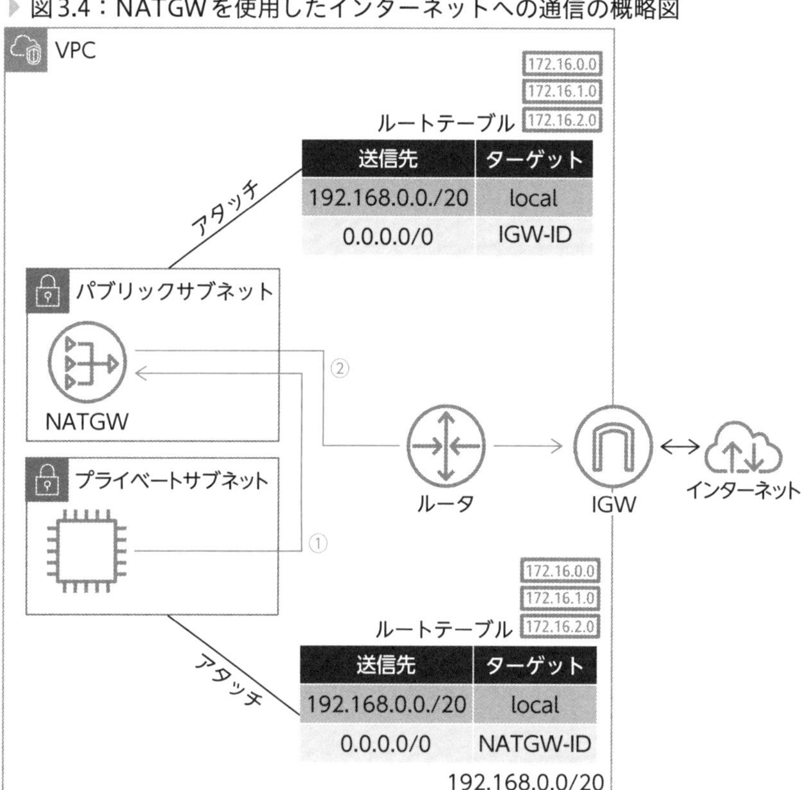

なお、IGW と NATGW は、ともに組み込みの冗長性があり、可用性が高くなっています。IGW は、VPC に一つ存在し、NATGW は、アベイラビリティゾーンごとに作成することができます。

▶ 図3.5：NATGWを1つ使用した場合と複数使用した場合の比較

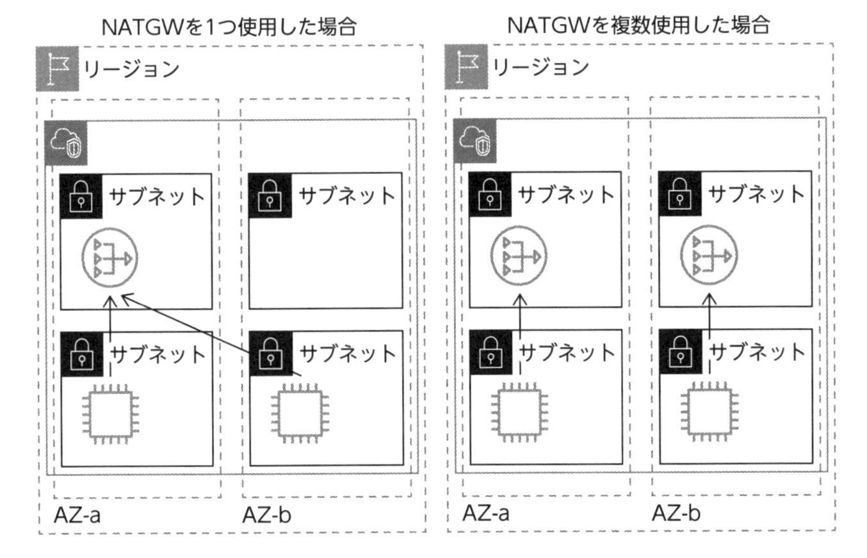

◇ VPCとオンプレミスネットワークの通信（AWS Direct Connect、Site-to-Site VPN）

VPCがIGWを経由せずにオンプレミスネットワークと通信するためには、仮想プライベートゲートウェイと**カスタマーゲートウェイ**、ルートテーブル、そしてAWS Direct Connect（以下Direct Connect）あるいはSite-to-Site VPNが必要です。

仮想プライベートゲートウェイ（以下、VGW）は、VPCとオンプレミスネットワークの出入り口です。一方、**カスタマーゲートウェイ（以下、カスタマーGW）は、オンプレミスネットワーク側のVPN終端装置となるルータやFWを指します。**

Direct ConnectとSite-to-Site VPNは、ともにVPCとオンプレミスネットワークをセキュアに接続するための機能です。ハイブリッドクラウドを構成したり、社内向けシステムを提供したり、社内からインターネットを介さずにAWS環境を運用したりする場合に使用します。

両者の違いは、**経路としてインターネットを使っているか否か**です。Direct Connectは専用接続を使用するため、インターネットを使用しません。一方Site-to-Site VPNは、IPsec VPNを使用するため、インターネットを使用します。

Direct Connect機能で、AWSはDirect Connectロケーションと呼ばれる実在するデータセンターからAWSへの専用接続を提供します。

一方で、クライアントのオンプレミス拠点からDirect Connectロケーションまでの回線は、提供してくれません。そのため、このデータセンターにネットワーク機器を持ち込んでそこに対して専用接続を用意するか、Direct Connectパートナと呼ばれるネットワークベンダが提供しているネットワーク機器を利用する必要があります。いずれにせよ、**Direct Connectの利用開始までは数週間から数カ月かかる可能性があります。**

図3.6：Direct Connectの概略図

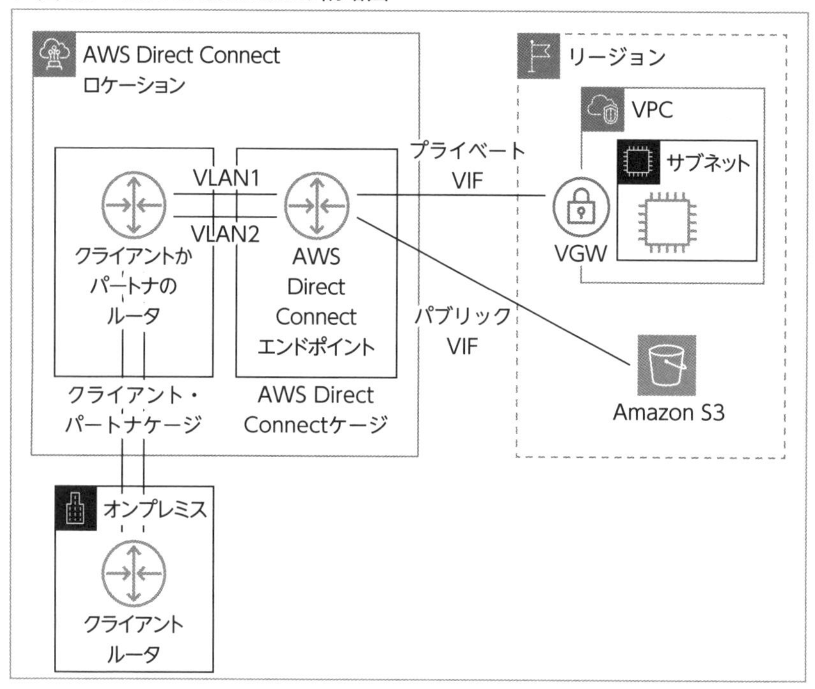

※VIFについては後述

Site-to-Site VPNにおいては、Direct Connectロケーションのように回線の手配は必要ありません。AWSが提供するカスタマーGW用の設定テンプレートをダウンロードし、ルータなどに設定を施すことで、カスタマーGWとVGWの間に冗長化されたVPN接続を構成することができます。

図3.7：Site-to-Site VPNの概要

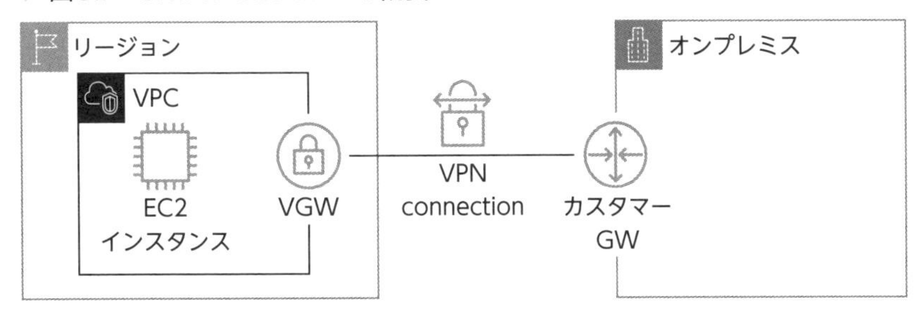

VPCと他のVPCの通信（VPCピアリング接続、TGW）

VPCとVPCがIGWを経由せずに、プライベートIPアドレスを使用して通信するためには、ルートテーブルと、VPCピアリング接続ないしはAWSトランジットゲートウェイが必要です。**VPCピアリング接続はVPCとVPCを一対一で接続するための機能で、AWSトランジットゲートウェイ（以下、TGW）は、複数のVPCやオンプレミスネットワークを接続するハブを設けるための機能**です。

注意　TGWは、VPCとVPCを接続するためだけの機能ではありません。

VPCピアリング接続は、特定のVPCから別のVPCにピアリング接続のリクエストを行います。リクエストが許可されると、二つのVPCがインターネットを経由せずに通信可能になります。なお、対向のVPCと通信するためには、ルートテーブルにそのVPC宛のルートを記載する必要があります。そのため、**通信するVPC同士のIPアドレスレンジの重複はできません。**

図3.8：ピアリング接続の概要

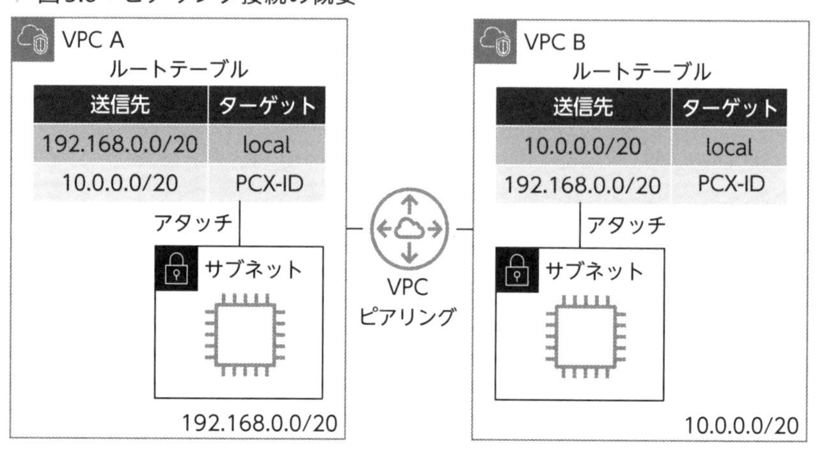

VPC ピアリング接続では、推移的な接続ができないことも注意事項です。つまり、複数の VPC を相互に接続したい場合は、フルメッシュでの接続が必要です。

図3.9：推移的な接続禁止のイメージ図

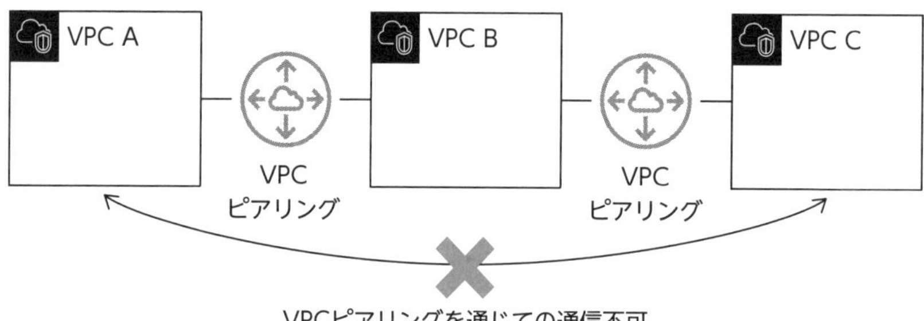

一方 TGW は、複数の VPC や複数の VPN 接続等のハブとして機能します。TGW 側のルートテーブルでルーティングを一元管理するため、**多数のピアリング接続や Site-to-Site VPN を個別に管理するのに比べて、管理が容易**になります。

▶ 図3.10：TGWの概要

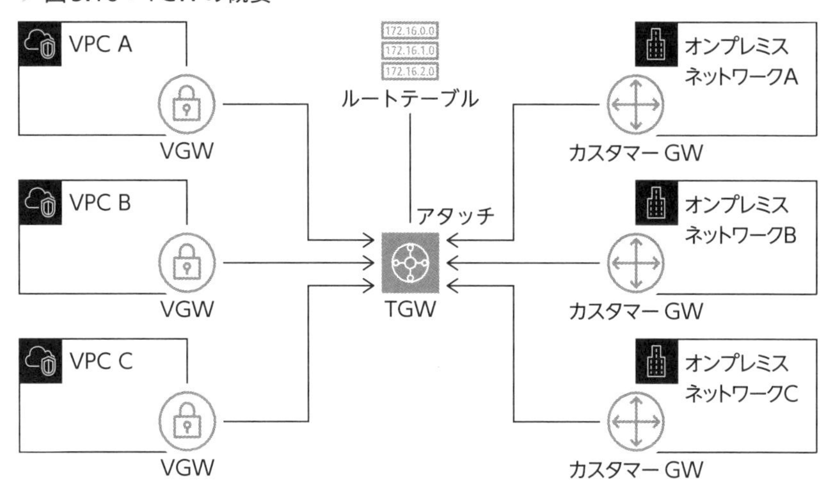

◇ VPC内のリソースとVPC外のリソースの通信（VPCエンドポイント、AWS PrivateLink）

VPC内のリソースが、VPC外のリソースに対してIGWを経由しないで通信するためには、VPCエンドポイントが必要です。AWSのリソースには、VPC内部に存在するもの（EC2やRDS等）もありますが、パブリックなAPIエンドポイントを持つもの（S3やDynamoDB等）もあります。

VPCエンドポイントがない場合、この通信はIGW経由で行われます。VPCエンドポイントを使用した場合は、IGWを経由せずに通信します。なお、VPCエンドポイントには、**ゲートウェイエンドポイント**と**インターフェイスエンドポイント**の二種類があります。

注　意

VPC内のリソースがパブリックなAPIエンドポイントに通信する際は、IGWを経由しますが、インターネットにトラフィックは出ていません。詳細は、VPCのFAQをご覧ください。
https://aws.amazon.com/jp/vpc/faqs/

ゲートウェイエンドポイント（以下、GWエンドポイント）は、名前の通りIGW等と似たような位置づけと覚えるのがお勧めです。GWエンドポイントは、**VPCに対して一つ作成し**、通信する際には、ルートテーブルに

GW エンドポイント宛てのルートが必要です。この GW エンドポイントを使用するのは、S3 と DynamoDB のみです。

▶ 図3.11：GWエンドポイントの概要

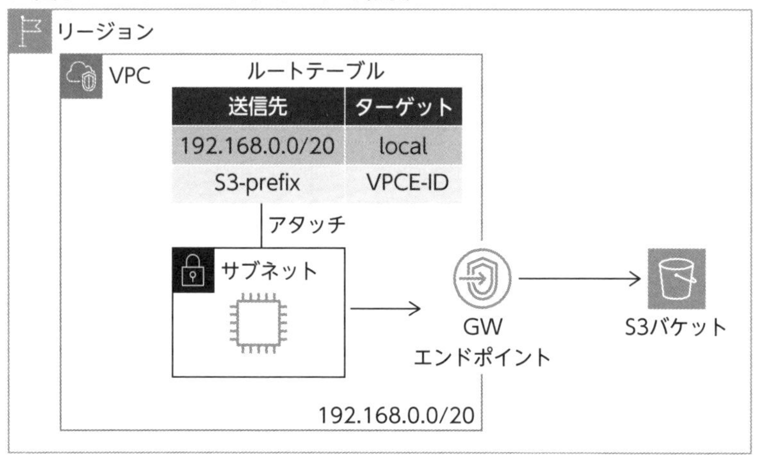

インターフェイスエンドポイントは、名前の通り Elastic Network Interface（ENI。後述）と似たような位置づけと覚えるのがお勧めです。インターフェイスエンドポイントは、**サブネットに対して一つ作成し**、通信する際には、ルートテーブルに対するルートの追加は必要ありません。基本的にルートテーブルには、VPC 内部のプライベート IP アドレスにルーティングを可能にするルールが記載されているためです。そして、このインターフェイスエンドポイントは、S3 をはじめエンドポイントをサポートするほぼすべてのサービスで使用できます。

▶ 図3.12：インターフェイスエンドポイントの概要

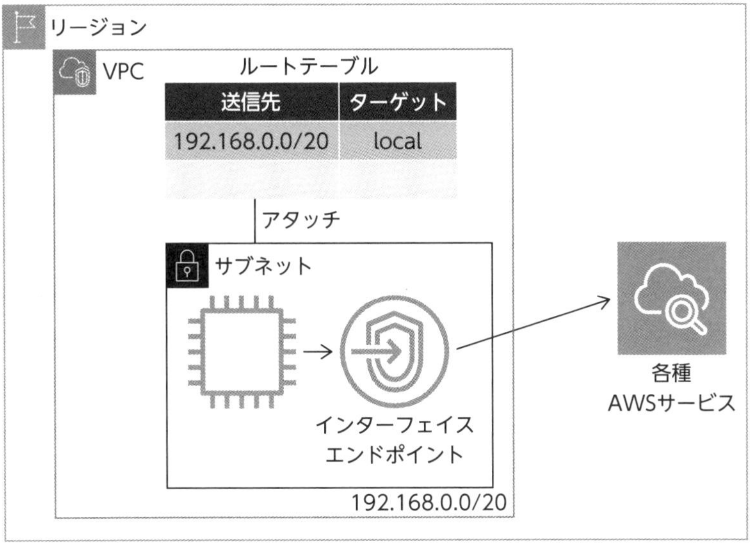

VPCのメリット/デメリット

VPCに関しては、メリット・デメリットを考慮し、類似サービスと使い分ける必要はほとんどありません。AWSを使用する場合、VPCも使用する場合が非常に多いからです。具体的には、仮想サーバのサービスであるEC2やRDBのサービスであるRDS、コンテナサービスを使用するケース等ではVPCが必要になります。

ごくまれに、サーバレスサービスを使用したアーキテクチャではVPCが不要な場合もあります。

NATGWを使うメリット/デメリット

VPC内のリソースがインターネットと通信するためには、IGWが必要です。ただし、アウトバウンド通信に関しては、NATGW（NATゲートウェイ）を経由させるか否かという選択肢があります。ここでは、NATGWのメリットデメリットについて記載します。

◇ セキュリティの向上

NATGWを使うメリットは、攻撃者が直接アクセスできる場所を減らし、セキュリティを向上させることができる点です。

◇ コストが増大する傾向にある

NATGWを使うデメリットは、コストが増大する点です。そのため、NATGWをすべてのアベイラビリティゾーンに対して作成するかは、コスト等を考慮して決定します。

表3.1：IGWのみ使用した場合とNATGWを併用した場合の比較

	IGWのみ使用	NATGWを併用
セキュリティ	相対的に低い	相対的に高い
コスト	相対的に低い	相対的に高い

AWS Direct Connectのメリット/デメリット

◇ インターネットを介さない

Direct Connectのメリットは、インターネットを介さないことです。セキュリティポリシー上インターネットを使用できないユーザは多数いますが、インターネットが使えない環境下でも使用することができます。

◇ 通信の品質が安定している

専用接続は相対的にネットワーク品質が安定します。インターネットはベストエフォート型のネットワークであり、ネットワークの品質は必ずしも安定しません。

◇ 回線コストが高め

大容量の通信を行わないケースでは、Site-to-Site VPNと比較してコストが高くなります。

◇ リードタイムがかかる

機能を利用するためのリードタイムがかかることもデメリットとして挙げられます。ネットワークベンダ等との契約処理等が必要なためです。

◇ Site-to-Site VPNのメリットとデメリットは、Direct Connectの逆

Site-to-Site VPNのメリットは、回線のコストが安いことと接続を利用するまでのリードタイムが短いこと。デメリットは、セキュリティポリシー上使用できない場合があることと、通信の品質が安定しないことです。

表3.2：Direct ConnectとSite-to-Site VPNの比較

	Direct Connect	Site-to-Site VPN
通信経路	専用接続	インターネット
暗号化	通信自体は暗号化されていない	通信自体が暗号化されている
使用するまでにかかる期間	相対的に長い	相対的に短い
回線自体のコスト	相対的に高い	相対的に安い
通信のコスト	相対的に安い	相対的に高い

Site-to-Site VPNとDirect Connectは、必ずしも二者択一ではありません。
オンプレミスからAWSへの接続に関する可用性を高める方法としては、異なるDirect Connectロケーションを使い、複数のDirect Connect接続を構成する方法があります。ただしこの方法は高価です。通常時はDirect Connect接続を使用し、障害時のフェイルオーバー先としてSite-to-Site VPNを使用することもあります。

VPCピアリング接続・TGWの違い

VPCピアリング接続とTGW（トランジットゲートウェイ）は、ともにVPCとVPCを直接通信可能にするための機能です。

◇ 多数のVPCの接続に向いているかどうか

違いは、多数のVPCの接続に向いているかという点と、コストの点です。

VPC ピアリング接続では、比較的容易に少数の VPC を接続することがメリットとして挙げられます。一方で、推移的な接続ができないため、大量の VPC を相互接続することには向いていません。TGW であれば、ルーティングを一元管理して大量の VPC を相互接続することができます。

◇ TGW の方がコストが高額になりがち

コスト面では、基本的に TGW の方が高くなりがちです。

VPCエンドポイントのメリット/デメリット

◇ IGW、NATGW を作成する手間を省ける

VPC の中には、社内用サービスなど、インターネットからアクセスが一切不要なサービスがホストされているケースがあります。そういった場合、IGW を作成せずとも VPC 外のサービスにアクセスできるのは有用です。

◇ アクセス制御が行いやすい

特定のサービスのみアクセス可能にするなどのアクセス制御が行いやすい点が挙げられます。各エンドポイントは、特定のサービス毎に設けられており、別サービスへの通信に使用することができません。また、エンドポイントには、エンドポイントポリシーというポリシーをアタッチし、特定の API アクションレベルでアクセス制御を行うことができます。

◇ コストが増大する傾向にある

VPC エンドポイントを利用するデメリットは、インターフェイスエンドポイントを使用する場合、コストが発生する点です。VPC エンドポイントはサービス毎に固有 (場合によっては複数存在) であり、そのエンドポイント毎に料金が発生します。そのため、IGW などを通じて一元的に通信させる場合と比較して、コストが大きくなります。

◇ GW エンドポイントとインターフェイスエンドポイントの比較

VPC エンドポイントは、さらに GW エンドポイントとインターフェイ

スエンドポイントの2種類があります。現状双方のエンドポイントを使用できるのはS3のみのため、使い分けの観点はほぼありません。比較は以下の通りです。

表3.3：2種類のエンドポイントの比較

	GWエンドポイント	インターフェイスエンドポイント
対象のサービス	S3、DynamoDB	S3をはじめとしたその他のAWSサービス
料金	無料	有料
オンプレミスネットワークや別のAWSリージョンからの通信可否	直接通信は不可	通信可

構成要素・オプション等

サブネット

VPC内部を仮想的に区切ったネットワーク空間です。**サブネットは、VPCのネットワークのサブセットであると同時に、どこと通信するか制御する単位でもあります**。例えば、インターネットやオンプレミスネットワークとの通信を制御することができます。

なお、インターネットから直接通信できるサブネットをパブリックサブネット、インターネットから直接通信できないサブネットをプライベートサブネットと呼びます。インターネットからの直接通信を受けたいリソースは前者に配置し、受けたくないリソースは後者に配置します。

セキュリティグループ

VPC内のトラフィックを制御するFWの機能で、インバウント通信とアウトバウンド通信をポートとプロトコル単位で制御します。作成したセキュリティグループは、EC2やRDS等のリソース単位（厳密に言うとENI単位）でアタッチします。

図3.13：セキュリティグループのイメージ

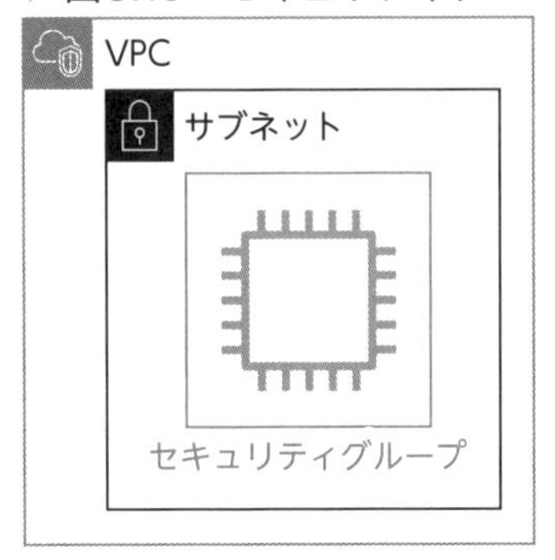

セキュリティグループのルールは許可リストのみで記載し、ルール間の優先順位はありません。なお、新規作成するセキュリティグループのデフォルト設定は、インバウンド通信は許可された通信がなく、アウトバウンド通信はすべての通信を許可するという状態になっています。

図3.14：セキュリティグループのルール

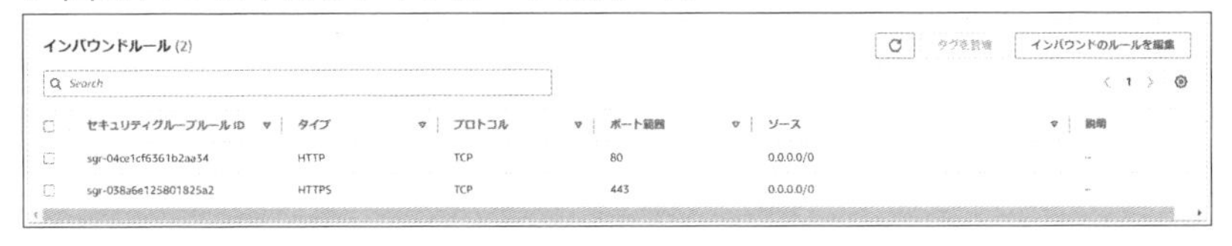
インバウンドルール (2)

インバウンドのルールを編集

セキュリティグループルール ID	タイプ	プロトコル	ポート範囲	ソース	説明
sgr-04ce1cf6361b2aa34	HTTP	TCP	80	0.0.0.0/0	–
sgr-038a6e125801825a2	HTTPS	TCP	443	0.0.0.0/0	–

セキュリティグループは、ステートフル FW です。これは許可された通信の帰りの通信を自動的に許可するということを意味します。

図3.15：ステートフルFWのイメージ図

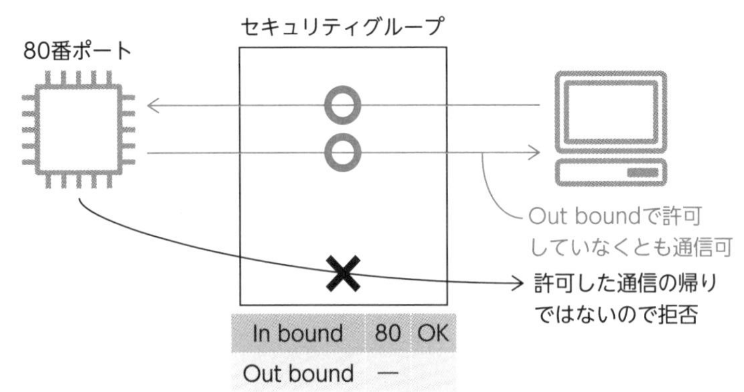

◇ ネットワーク ACL (アクセスコントロールリスト)

VPC内のトラフィックを制御するFWの機能で、インバウンド通信とアウトバウンド通信をポートとプロトコル単位で制御します。作成したネットワークACLは、サブネット単位でアタッチします。

▶ 図3.16：ネットワークACLのイメージ

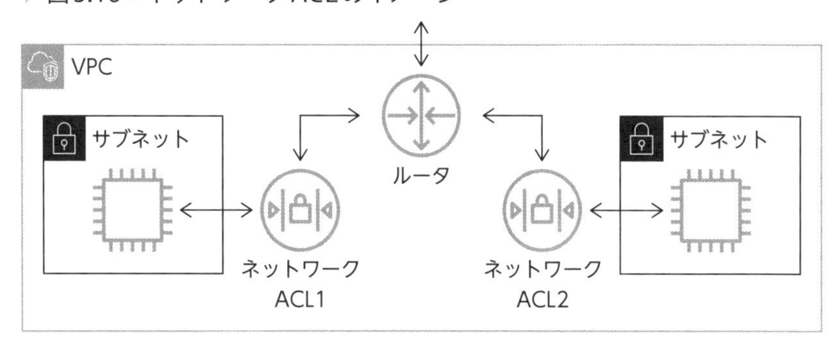

ネットワークACLのルールは許可リストと拒否リストで記載することができます。また、**ルールはルール番号の小さい順に評価**されます。

例えば、ネットワークACLのインバウンドトラフィックが以下のようなルール構成となっていた場合、対象のサブネット内のリソースはHTTPS通信を受信することはできません。ルール番号101の評価より先に、ルール番号100が評価されるためです。なお、デフォルトのネットワークACLの設定は、インバウンド通信とアウトバウンド通信ともにすべての通信を許可するという状態になっています。

▶ 図3.17：ネットワークACLのルールキャプチャ

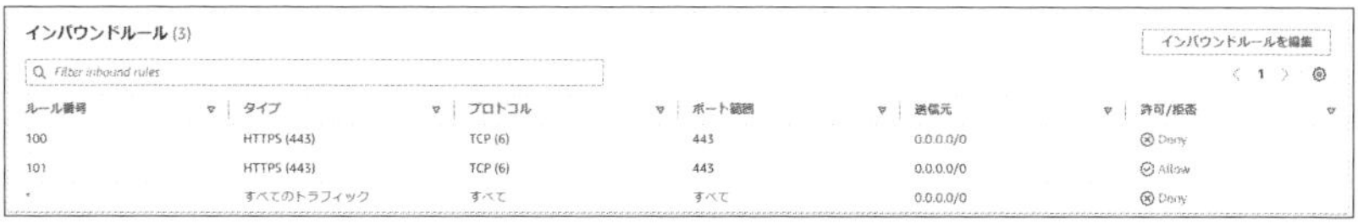

インバウンドルール (3)　　インバウンドルールを編集

Filter inbound rules

ルール番号	タイプ	プロトコル	ポート範囲	送信元	許可/拒否
100	HTTPS (443)	TCP (6)	443	0.0.0.0/0	Deny
101	HTTPS (443)	TCP (6)	443	0.0.0.0/0	Allow
*	すべてのトラフィック	すべて	すべて	0.0.0.0/0	Deny

ネットワークACLは、ステートレスFWです。これはインバウンド通信とアウトバウンド通信が一連の通信かどうかにかかわらず、独立した評価をされるということを意味します。

▶ 図3.18：ステートレスFWのイメージ図

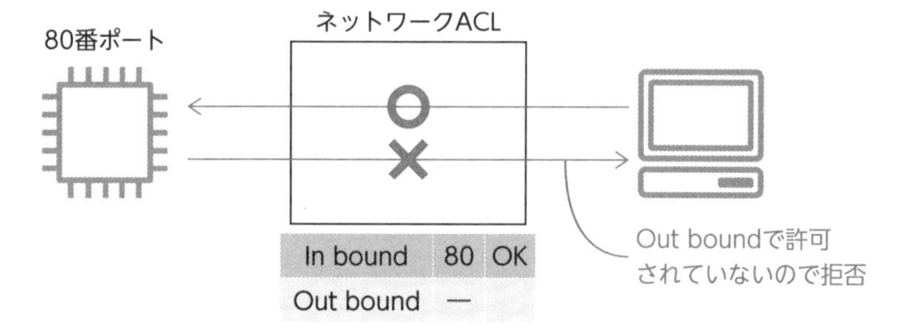

セキュリティグループとネットワークACLは二者択一ではなく、併用することが可能です。インバウンド通信は、ネットワークACL→セキュリティグループの順に評価され、アウトバウンド通信は、セキュリティグループ→ネットワークACLの順に評価されます。

▶ 図3.19：セキュリティグループとネットワークACLを使用した場合の通信の流れ

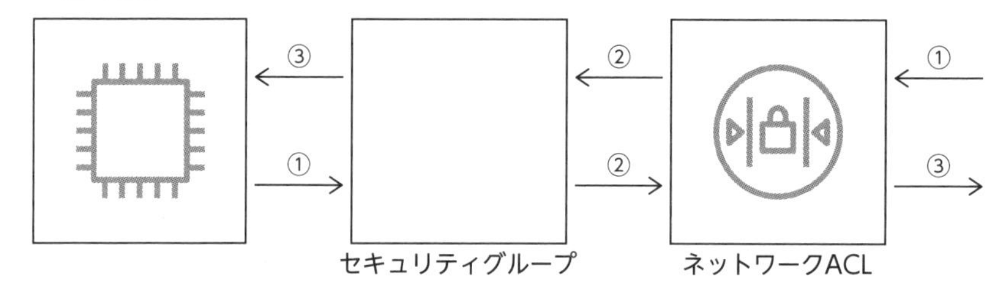

▶ 表3.4：セキュリティグループとネットワークACLの代表的な違い

	セキュリティグループ	ネットワークACL
対象	EC2やRDSなどのリソース(ENI)	サブネット
許可リスト/拒否リスト	許可リストのみ	許可リストと拒否リスト
ステートフル/ステートレス	ステートフル	ステートレス
ルール評価	優先順位なし	優先順位あり(ルール番号が小さい順に評価)

◇ Elastic Network Interface（ENI）

EC2等にアタッチすることができる仮想ネットワークインターフェイスです。このENIにプライベートIPアドレスや、AWSから付加されたパブリックIPアドレス（付加されるかはサブネットの設定次第）、MACアドレスなどが関連付けられています。

◇ Elastic IPアドレス

Elastic IPアドレスは、ENI等にアタッチすることで、**VPC内のリソースに固定のパブリックIPアドレスを設定するための機能**です。Elastic IPアドレスがなくともVPCの設定により、リソースに対して自動的にパブリックIPアドレスを付与することができます。ただし、このIPアドレスは、リソースをシャットダウン後に起動する等した場合変更されます。Elastic IPアドレスを使用すれば、パブリックIPが変更される事態を防ぐことができます。また、Elastic IPアドレスは、仮想IP（VIP）のように使うこともできます。

▶ 図3.20：Elastic IPアドレスをVIPのように使用する際のイメージ

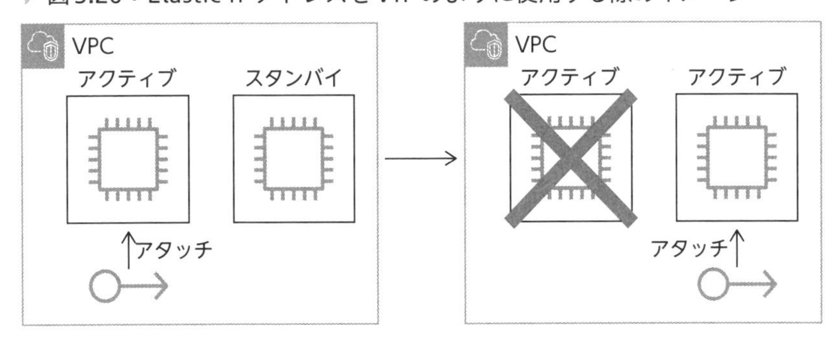

なお、Elastic IPアドレスは、Amazonが保有しているIPv4アドレスのプールまたはユーザがAWSアカウントに持ち込んだカスタムIPv4アドレスのプールから割り当てることができます。

◇ NATインスタンス

NATインスタンスは、EC2を用いて作成する独自のNAT用デバイスです。使用するインスタンスタイプにもよりますが、NATゲートウェイと比較すると、リソースのコストを安く抑えることも可能です。ただし、冗長性の管理やフェイルオーバーの設定を自分たちで行う等各種の運用作業が必要になります。

試験においては、NATインスタンスではなくNATGWを使用するという選択肢が正解となる可能性が高いです。

◇ Egress-Only IGW

Egress-Only IGWは、IPv6使用時に用いるリソースです。IPv6アドレスは、IPv4アドレスと異なりグローバルに一意であるため、デフォルトではパブリックアドレスになっています。そのため、**VPC内のリソースに対して、インターネットからのインバウンド通信を受信させたくない場合は、Egress-Only IGWを使用します**。厳密性は喪失しますが、IPv4アドレス利用時のNATGWに近いイメージです。使い方は、IGWと同様、VPCにアタッチしてルートテーブルに対してルートを記載します。

◇ AWSクライアントVPN

OpenVPNベースのVPNクライアントを使用して、**特定ユーザのPCなどから指定したサブネットにVPN通信を可能にする機能です**。Site-to-Site VPNのようにカスタマーGWの設定が必要ないため、より手軽に使用することができます。一部のリソースに対して一部のクライアントからアクセスできればいいような場合は、クライアントVPNを使うケースもあります。

▶ 図3.21：AWSクライアントVPNの概要

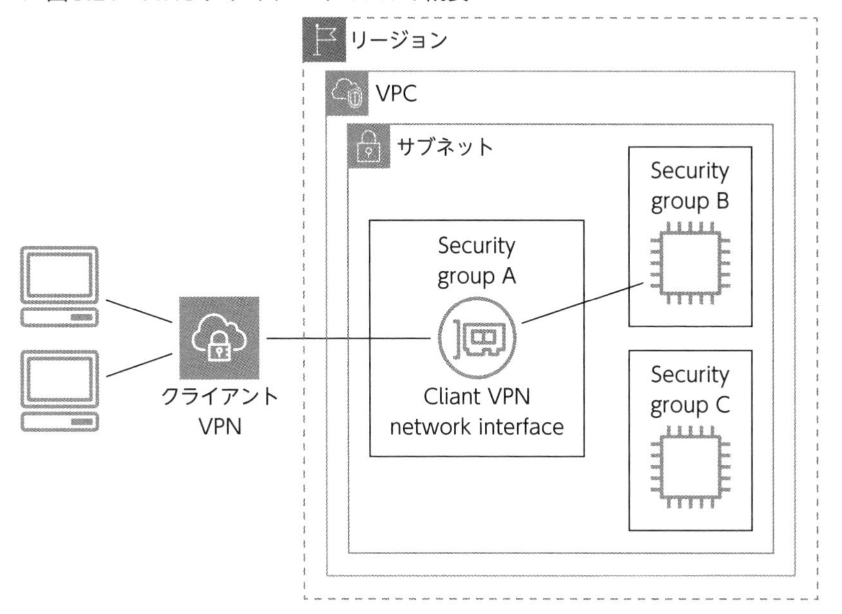

◇ Direct Connect GW（ゲートウェイ）

Direct Connectは、単一のオンプレミス拠点から、単一のアカウントの単一VPCに通信ができます。

一方Direct Connect GWを使用すると、**複数のオンプレミス拠点から、複数アカウントの複数VPCにDirect Connectで通信できる**ようになります。

図3.22：Direct Connect GWの概要

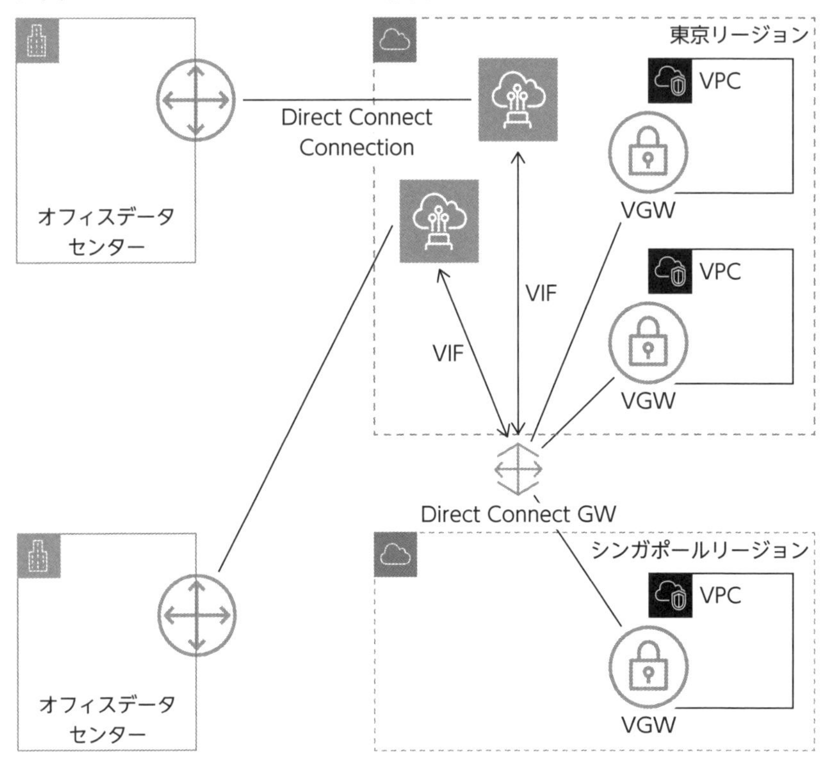

仮想インターフェイス（VIF）

Direct Connectを使用するためには、物理的な接続を確保したうえで、AWSリソースにアクセスするための論理インターフェイスを作成する必要があります。これを**仮想インターフェイス（以下、VIF）**と呼びます。

VIFには、プライベートVIF、パブリックVIF、トランジットVIFの3種類があります。

プライベートVIFは、Direct Connectを通じてVPC内のリソースにプライベートIPアドレスを使用して接続するために使います。

パブリックVIFは、Direct Connectを通じてVPC外のリソース(S3等)にパブリックIPアドレスを使用して接続するために使います。

トランジットVIFは、Direct Connect接続をTransit Gatewayに接続するために使います。

◇ AWS PrivateLink

インターフェイスエンドポイントを使用して、VPC外のリソースに対してVPC内にあるかのように通信を可能にする機能を、AWS PrivateLinkと呼びます。ただし、PrivateLinkには、もう一つ特徴的な機能があります。それは、**クライアントのVPCで提供しているサービスに対して、別のVPCからインターフェイスエンドポイント経由で通信可能にする**という機能です。

▶ 図3.23：PrivateLinkを使用したサービス公開の概要

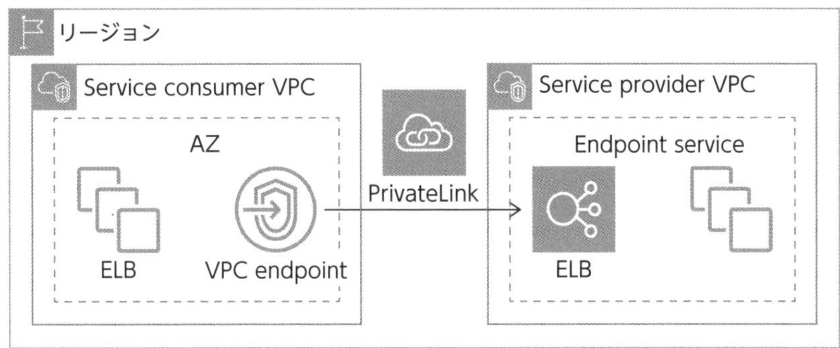

ここがポイント｜厳密に言えば、インターフェイスエンドポイントとAWS PrivateLinkは使い分けられていますが、試験においては、"≒"の関係性にあると覚えていても大きな問題は生じないことが多いです。

PrivateLink経由でサービス提供を行う事業者は、VPC内でNLBやGWLB（詳細は3.2「Amazon ELB」を参照）でアクセスできるEC2等を使い、サービスを作成します。

そして、当該サービスへのアクセスを許可し、サービス利用者からのリクエストを許可することで、利用者VPCからインターフェイスエンドポイントを経由して、利用者のサービスにアクセスが可能になります。

3.2 Amazon Elastic Load Balancing(ELB)

重要度★★★

概要

Amazon Elastic Load Balancing（以下、ELB）は、ロードバランサーのマネージドサービスです。可用性が高いロードバランサーを、少ない運用負荷で使用することができます。ELBの代表的な役割は2つです。

1つ目は、冗長化したEC2等のリソースに対して、クライアントからのリクエストを負荷分散するという役割です。2つ目は、冗長化したEC2等のリソースに対する単一の通信先を提供するという役割です。

ELBには、ALB、NLB、GWLB、CLBの四つのタイプがあります。

ここがポイント

試験問題に登場する機会が多いのは、ALBとNLBのため、この二つのタイプを優先的に覚えることをお勧めします。

Application Load Balancer（以下、ALB）は、レイヤー7の情報を参照して負荷分散ができるロードバランサーです。そのため、クライアントがアクセスしたURLに応じて、ターゲットグループ（詳細は、本節「構成要素・オプション等」を参照）を変更したりすることができます。

Network Load Balancer（以下、NLB）は、レイヤー4の情報を参照して負荷分散ができるロードバランサーです。ALBほど細かな制御ができない代わりに、数百万リクエスト/秒といった大量のリクエストやスパイクトラフィックに対応することができます。

▶ 図3.24：ALB・NLBの概要

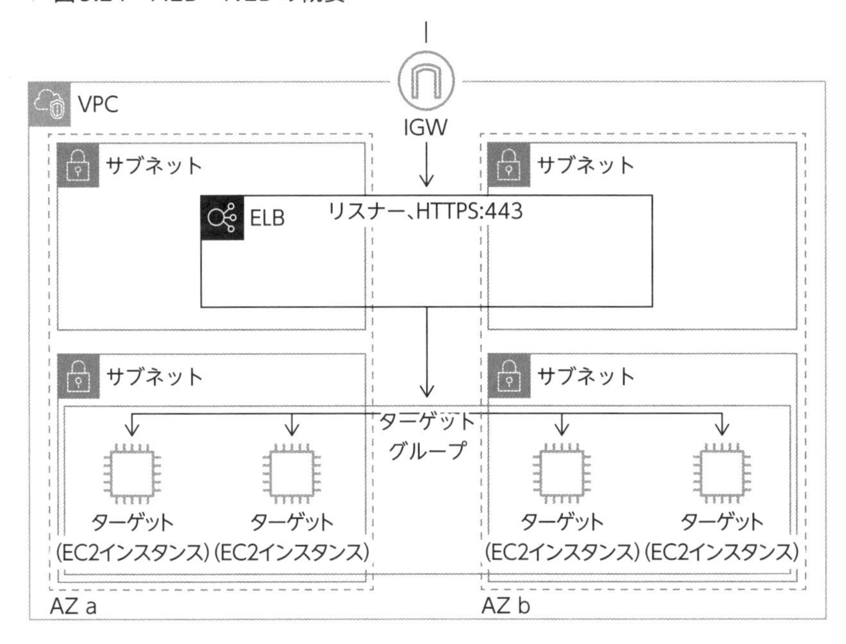

▶ 表3.5：ALBとNLBの比較

	ALB	NLB
対応するプロトコル	HTTP、HTTPS、HTTP/2	TCP、UDP、TLS
対応するターゲット	・インスタンス（EC2） ・IPアドレス（コンテナ等） ・Lambda関数	・インスタンス（EC2） ・IPアドレス（コンテナ等） ・ALB
ルーティング時の動作	・ターゲットグループへの転送 ・リダイレクト ・固定レスポンス	・ターゲットグループへの転送
固定IPの設定可否	不可	可
セキュリティグループの設定可否	可	不可
AWSサービスとの連携	AWS WAFに対応可	AWS PrivateLinkに対応可

Gateway Load Balancer（以下、GWLB）は、ネットワークアプライアンスやセキュリティアプライアンスとともに使用するロードバランサーです。システムにおいては、FWや不正アクセスを検知・防御するIDS/IPSの仮想アプライアンスを使って、パケットをインラインで監査するような構成をとることがあります。こうしたアプライアンスの導入を容易にして、可

用性を向上するのに役立つのがGWLBの特徴です。

▶ 図3.25：GWLBの概要

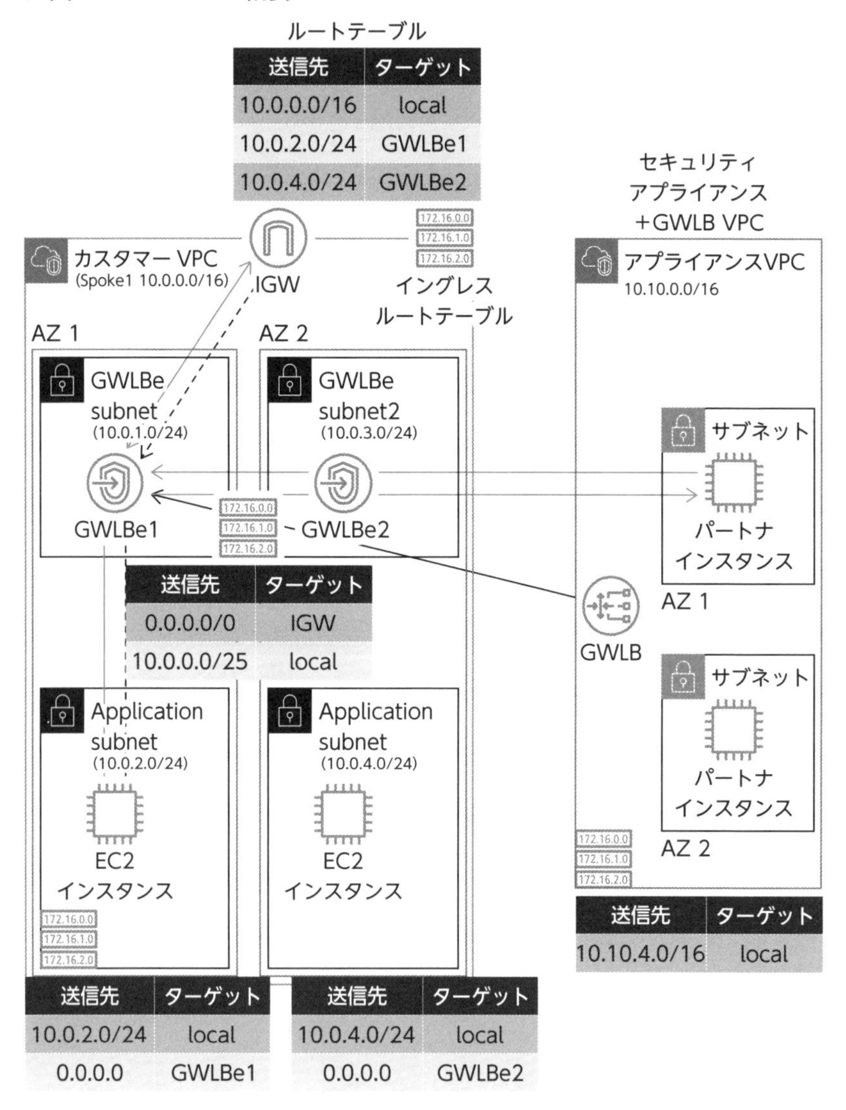

Classic Load Balancer（以下、CLB）は、旧世代のロードバランサーです。レイヤー4とレイヤー7の情報を参照して負荷分散することができます。

ALB・NLBのメリット/デメリット

ALB はレイヤー 7 の情報を参照可能だが、対応の遅延やタイムアウトの可能性がある

ALB は、クライアントがアクセスしてきた**URL や HTTP ヘッダ、クエリ文字列ベースで転送先を変えられる**ため､高度なルーティングが可能です。その反面、リクエスト数の急上昇時に対応が遅くなったり、タイムアウトしたりする可能性があります。セールや TV に取り上げられた等のイベントが発生してリクエスト数が急上昇すると、AWS が管理しているロードバランサー自体のスケールが間に合わないことがあるためです。事前のスケールを依頼する暖気申請を行うことである程度対応可能ですが、予測外のスパイクには対応できません。

NLB はトラフィックのスパイクに対応できるが、高度なルーティングは不可

NLB は暖気申請なしでトラフィックのスパイクに対応することができます。パフォーマンスの高さが、NLB を使用するメリットです。ただし、ALB のような高度なルーティングはできません。

構成要素・オプション等

リスナー

ELB が受け付ける通信のプロトコルとポート番号を定義する要素です。一つの ELB に複数設定することができ、例えば、HTTP を 80 ポートで受け付けるリスナーと、HTTPS を 443 ポートで受け付けるリスナーを作成することができます。

ターゲットグループ

ELB がリクエストを転送するターゲット（EC2 等）をグループ化した要素です。ELB は、リクエストをターゲットグループ単位で転送します。例

えば、HTTPのリスナーに対するリクエストをターゲットグループAに転送し、HTTPSのリスナーに対するリクエストをターゲットグループBに転送するといったように設定することができます。また、このターゲットグループの中で、ヘルスチェックの設定を行うことも可能です。

◇ ヘルスチェック

ELBが行うターゲットの正常性確認のことをヘルスチェックと呼びます。接続に使用するプロトコルやパス、確認を実施する間隔等を設定することができます。このヘルスチェックによって正常性を確認できたターゲットのみに、ELBはリクエストを転送します。

◇ スティッキーセッション

同じクライアントからのリクエストを、同じEC2インスタンスに送信する機能です。例えば、EC2のローカルにセッション情報を持っているようなケースで使用します。ただし、サーバがスケールインする場合は、セッション情報も消えてしまうため、Auto Scalingとの相性はよくありません。そのため、セッション情報は別のDBサーバ等に保持して、EC2はステートレスに保つことが推奨されています。

試験においても、スティッキーセッションを使うか、EC2をステートレスにするかというような選択肢があった場合は、後者を選択するのがお勧めです。

3.3 Amazon Route 53

重要度 ★★★

概要

Amazon Route 53（以下、Route 53）は、可用性に優れたDNSのサービスです。代表的な機能としては、**ドメインの登録**、**DNSサービス**、**DNSルー**

ティングの3つがあります。

ドメインの登録は、文字通りユーザが所有しているドメインをRoute 53に登録して管理することができる機能です。

DNSサービスは、主に名前解決を提供する機能です。ドメイン名とIPアドレスを紐づけ、要求があった際にその情報を提供することなどを指しています。Route 53に登録されたドメインの名前解決は、全世界のエッジロケーションで行うことができます。そのため、Route 53のクエリ解決に関するSLAは100%となっており、非常に可用性が高いです。

DNSルーティングは、DNSの応答をカスタマイズすることで、クライアントからのトラフィックをより適したリソースにルーティングする機能です。例えばヘルスチェックの結果で、正常稼働しているリソースに対しフェイルオーバーを行えます。

図3.26：Route 53によるフェイルオーバーのイメージ

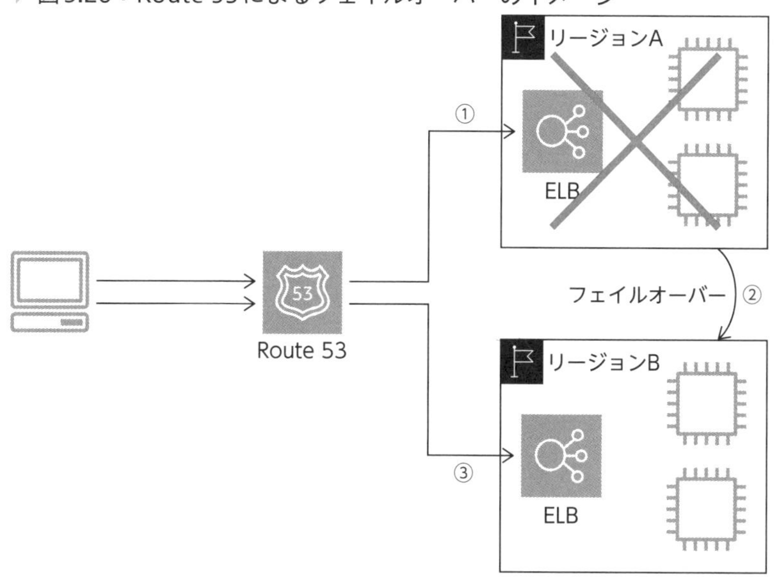

Route 53のメリット/デメリット

ドメインの登録ならびにDNSサービスに関するメリットは、**マネージドサービスのため管理の手間を減らせること、そして可用性が高いこと**が挙げられます。
　DNS ルーティングのメリットは、**複数リージョンを用いた冗長化を図れること**などが挙げられます。

構成要素・オプション等

ホストゾーン

　DNS レコードの格納庫で、ネームサーバの機能を提供します。

パブリックホストゾーン

　インターネットからアクセス可能なネームサーバを提供するホストゾーンです。インターネット上に公開する DNS レコードを格納します。

プライベートホストゾーン

　VPC に閉じたプライベートネットワーク内の DNS レコードを格納します。

Amazon Route 53 ヘルスチェック

　Route53 で行うことができる正常性確認の機能です。定期的に接続確認を行ったり、CloudWatch と連携したり、いくつかの手法でヘルスチェックを行うことができます。

DNS ルーティングポリシー

　DNS ルーティングポリシーには、8 つのルールがあります。
　シンプルルーティングポリシーは、ドメイン名と IP アドレスを静的にマッピングして、ルーティングを制御するルールです。複数の IP アドレスを一つのドメイン名に登録すると、すべての値をランダムに返却する、いわゆる DNS ラウンドロビン方式でレスポンスが行われます。
　フェイルオーバールーティングポリシーは、Route53 の概要の中でご説明したルールです。ヘルスチェックの結果に基づき、応答可能なリソースのみを返却します。
　位置情報ルーティングポリシーは、クライアントの位置情報に基づいてルーティングを制御するルールです。例えば、クライアントの地域により適切な言語でコンテンツを提供するために使用したりします。

地理的近接性ルーティングは、ユーザとリソースの地理的な場所に基づいて、近いリソースにルーティングを行うルールです。ユーザの場所ごとに、どのリソースにルーティングするかが決定されます。

▶ 図3.27：5つのリソースがある場合の地理的近接性ルーティングのイメージ

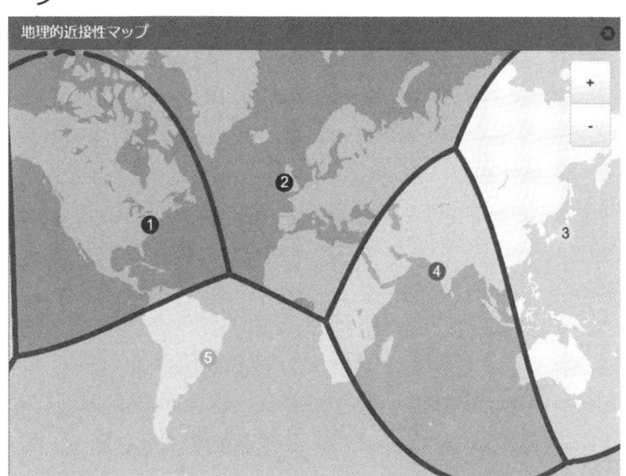

レイテンシーに基づくルーティングは、ネットワークレイテンシーが最も低いリソースに対してルーティングを行うルールです。一定期間中に実行されたレイテンシーの測定値をもとにルーティングされるため、時間経過によってルーティングされるリソースが変化する可能性があります。

IPベースのルーティングは、アクセス元のIPアドレスのCIDRを元にルーティングするリソースを変更できるルールです。例えば、特定のインターネットサービスプロバイダ（ISP）ネットワーク内のエンドユーザを、特定のエンドポイントにルーティングするようなケースで利用できます。

複数値回答ルーティングは、最大8つのランダムに選択された正常なレコードをレスポンスするルールです。

加重ルーティングは、指定した比率で複数のリソースにトラフィックをルーティングするルールです。アプリケーションのA/Bテストなどで活用することができます。

図3.28：加重ルーティングのイメージ

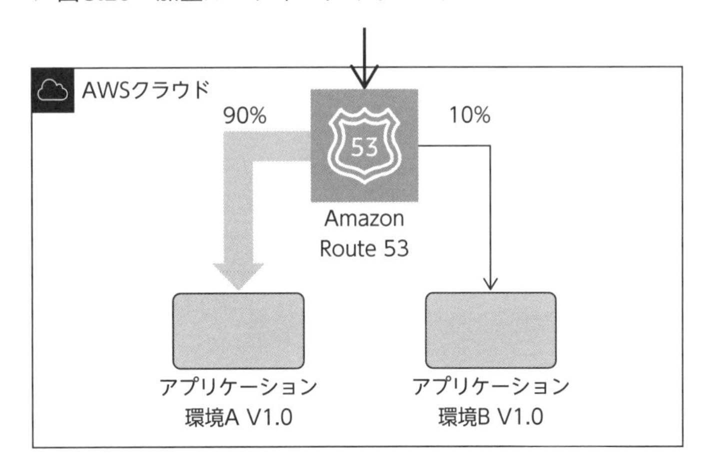

Route 53 Resolver

VPC内リソースおよびオンプレミスリソースからの再帰的問い合わせを解決するフルサービスリゾルバーサービスです。**オンプレミスからVPC向けゾーンや、VPCからオンプレミス向けゾーンへの名前解決を可能にし、**ハイブリッドクラウド環境の名前解決を一元管理することができます。

図3.29：Route53 Resolverの概要

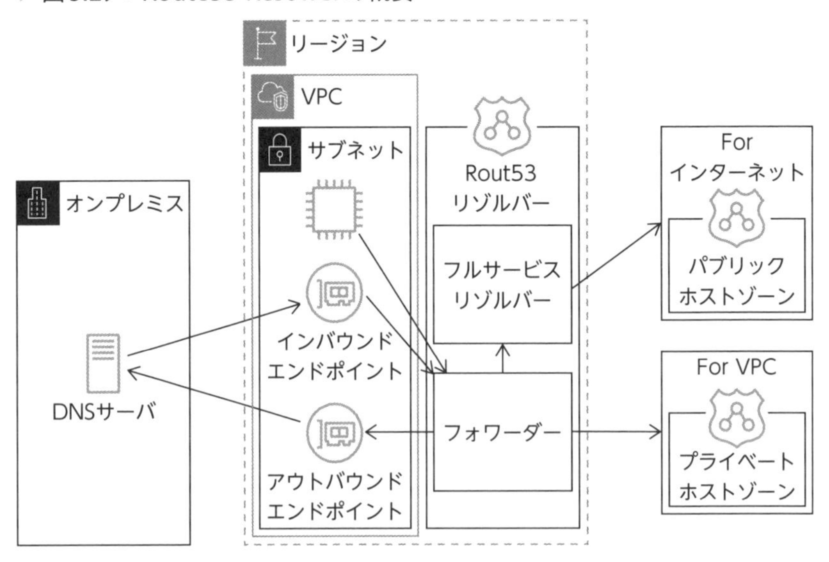

3.4 Amazon CloudFront、AWS Global Accelerator（高速なコンテンツ配信）

重要度 ★★★

概要

AWSを使用してシステムを作成した場合、基本的にそのリソースはAWSリージョンに配置されており、AWSリージョンにクライアントがアクセスする際は、インターネットを経由します。ただし、インターネットはベストエフォート型のネットワークのため通信の品質が安定せず、レイテンシの問題が生じる可能性があります。ここでご紹介するCloudFrontとGlobal Acceleratorは、エッジロケーション経由でAWSリージョンへとアクセスを可能にすることで、レイテンシの問題を緩和します。

▶ 図3.30：エッジロケーションを経由したアクセスのイメージ

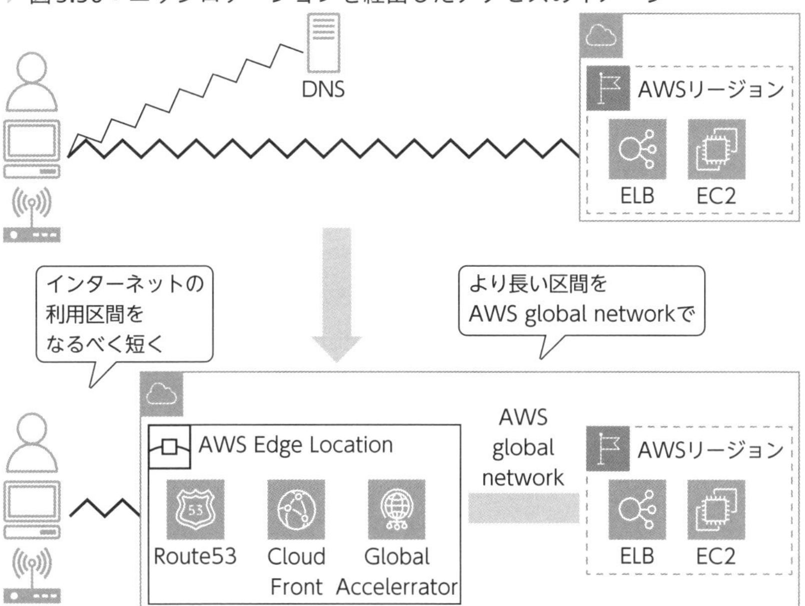

Amazon CloudFrontは、コンテンツ配信ネットワーク（CDN）のサー

ビスです。エッジロケーション経由でリソースへのアクセスを可能にするだけではなく、エッジロケーションにコンテンツのキャッシュを配置することも可能です。**キャッシュヒットした場合は、エッジロケーションからレスポンスを得られるため、レイテンシーをさらに小さくすることができます。また、キャッシュヒットした場合、オリジン（EC2 等）へのリクエストを減らせるため、オリジンへの負荷の減少にも役立ちます。**

▶ 図3.31：CloudFrontの概要

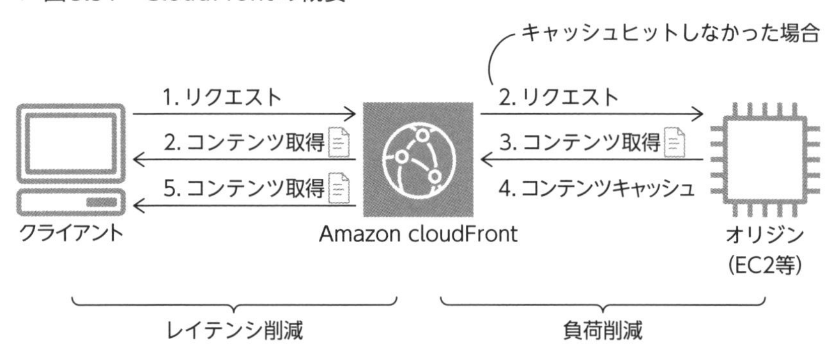

Global Acceleratorは、アプリケーションの可用性とパフォーマンスを高めるネットワークサービスです。このサービスを使用すると、クライアントからのアクセスをエッジロケーション経由で、複数リージョンのリソースにルーティングすることができます。また、それらのリソースにアクセスするための**静的 IP アドレスが提供される**ため、リージョン障害時のフェイルオーバーにかかる時間を短くすることができます。

▶ 表3.6：CloudFrontとGlobal Acceleratorの比較

	CloudFront	Global Accelerator
概要	CDNのサービス	アプリケーションの可用性とパフォーマンスを高めるネットワークサービス
AWSリージョン内のリソースへのアクセス経路	エッジロケーション経由	エッジロケーション経由
サポートするプロトコル	HTTP、HTTPS、WebSocket	TCP、UDPを使用するすべてのプロトコル
エッジロケーションでのキャッシュ可否	可	不可
静的IPの払出し可否	不可	可

CloudFront、Global Acceleratorのメリット/デメリット

CloudFrontとGlobal Accelerator両者に共通するメリットは、レイテンシの削減です。

CloudFrontのメリットは、キャッシュがあることでさらなるレイテンシの削減を図れる点と、オリジンへのリクエストを減らして負荷低減を図れる点です。一方、Global Acceleratorのメリットは、HTTP/S以外を用いるアプリケーションに対応できる点と、**静的IPアドレスによりフェイルオーバー時の切り替え時間を減らせる点**です。

Global Acceleratorの静的IPのメリットは、Route 53と比較するとわかりやすいです。Route 53はルーティングポリシーを活用し、リージョン間のフェイルオーバーを可能にします。ただし、この際にクライアントがアクセスするIPアドレスは変更されます。そのため、クライアントがDNSのキャッシュを持っていた場合、キャッシュの失効までリソースへのアクセスができない恐れがあります。一方、Global AcceleratorではクライアントがアクセスするIPアドレスが変わらないため、この問題を緩和できます。

CloudFrontの構成要素・オプション等

◇ディストリビューション

コンテンツ配信に関する設定単位です。CloudFrontのドメイン毎に作成し、オリジンの設定やキャッシュの動作設定などが定義されています。

◇オリジン

CloudFrontに対するコンテンツの提供元です。S3やELBなどのAWSサービスのほかに、オンプレミスのサーバをオリジンにすることもできます。

◇オリジンアクセスコントロール（OAC）

S3に対するアクセスをCloudFrontからのアクセスのみに制限する際に使用する機能です。レガシーな機能として、オリジンアクセスアイデンティ

ティ（OAI）も存在します。

◇ 署名付きURL/署名付きCookie

プライベートなコンテンツをセキュアに提供するための機能です。ユーザは、サービス提供者が用意した認証サイトにアクセスしてURL等を受け取り、それを使ってアクセスすることでコンテンツを利用できます。**単一コンテンツアクセスの場合は、署名付きURL、HLS（HTTP Live Streaming）動画などの複数コンテンツアクセスの場合は、署名付きCookieの利用が推奨**されています。

Global Acceleratorの構成要素・オプション等

◇ アクセラレーター

コンテンツ配信に関する設定単位です。このアクセラレーターに、後述するリスナーやエンドポイント等の設定を行い利用します。ELBやEC2等のAWSエンドポイントに対してルーティングを行う標準アクセラレーターと、オンラインリアルタイムゲームのように複数ユーザーを指定したEC2にルーティングする際などに使う、カスタムルーティングアクセラレーターがあります。

◇ リスナー

Global Acceleratorで待ち受ける通信のポートとプロトコルを定義する要素です。このリスナーごとに1つ以上のエンドポイントグループが紐づいており、トラフィックがルーティングされます。

◇ エンドポイントグループ

1つ以上のエンドポイントのグループです。**標準アクセラレーターでは、NLB、ALB、EC2等がエンドポイントになります。カスタムアクセラレーターでは、EC2インスタンスが存在するVPCのサブネットがエンドポイントになります。**

確認問題

問題❶ ある企業はAmazon EC2にアプリケーションをホストしており、ストレージとしてAmazon S3を使用しています。組織のセキュリティルールとして、これら2つのサービス間の通信はIGWを経由しないようにする必要があります。
この要件を満たすためにはどの機能を使用する必要がありますか。

A. AWSキー管理サービス（AWS KMS）
B. VPCエンドポイント
C. プライベートサブネット
D. 仮想プライベートゲートウェイ

問題❷ 新たにAWS環境上にシステムを構築することになりました。自組織が管理するVPCのAmazon EC2インスタンスにおいて実行するアプリケーションから、他組織が管理する別のVPCのAmazon EC2インスタンスのファイルにアクセスする必要があります。あなたは、自組織のVPCから他組織のVPCのAmazon EC2インスタンスに対してセキュアにアクセスするためのソリューションを設計する必要があり、その際、単一障害点や帯域幅の問題があってはなりません。
これらの要件を満たすソリューションはどれですか。

A. VPC間にVPCピアリング接続をセットアップします。
B. 他組織のVPCで実行されているAmazon EC2インスタンスのVPCゲートウェイエンドポイントを設定します。
C. 他組織のVPCに仮想プライベートゲートウェイをアタッチし、自組織のVPCからのルーティングをセットアップします。
D. 他組織のVPCで実行されているAmazon EC2インスタンスのプライベート仮想インターフェイス（VIF）を作成し、自組織のVPCから適切なルートを追加します。

問題❸ ある会社は、ユーザーにグローバルなニュース速報、および天気予報を提供するWebベースのポータルを運営しています。このサービスでは、静的コンテンツと動的コンテンツを使用します。コンテンツは、Application Load Balancer（ALB）の背後にあるAmazon EC2インスタンスで実行されているAPIサーバーを介して、HTTPS経由で提供されます。この会社は、ポータルがこのコンテンツを世界中のユーザーにできるだけ早く提供することを望んでいます。ソリューションアーキテクトは、すべてのユーザーの待ち時間を最小限に抑えるためにアプリケーションをどのように設計する必要がありますか。

A. アプリケーションを単一のAWSリージョンにデプロイします。Amazon CloudFrontを使用して、ALBをオリジンとして指定することにより、すべての静的コンテンツと動的コンテンツを提供します。
B. アプリケーションを2つのAWSリージョンにデプロイします。Amazon Route 53レイテンシールーティングポリシーを使用して、最も近いリージョンのALBからすべてのコンテンツを提供します。
C. アプリケーションを単一のAWSリージョンにデプロイします。Amazon CloudFrontを使用して静的コンテンツを提供します。動的コンテンツをALBから直接提供します。
D. アプリケーションを2つのAWSリージョンにデプロイします。Amazon Route 53地理位置情報ルーティングポリシーを使用して、最も近いリージョンのALBからすべてのコンテンツを提供します。

問題❹ ある会社は、静的WebサイトをAmazon S3を使用してホストしており、DNSにはAmazon Route 53を使用しています。最近このWebサイトに対して世界中からアクセスされるようになり、アクセス数の増加にともなう画面表示の遅延が発生しており待ち時間の短縮が必要となっています。これらの要件を最も費用対効果の高い方法で満たすソリューションはどれですか。

A. S3バケットのデータを別のAWSリージョンに複製します。Route 53
このサービスでは、静的コンテンツと動的コンテンツを使用します。

B. AWS Global Acceleratorでアクセラレーターをプロビジョニングします。提供されたIPアドレスをS3バケットに関連付けます。Route 53の設定を編集して、アクセラレータのIPアドレスを指すようにします。
C. S3バケットの前にAmazon CloudFrontディストリビューションを追加します。CloudFrontディストリビューションを指すようにRoute 53の設定を編集します。
D. S3バケットでS3 Transfer Accelerationを有効にします。新しいエンドポイントを指すようにRoute 53の設定を編集します。

問題❺ ある会社は、オンプレミス環境に大量の時系列データを生成するアプリケーションを保有しており、そのデータはインターネットを介してAmazon S3にバックアップされます。アプリケーションの活用が進み、アプリケーションが利用するインターネット帯域が増えたことにより従業員のインターネット接続に遅延が発生し、内部ユーザーから苦情が寄せられるようになりました。あなたは、Amazon S3へのタイムリーなバックアップと、内部ユーザーのインターネット接続への影響を最小限に抑える長期的なソリューションを設計する必要があります。
これらの要件を満たすソリューションはどれですか。

A. AWS VPN接続を確立し、VPCゲートウェイエンドポイントを介してバックアップトラフィックを送信するようにします。
B. 新しいAWS Direct Connect接続を確立し、この新しい接続を介してバックアップトラフィックを転送します。
C. AWS Snowballデバイスを毎日注文します。データをSnowballデバイスにロードし、デバイスをAWSに毎日返却します。
D. AWSマネジメントコンソールからサポートチケットを送信し、アカウントからのS3サービス制限の削除をリクエストします。

確認問題の解答と解説

問題❶ 正解 B

本文参照：「VPC 内のリソースと VPC 外のリソースの通信」（p.109）

B が正解です。VPC エンドポイントを使用することにより、VPC エンドポイントから AWS サービスにプライベートに接続できます。この通信では、IGW を介さずに Amazon S3 や Amazon EC2 などの AWS サービスにトラフィックをルーティングできるため、組織のセキュリティルールを満たします。

A は間違いです。これは暗号キーを作成および管理するためのサービスであり、ネットワークトラフィックのルーティングには関係ありません。

C は間違いです。これはネットワークの一部を区切るためのものであり、それ自体ではインターネットを介さずに S3 と EC2 の間の通信を実現する機能はありません。

D は間違いです。これは VPC をオンプレミスネットワークに接続するためのものであり、S3 と EC2 の間の通信には直接関係ありません。

問題❷ 正解 A

本文参照：「VPC と他の VPC の通信」（p.107）

A が正解です。VPC ピアリングにより、各 VPC のインスタンスは他の VPC のインスタンスと同じプライベート IP アドレス空間で通信できます。VPC ピアリングは単一障害点を持たず、帯域幅のボトルネックは存在しません。

B は間違いです。VPC エンドポイントは、インターネットを経由せずに AWS サービスへの接続を可能にします。他の組織の VPC 内で実行されている EC2 インスタンスへの接続には使用できません。

Cは間違いです。仮想プライベートゲートウェイは、VPCをオンプレミスネットワークに接続するためのもので、他のVPC内のEC2インスタンスへの接続には使用できません。

Dは間違いです。プライベート仮想インターフェイスはDirect Connect接続で使用され、他のVPC内のEC2インスタンスへの接続には適していません。

問題❸ 正解 A

本文参照：「Amazon CloudFront 、AWS Global Accelerator」（p.133）

Aが正解です。CloudFrontを使用することで、ユーザからのリクエストをエッジロケーション経由にすることができます。キャッシュヒットしなかった場合でも、AWSバックボーンネットワークを使用し、通信距離を最適化できるため、待ち時間の短縮に貢献できます。

BとDは間違いです。リージョンが2つだけだと、全世界のユーザに対して近い距離からレスポンスを返すことはできません。エッジロケーションは、全世界に600か所以上設けられているため、より世界中にユーザから近い距離でレスポンスを返すことができます。

Cは間違いです。一般的にキャッシュすることがない動的コンテンツであっても、CloudFrontの恩恵を受けることができます。ユーザからのリクエストは、エッジロケーションまでインターネットを使い、エッジロケーションからリージョンまではAWSのバックボーンネットワークを使用します。複数のISPのネットワークを経由せずに済むため、待ち時間を減らすことができます。

問題❹ 正解 C

本文参照：「Amazon CloudFront 、AWS Global Accelerator」（p.133）

Cが正解です。Amazon CloudFrontにより待ち時間が短縮され、パフォーマンスが向上します。また、CloudFrontは、S3バケットのコンテンツのキャッシュコピーを自動的に作成し、費用対効果が高いです。

Aは間違いです。これは一部のユーザに対しては待ち時間を短縮できますが、複数のリージョンにバケットを複製することはコストがかかります。また、データの一貫性を保つための追加の管理が必要になります。

Bは間違いです。AWS Global Acceleratorは主にマルチリージョンアプリケーションのパフォーマンスを向上させるために使用され、単一のS3バケットのパフォーマンスを向上させるためにはコストがかかります。

Dは間違いです。S3 Transfer Accelerationは、AWSのバックボーンネットワークを使用し、クライアントとS3バケットの間で長距離にわたるファイル転送を高速化するための機能で、静的なWebサイトの表示速度を向上させるのには最適ではありません。

問題❺ **正解 B**

本文参照：「VPCとオンプレミスネットワークの通信」（p.105）

Bが正解です。AWS Direct Connectにより、インターネット接続を経由せずにAWSへのデータ転送が可能になり、バックアップデータの転送によるインターネット接続への影響を最小限に抑えることができます。

Aは間違いです。オンプレミスからのVPN接続はインターネットを経由するため、内部ユーザのインターネット接続への影響を最小限に抑えることはできません。

Cは間違いです。Snowballは大量のデータをAWSに転送するためのデバイスですが､毎日使用することは非効率的であり､タイムリーなバックアップを実現することは難しいです。

Dは間違いです。これはS3の使用制限を緩和することはできますが、インターネット接続への影響を最小限に抑えることはできません。

第 4 章

データベース

AWS のデータベースサービスは、目的別に、さまざま用意されています。具体的には、リレーショナル、キーと値、ドキュメント、インメモリ、グラフ、時系列、ワイドカラム、台帳データベースがあります。本章では、ニーズに合った適切なデータベースの選び方について学習します。

アクセスキー：R（大文字のアール）

4.1 Amazon Relational Database Service (Amazon RDS)

重要度 ★★★

概要

Amazon Relational Database Service（以下、Amazon RDS）は、リレーショナルデータベースのサービスです。データベース管理者は、Amazon RDS により、プロビジョニング、パッチ適用、バックアップ、スタンバイデータベースの構築や自動フェイルオーバーなどの作業から解放されます。また、Amazon RDS で使用できるデータベースのエンジンとして、Amazon Aurora、MySQL、PostgreSQL、MariaDB、Oracle Database、SQL Server、DB2 が用意されています。

Amazon RDSのメリット/デメリット

◇ マネージドサービスによる作業量の軽減

Amazon RDS により、データベースの作成やバックアップ、パッチ適用にスケーリング、リレーショナルデータベースの構築や運用などの作業を軽減することができます。

裏を返せば、インフラストラクチャ、OS、データベースソフトウェアの構築作業や、パッチ適用、バックアップ等の運用管理作業は、すべて AWS 側にて行います。そのため、逆に OS レベルでのアクセスや、パッチ適用を回避する操作などは一部のデータベースエンジンを除き、行えません。

例えば OS レベルで監視ソフトウェアをインストールする場合などは、Amazon RDS ではなく、Amazon EC2 上にデータベースサーバを構築します。構築や運用管理の作業は発生しますが、より柔軟に制御することが可能なためです。

また、DB インスタンスが AWS により自動的にメンテナンスされるため、DB インスタンスが 7 日以上停止している場合は自動的に起動されます。その機能により、予期せぬコストが発生する可能性があるため、7日間以上停止する場合には、AWS Lambdaや、Amazon EventBridgeを使用し、定期的に起動・停止することで対処します。

◇ スケーラビリティ

Amazon RDSでは、ストレージのスケーリングを自動で行うことができ、コンピューティングリソースのスケーリングも容易に行うことができます。

◇ 高可用性・耐障害性

Amazon RDSでは、**マルチAZ配置**によりプライマリDBインスタンスに障害発生時にスタンバイDBインスタンスへ自動フェイルオーバーする機能や、**リードレプリカ**によりプライマリDBインスタンスに対する読み取り負荷を軽減する機能、また、**自動バックアップや手動バックアップ**により障害時に回復するための機能など、さまざまな可用性や耐障害性を高めるための機能が提供されています。

Amazon RDSの構成要素・オプション等

◇ 自動バックアップ

自動バックアップのオプションを有効にしておくことにより、バックアップウィンドウ中に、バックアップが毎日行われます。**バックアップの保持期間は、デフォルトで7日間となっていますが、最大35日間に設定することができます。**逆に**保持期間を0日間とした場合、自動バックアップは無効**となります。

なお、自動バックアップを有効化することで、ポイントインタイムリカバリが可能になります。RDSでは、5分ごとにトランザクションログをAmazon S3にアップロードします。これにより、バックアップ保持期間の任意の時点に復元することが可能になります。

また、管理にAWS Backupを使用することもできます。Amazon RDSのリソースタグを使用することで、AWS Backupの作成済みのバックアッププランに関連付けることにより、他のサービスのバックアップも含め、バックアップの管理を一元管理および自動化することができます。

◇ 手動バックアップ

自動バックアップとは別に、DB スナップショットを作成することで、手動で DB インスタンスをバックアップすることができます。これにより、自動スナップショットの保持期間の影響を受けずに長期的にバックアップを保持することが可能です。

◇ マルチ AZ 配置

Amazon RDS のマルチ AZ 配置オプションとは、プライマリ DB インスタンスが配置されているアベイラビリティゾーンとは異なるアベイラビリティゾーンに、1つもしくは2つのスタンバイ DB インスタンスを構成することができる機能です。プライマリ DB インスタンスのデータに対して行われた変更は、同期的にスタンバイ DB インスタンスに適用されるため、基本的に変更が確定したデータを損失することはありません。また、プライマリ DB インスタンスに障害が発生した時には、自動的にスタンバイ DB インスタンスにフェイルオーバーされます。

▶ 図4.1：RDSのマルチAZ配置

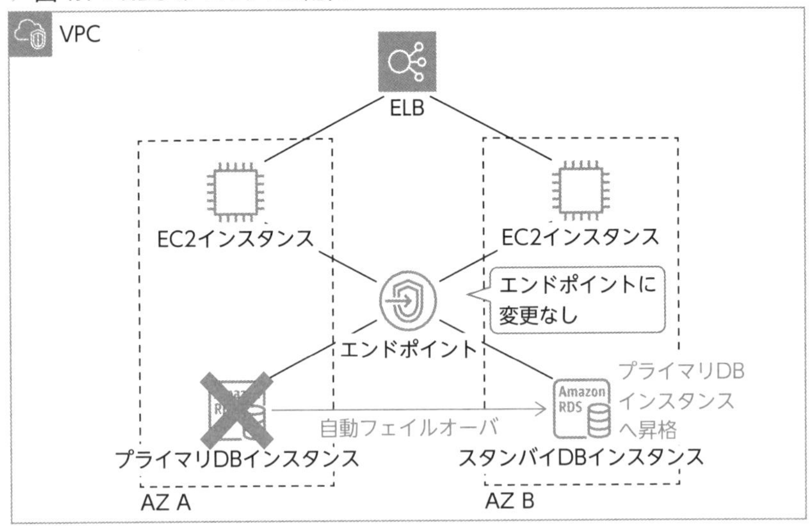

この機能により、**DB インスタンスの単一障害点を排除することができ、高可用性と自動リカバリを実現**することができます。また、自動フェイルオーバーされるため、**DB インスタンスのダウンタイムや運用のオーバーヘッドを最小化**することもできます。さらに、自動フェイルオーバー時には、アプリケーションからの接続先となるエンドポイントは変更されず、エンドポイントに紐づくプライベート IP アドレスが変更されます。そのため、マルチ AZ 配置を実装する時のアプリケーションコードの変更についても最小化することができます。

◇ リードレプリカ

プライマリ DB インスタンスから読み取り専用の DB インスタンスを作成することができます。

SQL による読み取り処理（SELECT 文）の数が増加した時、プライマリ DB インスタンスへの影響を与えることなく、リードレプリカ側で処理することができます。

メリットの具体例を挙げると、プライマリ DB インスタンスに影響を与えることなくビジネスレポートを生成できたり、DB インスタンスに対する書き込みトラフィックと読み込みトラフィックを分離することで、**パフォーマンスを最適化**することができたり、プライマリ DB インスタンスに対する読み取り回数を削減することで**負荷軽減**などを実現できます。EC サイトのような、書き込みトラフィックよりも読み取りトラフィックの方が極端に処理する量が多いサイトは、リードレプリカを使用することで DB インスタンスのデータを読み込むことに起因するページ読み込みの遅延を解消することが可能です。

リードレプリカを作成する場合、考慮すべき点がいくつかあります。まず、**バックアップ保持期間を 0 以外の値に設定して、ソース DB インスタンスで自動バックアップを有効にする必要があります**。また、**アクティブで長時間実行されるトランザクションにより、リードレプリカの作成プロセスが遅くなる**可能性があります。そのため、リードレプリカを作成する前に、長時間実行されているトランザクションが完了するまで待つことをお勧めします。

図4.2：Amazon RDSのリードレプリカ

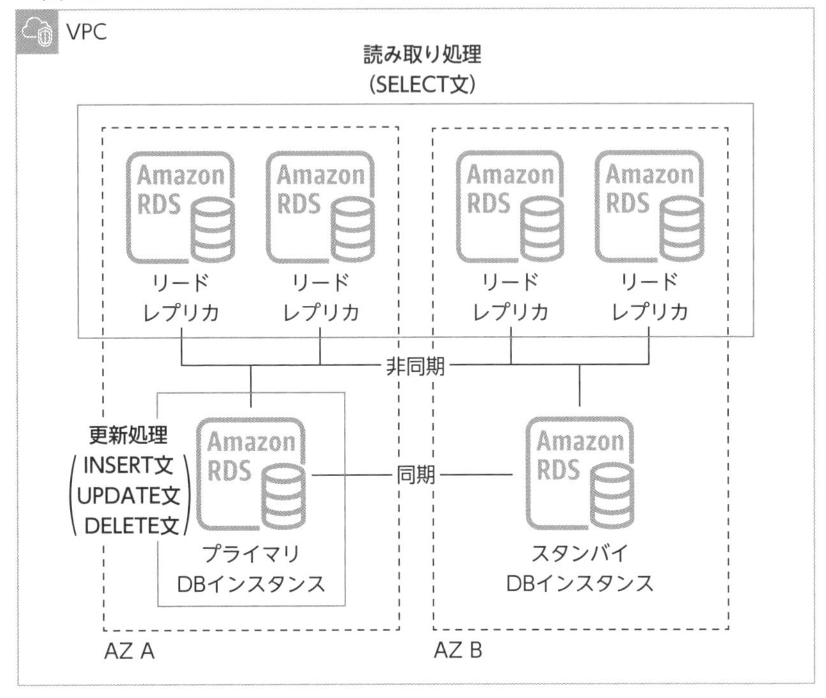

RDS Proxy

RDS Proxyは、Amazon RDSに対するデータベースプロキシを提供するオプション機能です。RDS Proxyは、関連付けられたAmazon RDSのDBインスタンスに対して、接続プールを形成します。接続プールとは、RDS ProxyとDBインスタンス間の多数の接続を同時に開いたままにしておく機能のことです。接続プールにより、**アプリケーションからDBインスタンスに対する接続・切断時のCPUオーバーヘッドなどを削減**することができます。

元のDBインスタンスに障害が発生した時には、別のDBインスタンスに自動的に接続するフェイルオーバー機能も備えています。そのため、**接続タイムアウトの回避や、接続の不足の解消などのデータベースへの接続・切断に起因するエラーの削減が可能**です。また、データベース接続に関連する可用性向上や、DB障害発生時のダウンタイムの削減、データ損失の最小化といった、アプリケーションのさまざまな問題の解決ができます。

例えば、AWS Lambda から DB インスタンスに接続する場合、多数の Lambda を起動することにより、最大同時接続数を超える可能性がありますが、RDS Proxy を使用することで DB 接続の効率化が図れ、最大同時接続数に達する可能性を下げることができます。

さらに、RDS Proxy はフルマネージドサービスであるため、アプリケーションに対する変更も最小限におさえられます。

注意するべきは、対応するデータベースエンジンが、MariaDB、MySQL、PostgreSQL、SQL Server のみになっている点です。

図4.3：RDS Proxyの概要

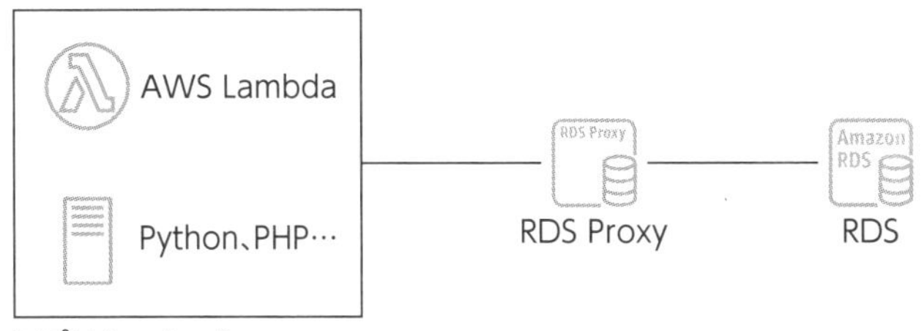

ストレージ管理

Amazon RDS のストレージについては、手動で拡張することもできますが、自動的に拡張させることもできます。自動拡張で DB インスタンスの運用管理不可を軽減し、DB インスタンスのストレージのパフォーマンスを維持することが可能です。

また、DB インスタンスのストレージにパフォーマンス問題が発生した場合には、汎用 SSD からプロビジョンド IOPS SSD へ変更することにより、またはプロビジョンド IOPS SSD の IOPS を調整することにより、ストレージのパフォーマンス問題を解決することができます。しかし、プロビジョンド IOPS SSD を使用する場合には、指定された IOPS を維持するための追加料金が、実際に消費された IOPS とは関係なしに発生するため、注意が必要です。

認証情報の格納場所

アプリケーションから Amazon RDS の DB インスタンスに接続する時

の認証情報（アクセスキーID・シークレットアクセスキー）については、アプリケーションコードに埋め込んだ場合、情報漏洩に繋がる可能性があります。**認証情報は、パラメータストアもしくはAWS Secrets Managerで管理する**のが望ましいです。

パラメータストアは、AWS Systems Managerの一機能として提供されており、各種設定情報などを一元管理することができます。一方、AWS Secrets Managerは、ID/パスワードなどのシークレット（機密情報）を管理するためのサービスとして提供されています。

シークレットやシークレット以外にアプリケーションの設定情報などを一元管理したい場合にはパラメータストアを、シークレットに対するローテーションなどの機能を備えた機密情報管理サービスを使用したい場合にはAWS Secrets Managerを使用します。

なお、パラメータストアは追加料金なしで使用することができますが、AWS Secrets Managerはシークレット1件・APIコールごとに料金が発生します。

◇暗号化

AWS Key Management Service（AWS KMS）を使用することにより、Amazon RDSのDBインスタンスの暗号化が可能です。暗号化されていないDBインスタンスのスナップショットから、暗号化されたスナップショットおよびDBインスタンスを作成する場合には、スナップショットをコピーし、コピーする時に暗号を有効化、AWS KMSを指定します。コピーされたスナップショットは暗号化され、またそのスナップショットから暗号化されたDBインスタンスを復元することができます。

▶図4.4：暗号化されたDBインスタンス・スナップショットの復元

4.2 Amazon Aurora

重要度 ★★★

概要

Amazon Aurora は Amazon RDS のデータベースエンジンの 1 つとして提供されていますが、他のデータベースエンジンとは異なり、クラウド上で最適に動作するように再設計されたデータベースサービスです。MySQL または PostgreSQL と互換性のあるインターフェイスを持ちます。

Amazon Aurora のメリット/デメリット

高速なスループット

リードレプリカを最大 15 個配置できることや、Amazon Aurora ならではの内部の処理動作とデータ格納方法により、MySQL、PostgreSQL と比較してそれぞれ最大 5 倍、3 倍の高速な処理を実現できます。

高可用性・高耐久性

Amazon Aurora の構成は、3 つのアベイラビリティゾーンに 6 つのデータコピーを持ちます。また、継続的に S3 にバックアップがされているため、可用性が 99.99% を超えるように設計されています。また、読み取り専用のインスタンスである Aurora レプリカを最大 15 個作成が可能であり、プライマリインスタンスに障害発生時には、プライマリインスタンスに昇格することができます。

構成要素・オプション等

◇MySQL・PostgreSQLと互換性

MySQL・PostgreSQLと互換性があるため、**既存のアプリケーションに対して、ほとんど、もしくは全く変更を行うことなく、Amazon Auroraへ移行**することができます。

移行ツールも、AWS Database Migration Service（AWS DMS）だけでなく、標準的なインポート・エクスポートツール、またスナップショットを使用して、MySQLデータベースをAmazon Auroraへ移行できます。

◇Auroraレプリカ

Amazon Auroraは最大15個の読み取り専用のインスタンス（Auroraレプリカ）を作成することができ、アプリケーションからの大量の読み取り処理をサポート可能です。

また、Auroraレプリカは、他のAmazon RDSのDBエンジンのリードレプリカとは構造が異なり、プライマリインスタンスから直接ストレージに対して書き込みが行われるので、スタンバイインスタンスでデータを読み取りできるようになるまでの時間を短縮することができます。さらに、ストレージに対する書き込みを行わないため、Auroraレプリカは、読み取り処理にリソースを使用することができます。Auroraレプリカを利用することにより、遅延を削減し、読み取りスループットを向上させることができます。

◇Aurora Serverless

サーバの管理なしに、ワークロードに応じて起動・停止したり、データベース性能を自動的にスケールアップ・ダウンしたりしてくれる機能です。Aurora Serverlessにより、使用頻度が低い、断続的、または予測できないワークロードへの対応が可能です。

▶ 図4.5：RDSとAuroraのストレージへの書き込みの挙動の違い

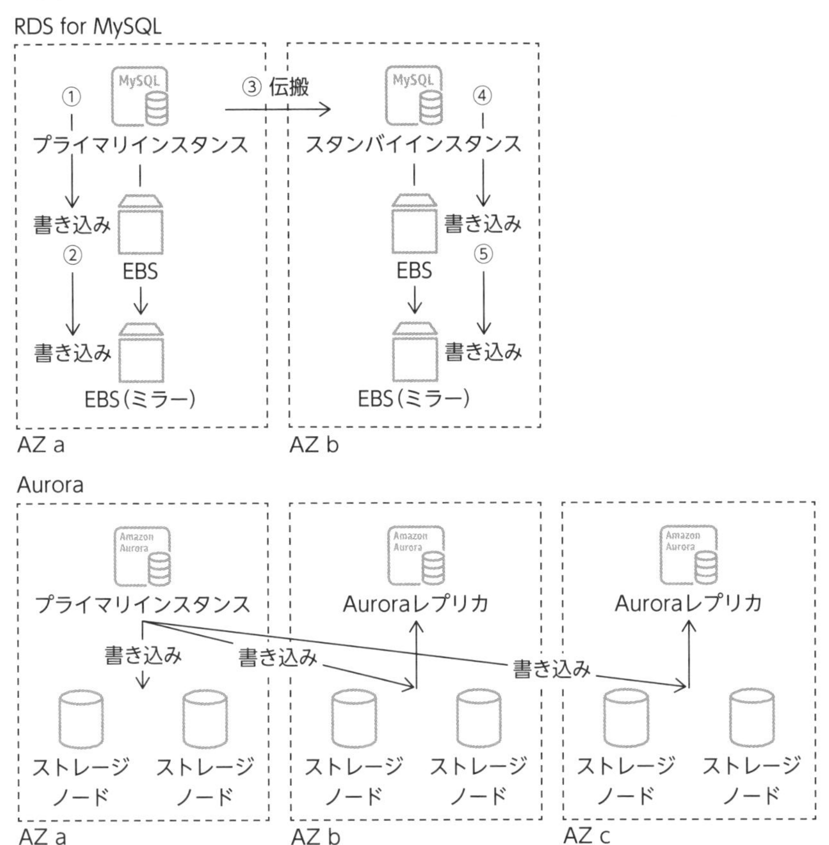

◇ グローバルデータベース

グローバルデータベースにより、リージョンを跨いでAmazon Auroraのリードレプリカを構成することが可能です。グローバルで低レイテンシでのデータ読み取りを実現します。また、特定リージョンにおいて、リージョン全体に影響があるような壊滅的な障害が発生した場合でも、最大5か所のセカンダリリージョンの中からAuroraクラスタを昇格させることにより、迅速に復旧することが可能です。そのため、Amazon Auroraグローバルデータベースで、**クロスリージョンでのディザスタリカバリ機能を実現することができます。**

図4.6：Aurora グローバルデータベース

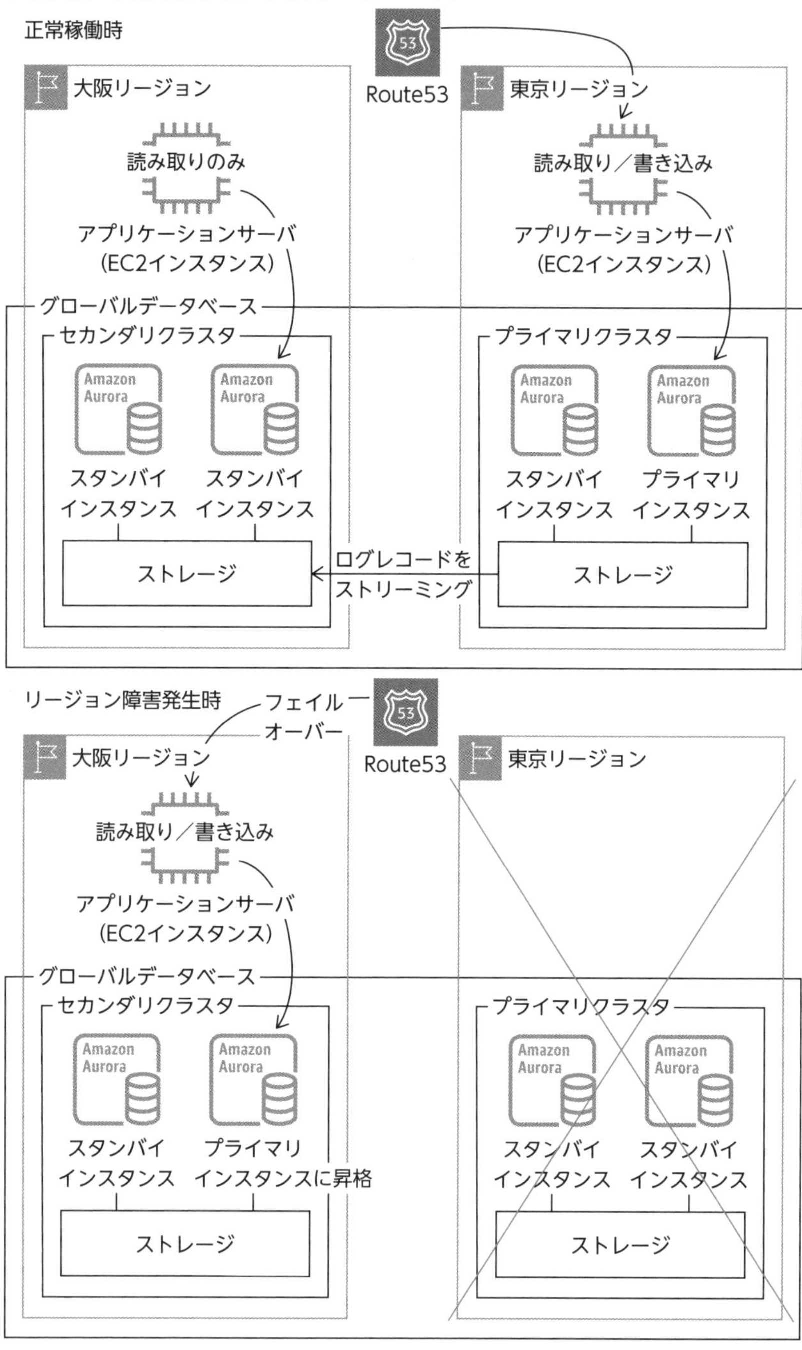

4.3 Amazon DynamoDB

重要度 ★★★

概要

Amazon DynamoDBは、AWSが提供するフルマネージドのNoSQLデータベースです。スケーラブルで高速なキーバリューと、JSON形式のドキュメントデータモデルのデータベースを簡単に利用することができます。

Amazon DynamoDBのメリット/デメリット

Amazon DynamoDBは、NoSQL（非リレーショナルデータベース）であるため、リレーショナルデータベースでのトランザクション制御によるデータの一貫性や堅牢性などよりも、**シンプルかつ膨大なデータの高速処理や、頻繁に構造が変化するデータに対する柔軟な対応を得意**としています。

構成要素・オプション等

◇テーブル・項目・属性・パーティションキー・ソートキー

Amazon DynamoDBのテーブルとは、データを格納する基本的な構造です。

テーブルの中には、複数の項目が含まれます。項目とは、1つの意味を持ったデータの集まりを表します。例えば、1人の従業員の情報や、1つの商品の情報などが項目となります。

項目の中には、複数の属性が含まれます。属性とは、名前と値の組み合わせとなります。例えば、従業員の名前、所属部署、メールアドレスや、商品の名前、サイズ、単価などがそれぞれ属性となります。

テーブル内の各項目を一意に識別するための情報（プライマリキー）については、以下をどちらかを指定することが可能です。

- **パーティションキー**
- **パーティションキーとソートキー**（複合プライマリキー）

パーティションキーの値に対しては、ハッシュ関数が適用され、項目の格納先となるパーティション（DynamoDB内の物理的なストレージの場所）が決まります。そのため、パーティションキーの値がわかると、直ちに格納場所がわかるようになり、データへ高速にアクセスできるようになっています。また、ソートキーを使用する場合には、パーティション内での並び順（ソート）が特定されます。

パーティションキーの値について、特定の値のみが極端に多く格納される場合や、パーティションキーの値のパターンが少ない場合など、パーティションキーの値に偏りがあるような場合などは、特定のパーティションに対してアクセスが集中する可能性があり、パーティションキーの設計については注意が必要です。

図4.7：DynamoDBの構成要素（テーブル、項目、属性）

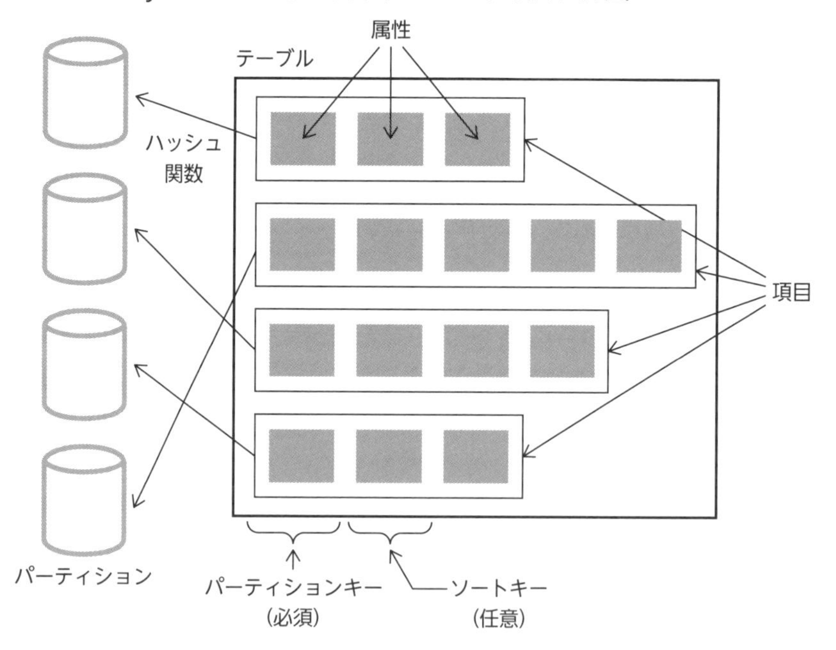

◇ 読み取りキャパシティユニット（RCU）、書き込みキャパシティユニット（WCU）

Amazon DynamoDBでは、読み取りキャパシティユニット（以下、RCU）により、1秒間に読み取りできる回数を、書き込みキャパシティユニット（以下、WCU）により1秒間に書き込みできる回数を調整できます。**RCU、WCUにより、DynamoDBテーブルに対する読み取りと書き込みの処理性能を個別に設定することが可能**です。

なお、**RCU、WCUに設定した値に応じて、料金が発生**します。また、実際の読み取りや書き込みの回数が、RCU、WCUで指定した値を超える場合には、スロットリングエラーとして受信拒否のエラーが返されます。そのようなエラーが発生しないように、十分なRCU、WCUが設定されていることを確認する必要があります。もしくはオンデマンドモードへの切り替えも検討してください。スロットリングエラーの原因が、特定のパーティションに対する読み取り、書き込みが原因の場合は、各パーティションに均等に読み取り、書き込みが分散するようにパーティションキーを再設計します。

◇ プロビジョニングモード、オンデマンドモード

プロビジョニングモードとオンデマンドモードは、Amazon DynamoDBにおいてパフォーマンスを制御するオプションです。**プロビジョニングモードでは、RCU、WCUを管理者が指定し、テーブルに対して読み取り、書き込みの処理できる量を指定することができます**。しかし、前述の通り、設定されたRCU、WCUを超える大量なリクエストを受けとった場合には、エラーが発生します。リクエスト数が緩やかに増加、減少を繰り返す場合には、エラーを防ぐためにRCU、WCUに対して、Auto Scalingを設定します。Auto Scalingに対してあらかじめ設定した最小と最大のRCU、WCUの間で、リクエスト数に応じて、自動調整されます。しかし、短時間での急激な増加となるスパイクが発生する場合には、Auto Scalingでは対応できない場合もあります。そのような**読み取り、書き込みの需要の予測が困難な場合には、オンデマンドモードを使用します**。オンデマンドモードでは、RCUやWCUの指定をすることなく、1秒当たり、数千ものリクエストを処理できるようになります。

図4.8：プロビジョニングモードでの設定画面

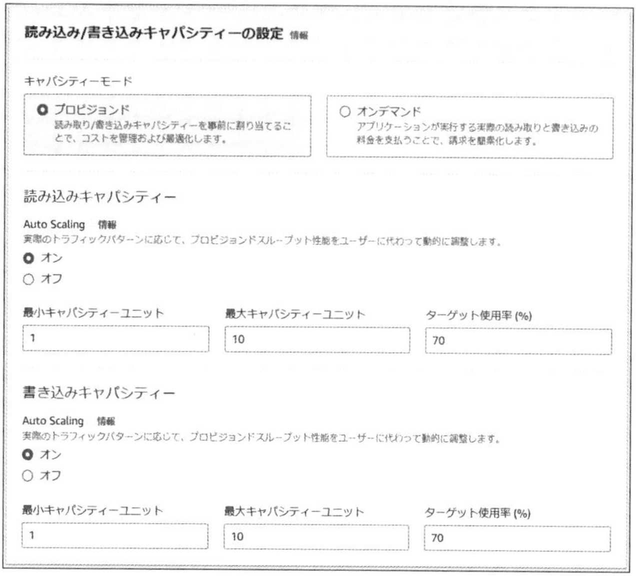

読み込み/書き込みキャパシティーの設定 情報
キャパシティーモード
プロビジョンド
読み取り/書き込みキャパシティーを事前に割り当てることで、コストを管理および最適化します。
オンデマンド
アプリケーションが実行する実際の読み取りと書き込みの料金を支払うことで、請求を簡素化します。
読み込みキャパシティー
Auto Scaling 情報
実際のトラフィックパターンに応じて、プロビジョンドスループット性能をユーザーに代わって動的に調整します。
オン
オフ
最小キャパシティーユニット 1
最大キャパシティーユニット 10
ターゲット使用率 (%) 70
書き込みキャパシティー
Auto Scaling 情報
実際のトラフィックパターンに応じて、プロビジョンドスループット性能をユーザーに代わって動的に調整します。
オン
オフ
最小キャパシティーユニット 1
最大キャパシティーユニット 10
ターゲット使用率 (%) 70

料金は、**プロビジョニングモードの場合指定したRCU、WCUの固定料金が発生**します。**オンデマンドモードの場合、リクエストごとに料金が発生**します。そのため、継続的にリクエストが発生する場合は、プロビジョニングモードの固定料金よりも、オンデマンドモードの従量課金の方が、料金は高くなります。そのため、多数のリクエストが継続的に発生する場合は、プロビジョニングモードを使います。逆に、通常リクエストは低いのですが、突発的に高くなるような、予測が難しい場合には、オンデマンドモードを使用します。

結果整合性・強力な整合性

結果整合性・強力な整合性は、Amazon DynamoDBの整合性を制御するオプションです。結果整合性がデフォルトの設定となっています。**結果整合性の設定でデータを読み込むと、直前に更新したデータが、変更が反映されていない状態で読み取られる可能性があります**。少し時間が経ってから再度読み取りを行うと、最終的に最新の項目が返されます。Amazon DynamoDBでは3つのデータコピーを持っていますが、ユーザからの更新処理が行われた場合には、図4.9のように3つのデータコピーのうち2

つのデータコピーにデータ更新が反映された時点で書き込み成功の応答が返却されます。そのため、3つ目のデータへの変更が適用される前に、データを取得すると、最新ではないデータが返される可能性があります。

そのような結果整合性が許容できない場合には、強力な整合性を設定して読み取りを行います。**強力な整合性により、2つのデータを取得および比較し、整合性のあるデータを取得することが可能**です。

しかし、2つのデータを取得するため、RCUは2倍となってしまいます。そのため、結果整合性を許容するようなアプリケーションのロジックにしてコストをおさえるか、コストは多く発生するものの、強力な整合性を利用し、厳密なデータの管理を行うかは、アプリケーションの設計次第で使い分けをします。

図4.9：DynamoDBの結果整合性

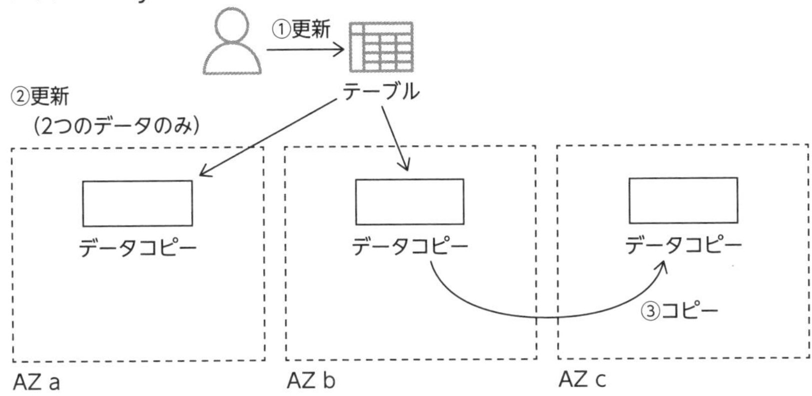

TTL（Time To Live：有効期限）

項目ごとにタイムスタンプを定義して、項目が不要になる時期を指定することができる機能です。指定したタイムスタンプの日時のすぐ後で、DynamoDBは項目をテーブルから削除します。TTLにより、Amazon S3のライフサイクルポリシーのように、一定期間が経過し、不要になったデータを自動的に削除することが可能です。

◇ DynamoDB Streams

テーブル内の項目に対する更新を時間順にキャプチャし、その変更情報を最大24時間、ログに保存することができる機能です。保存データとして、プライマリキー属性のみや変更前後の双方のデータなどを指定できます。

DynamoDB Streamsは、変更情報をほぼリアルタイムで書き込みます。そのため変更情報を使用し、内容に基づいてAWS Lambdaなどを使用して、図4.10のような構成で、管理者に特定の情報を通知したり、CloudWatch Logsなどに変更情報を転送したりと、自動的な処理を実行するアプリケーションを構築することができます。

▶ 図4.10：DynamoDB Streamsの構成例

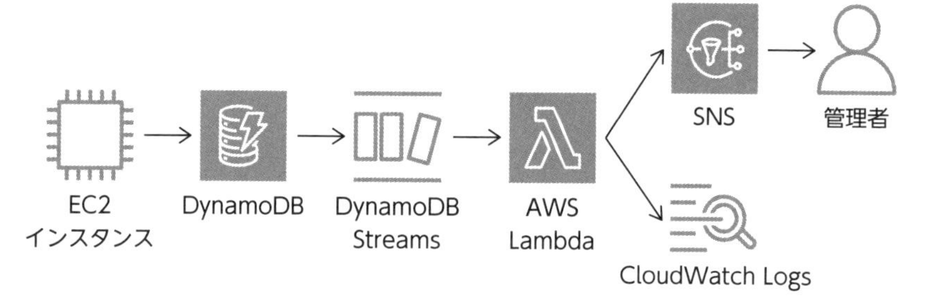

◇ Amazon DynamoDB Accelerator（DAX）

Amazon DynamoDB Accelerator（以下、DAX）は、Amazon DynamoDB用のフルマネージドインメモリキャッシュサービスです。Amazon DynamoDBとDAXを組み合わせることで、リクエストのレスポンスをミリ秒単位からマイクロ秒単位にパフォーマンスを向上させることができます。

◇ ポイントインタイムリカバリ

テーブルの連続バックアップを行う機能です。ポイントインタイムリカバリにより、誤ってデータを削除、もしくは上書きした場合であっても、過去35日間の任意の時点にテーブルを復元することが可能となります。

◇ オンデマンドバックアップ

ポイントインタイムリカバリとは別にバックアップの取得および復元を行うことができる機能です。バックアップおよび復元により、データの長期保存、またバックアップ取得時点への復元を行うことができます。

◇ グローバルテーブル

マルチリージョンで、マルチマスターの Amazon DynamoDB テーブルを作成することができます。これにより、Amazon DynamoDB グローバルテーブルが展開されている各リージョンのアプリケーションは、低レイテンシでテーブルを操作することができます。また、グローバルテーブルを使用しない場合、テーブルはリージョンごとに構成されますが、グローバルテーブルを使用する場合は、複数リージョンで構成されます。そのため、DynamoDB テーブルの可用性の SLA が、99.99% から 99.999% へ向上します。

◇ DynamoDB テーブルクラス

テーブルクラスは、パフォーマンスやコストの要件が異なる保存領域のことです。DynamoDB には、2つのテーブルクラスが提供されています。DynamoDB Standard テーブルクラスと DynamoDB Standard-Infrequent Access（DynamoDB Standard-IA）テーブルクラスです。

DynamoDB Standard テーブルクラスはデフォルトであり、多数のワークロード向けに推奨されています。

DynamoDB Standard-IA テーブルクラスは、アクセス頻度が低いデータを保存するテーブル向けに推奨されています。DynamoDB Standard-IA テーブルクラスにより、ストレージが主なコストとなっているテーブルのコストを最適化することができます。

4.4 Amazon ElastiCache

重要度 ★★★

概要

Amazon ElastiCache（以下、ElastiCache）は、マネージドの分散型インメモリデータストアです。Amazon RDSなどでデータにアクセスする時は通常ミリ秒での応答時間となりますが、ElastiCacheにデータをキャッシュすることにより、マイクロ秒の応答時間を実現します。システムのパフォーマンス低下の原因がデータベースの読み取りである場合、ElastiCacheを構成することで、データベースの読み取りパフォーマンスを改善できる可能性があります。

Amazon ElastiCacheのメリット/デメリット

◇ フルマネージドサービス

AWSにより構築から運用管理まで管理されているため、管理者が構築や、障害対策などの運用管理について意識する必要がありません。

◇ アプリケーションの高速化

データに対するアクセスの**応答時間をマイクロ秒単位に短縮**することができます。

◇ アプリケーションの改修

既存のアプリケーションで、既にRedisやMemcachedを使用している場合、アプリケーションの改修なしにElastiCacheを導入できます。Amazon RDSなどのリレーショナルデータベースのみを使用している環境で、ElastiCacheを導入しようとする場合は、SQLによる透過的な処理は行えないため、ElastiCacheにアクセスする時の処理について、アプリケーションの改修が必要となる場合があります。

構成要素・オプション等

◇ Redis、Memcached

ElastiCacheでは、2つのエンジン（Redis、Memcached）を選択することができます。

Memcachedはデータ構造がシンプルであり、マルチスレッドに対応しているため、CPUコア数を多くすると、パフォーマンス向上が見込めます。

Redisは、String型だけではなく、Hash型など多数のデータ型を扱うことが可能です。また、レプリケーションや、自動フェイルオーバーなど、機能が豊富です。機能の違いの詳細は表4.1を参照してください。

表4.1：RedisとMemcachedの使用可能な機能の違い

機能	Memcached	Redis（クラスタモード無効）	Redis（クラスタモード有効）
データ型	シンプル	複雑	複雑
データのパーティション化	○	×	○
クラスタが変更可能	○	○	3.2.10以降
オンラインリシャーディング	×	×	3.2.10以降
暗号化	1.6.12以降	4.0.10以降	4.0.10以降
コンプライアンス認定	1.6.12以降	4.0.10以降	4.0.10以降
マルチスレッド	○	×	×
ノードタイプのアップグレード	×	○	○
エンジンのアップグレード	○	○	○
高可用性（レプリケーション）	×	○	○
自動フェイルオーバー	×	オプション	必須
パブリッシュ/サブスクライブ機能	×	○	○
ソート済みセット	×	○	○
バックアップと復元	×	○	○
地理空間インデックス作成	×	4.0.10以降	○

4.5 その他のデータベースサービス

重要度★☆☆

その他のサービスは、以下のものをおさえておくとよいでしょう。

▶ 表4.2：その他のデータベースサービス

サービス名	特徴
Amazon DocumentDB（MongoDB互換）	データをJSONのようなドキュメントとして管理するドキュメントデータベース。**MongoDB互換**のフルマネージドデータベースでもある。
Amazon Keyspaces（for Apache Cassandra）	**Cassandraワークロード**を管理するために構築されたサーバレスのフルマネージドNoSQLデータベース。
Amazon Neptune	フルマネージド型の**グラフデータベース**。グラフデータベースとは、大量のリレーションシップを持つ大規模なデータセットを管理するためのデータベースのこと。ラフデータベースにより、多数の点在するデータから関係性を理解し、犯罪組織に対する不正利用検知や、ソーシャルメディアでのリアルタイムレコメンデーションなどに利用できる。
Amazon Quantum Ledger Database（Amazon QLDB）	フルマネージド型の中央集権型の**台帳データベース**。すべての変更履歴を追跡および検証することが可能。例えば、人事での個人情報の変更の追跡や、製造業でリコールされた製品の流通の追跡などに利用できる。
Amazon Redshift	フルマネージドの**列指向データウェアハウス**。列ごとにデータが格納されているため、大量データの集計処理、分析処理を得意としている。Amazon Redshiftについては、7章「アナリティクス」を参照。
Amazon Timestream	スケーラブルかつサーバレスな**時系列データベース**サービス。時間の変化に注目したデータを管理することができる。時間により変動する金融データや、気温や雨量などの気象データなどを管理できる。

確認問題

問題❶ ある企業には、アクセス頻度の低いオンプレミスのMySQLデータベースがあります。データベース管理者は、データベースのダウンタイムは、最小限におさえる必要があります。また、将来のユーザの増加が見込まれているが、ワークロードの予測は難しいです。特定のインスタンスクラスを選択せずに、またアプリケーションの改修も最小限におさえて、このデータベースをAWSに移行したいと考えています。ソリューションアーキテクトが推奨するサービスはどれですか。

A. Amazon Aurora MySQL
B. Amazon Aurora Serverless MySQL互換
C. Amazon Redshift Spectrum
D. Amazon RDS for MySQL

問題❷ ある企業は、多数のセンサーデバイスからデータを収集しています。収集したデータはAmazon DynamoDBテーブルに保存し、アプリケーションを使用してデータを分析します。データのワークロードは一定で予測可能です。同社は、DynamoDBのコストをおさえたいと考えています。これらの要件を最も費用対効果の高い方法で満たすソリューションはどれですか。

A. プロビジョニングモードとDynamoDB Standard-Infrequent Access（DynamoDB Standard-IA）を使用します。予測されるワークロード用にキャパシティを予約します。
B. プロビジョニングモードを使用し、読み取りキャパシティユニット（RCU）と書き込みキャパシティユニット（WCU）を指定します。
C. オンデマンドモードを使用します。ワークロードの変化に対応できるように、読み取りキャパシティユニット（RCU）と書き込みキャパシティユニット（WCU）を十分に高く設定します。

D. オンデマンドモードを使用します。読み取りキャパシティユニット（RCU）と書き込みキャパシティユニット（WCU）を予約容量で指定します。

問題❸ ある企業は、単一のアベイラビリティゾーンで稼働する Amazon RDS for MySQL DB インスタンスを利用しています。DB インスタンスには、オンライン広告ビジネス用の大規模なデータセットが保存されています。同社は、本番 DB インスタンスへの書き込み操作に影響を与えることなく、迅速にビジネスレポートクエリを実行したいと考えています。これらの要件を満たすソリューションはどれですか。

A. RDS リードレプリカをデプロイして、ビジネスレポートクエリを処理します。
B. Elastic Load Balancing の背後に配置することで、DB インスタンスを水平方向にスケールアウトします。
C. 書き込み操作とビジネスレポートクエリを処理するために、DB インスタンスをより大きなインスタンスクラスにスケールアップします。
D. 複数のアベイラビリティーゾーンに DB インスタンスをデプロイして、ビジネスレポートクエリを処理します。

問題❹ ある企業には、さまざまな時間帯に実行され、最大毎分 1000 回 AWS Lambda 関数を呼び出す Web アプリケーションがあります。Lambda 関数は、Amazon RDS DB インスタンスに保存されているデータにアクセスします。会社は、ユーザーアクティビティの増加に伴う接続タイムアウトが多発していることに気付きました。DB インスタンスについて、CPU、メモリ、およびディスクアクセスに関するメトリックの値はすべて低いことが確認できました。この問題を最小の運用オーバーヘッドで解決するソリューションはどれですか。

A. DB インスタンスのインスタンスクラスを調整して、より多くの接続を処理します。データベースへの接続を試行するための再試行ロジックを Lambda 関数で設定します。

B. Amazon ElastiCacheをセットアップし、DBインスタンスから読み取られるデータをキャッシュします。読み取り時、ElastiCacheに接続するようにLambda関数を設定します。
C. リードレプリカを追加します。書き込みエンドポイントではなく、リードレプリカに接続するようにLambda関数を設定します。
D. Amazon RDS Proxyを使用してプロキシを作成します。DBインスタンスではなくプロキシに接続するようにLambda関数を設定します。

問題❺ ある企業は、単一のアベイラビリティゾーン内のAmazon EC2インスタンスでWebアプリケーションをホストしています。このWebアプリケーションのDB層は、EC2インスタンス上にMySQLデータベースで構築されており、Amazon Elastic Block Store（Amazon EBS）ボリュームにデータを保存しています。MySQLデータベースのデータの合計容量は、現在、1 TBであり、プロビジョンドIOPS SSD（io2）EBSボリュームを使用しています。同社は、ピーク時のトラフィックは読み取りと書き込みの両方で約1,000 IOPSとなっています。企業は、IOPSはおおむね変化しないと考えています。その上で、パフォーマンスを維持しながら、データベース層の可用性を高め、運用管理などのコストも下げたいと考えています。
これらの要件を最もコスト効率よく満たすソリューションはどれですか。

A. Amazon RDS for MySQLを使用し、プロビジョンドIOPS SSD（io2 Block Express）にてEBSボリュームを構成したDBインスタンスをマルチAZ配置で構築します。
B. Amazon RDS for MySQLを使用し、汎用SSD(gp2)にてEBSボリュームを構成したDBインスタンスをマルチAZ配置で構築します。
C. Amazon S3 Intelligent-Tieringを使用します。
D. EC2インスタンスのインスタンスタイプをスケールアップします。また、Amazon ElastiCacheを構成します。

確認問題の解答と解説

問題❶ 正解 B

本文参照：「Aurora Serverless」（P.152）

Bが正解です。アクセス頻度が低いあるいはワークロードの予測が難しい場合には、自動的にスケールアップ・スケールダウンしてくれるAurora Serverlessを使用することを勧めます。また、MySQL互換であるため、アプリケーションの改修も最小限におさえることができます。

A・Dは間違いです。将来的にワークロードに合わせて、インスタンスクラスのスケールアップやスケールダウンを行おうとした場合、停止状態で変更する必要がありダウンタイムが発生するので、推奨しません。また、特定のインスタンスクラスを指定する必要があります。

Cは間違いです。Redshift SpectrumはAmazon S3に格納されているオブジェクトに対して、直接SQLを実行することができるサービスです。Amazon S3からデータを読み込むため、Redshiftクラスタ内のテーブルよりも遅延が発生する可能性があります。

問題❷ 正解 B

本文参照：「プロビジョニングモード、オンデマンドモード」（P.157）

Bが正解です。Amazon DynamoDBに対するデータのワークロードが一定で予測可能であるため、オンデマンドモードよりも、プロビジョニングモードの使用が適しています。

Aは間違いです。多数のデバイスからのデータが格納されるため、DynamoDBテーブルに対するアクセス頻度は高いと思われます。そのため、DynamoDB Standard-IAは適していません。

CとDは間違いです。オンデマンドモードの場合は、AWS側で自動的に管理されるため、管理者が読み取りキャパシティユニット（RCU）と書き込みキャパシティユニット（WCU）の設定を行うことはありません。

問題❸ **正解 A**

本文参照：「リードレプリカ」（P.147）

Aが正解です。リードレプリカを追加し、ビジネスレポートをリードレプリカで実行することにより、書き込み操作と分離することができるためです。

B・Cは間違いです。Elastic Load Balancerの背後にDBインスタンスを配置した場合も、DBインスタンスをより大きなインスタンスクラスに変更した場合も、同一のDBインスタンス上で、ビジネスレポートと書き込み操作が行われるため、書き込み操作に対して影響を与えるためです。

Dは間違いです。複数のアベイラビリティゾーンに対してDBインスタンスをマルチAZ配置で構成した場合は、スタンバイインスタンスはAZ障害に備える目的として使用されており、アクセスすることはないためです。マルチDBクラスタという方法も考えられますが、ストレージタイプがプロビジョンドIOPSのみ制限されている、またスナップショットからの復元が必要であるなど、制限事項が複数存在するため、ここでの適切なソリューションとは言えません。

問題❹ **正解 D**

本文参照：「RDS Proxy」（P.148）

Dが正解です。DBインスタンスの各メトリクスの値が低いため、DBインスタンスに対する過負荷とはなっていないことが読み取れます。その上で接続タイムアウトが発生しているため、RDS ProxyとDBインスタンス間に多数の接続プールを構成することにより、解決できる可能性があります。

Aは間違いです。DBインスタンスの各メトリクスの値が低いため、CPU、メモリ、ディスクには問題がないと判断できます。そのため、インスタンスクラスを調整しても効果は得られません。

Bは間違いです。Amazon ElastiCacheについては、レスポンスを向上させる効果はありますが、Amazon ElastiCacheに対する接続タイムアウトの発生が予想され、根本的な解決とは言えないためです。

Cは間違いです。リードレプリカについては、読み取り操作と、書き込み操作を分離する効果はありますが、接続タイムアウトを減らすことには基本的につながらないため、今回の場合は適切なソリューションとは言えません。また、リードレプリカによって読み取り処理が行われるため、書き込み処理を行うDBインスタンスに対する接続数は減る可能性はありますが、Lambda関数の実行回数が今後さらに増加した場合には、同じ課題に直面することとなり、根本的な解決とは言えません。

問題❺ 正解 B

本文参照：「マルチAZ配置」（P.146）

Bが正解です。Amazon RDSのマルチAZ配置を使用することにより、運用管理コストを下げたうえで、可用性を高めることができます。

Aは間違いです。Amazon RDSにおいて、プロビジョンドIOPS SSD（io2 Block Express）は対応していないためです。

参照

詳細は以下のURLをご参照ください。
Amazon RDS DBインスタンスストレージ
https://docs.aws.amazon.com/ja_jp/AmazonRDS/latest/UserGuide/CHAP_Storage.html

Cは間違いです。Amazon S3 Intelligent-Tieringを使用したとしても、EC2インスタンス上のデータベースの可用性の向上には繋がりません。

Dは間違いです。EC2インスタンスのインスタンスタイプのスケールアップおよびElastiCacheを構成したとしても、EC2インスタンス上のデータベースの可用性の向上には繋がりません。

第5章

セキュリティ、アイデンティティ、コンプライアンス

AWSクラウドにおいて、セキュリティは最優先事項です。セキュリティと言っても多岐にわたります。組織がクラウドを活用するなかでは、まずAWSクラウドやリソースへのセキュアなアクセス管理、ID管理が求められます。また、ネットワークレイヤ、アプリケーションレイヤにおいても認証・認可のアクセス管理、また、DDoS攻撃、SQLインジェクションなどに対する防御も必要です。

アクセスキー：Z（大文字のゼット）

本章で紹介するセキュリティ、アイデンティティ、コンプライアンスに関連したAWSサービスについて、概要を以下の表にまとめました。

表5.1：本章で紹介する、セキュリティ等に関連したAWSサービス

サービスカテゴリ	サービス	概要
IDおよびアクセス管理	AWS Identity and Access Management（IAM）	AWSのサービスやリソースに対する認証、認可を制御するサービス
	AWS IAM Identity Center（旧AWS Single Sign-On（SSO））	複数のAWSアカウントとビジネスアプリケーションへのシングルサインオン（SSO）を提供するサービス
	AWS Directory Service	AWS上でマネージドされたMicrosoft Active Directoryを使用できるサービス
	Amazon Cognito	AWSで作成されたWebアプリケーションやモバイルアプリケーションへの認証、認可を制御するサービス
	AWS Resource Access Manager（AWS RAM）	複数のAWSアカウント間でAWSリソースを簡単かつ安全に共有するためのサービス
ネットワークとアプリケーションの保護	AWS WAF	SQLインジェクションやXSSといった高レイヤの攻撃を防御できるサービス
	AWS Shield	DDoS攻撃を防御できるサービス
	AWS Firewall Manager	アカウント全体のファイアウォールルールを一元的に構成および管理するサービス
	AWS Network Firewall	VPC全体にNetwork Firewallセキュリティをデプロイするサービス
データ保護	AWS Certificate Manager（ACM）	SSL/TLS証明書の作成や管理ができるサービス
	AWS KMS	データ暗号化に使う暗号鍵の生成や管理ができるサービス
	Amazon Macie	S3内に存在するクレジットカード情報などの機密情報を検出・保護できるサービス
	AWS Secrets Manager	DBの認証情報などの機密情報を保存・管理できるサービス
	AWS CloudHSM	AWS上のシングルテナントのハードウェアセキュリティモジュール（HSM）を管理するサービス

サービスカテゴリ	サービス	概要
検出と対応	Amazon GuardDuty	AWS内のログとAWSのセキュリティインテリジェンス情報を基に脅威検出が行えるサービス
	Amazon Inspector	EC2インスタンスやコンテナイメージの脆弱性検出ができるサービス
	Amazon Detective	セキュリティデータを分析および視覚化して、潜在的なセキュリティ問題を調査するサービス
	AWS Security Hub	AWSのセキュリティチェックの自動化とセキュリティアラートの一元化

5.1 AWS Identity and Access Management（IAM）

重要度 ★★★

概要

AWS Identity and Access Management（以下、IAM。「アイアム」と読む）は、AWSのサービスやリソースに対する認証と認可を制御するサービスです。IAMにより、誰を認証するかを制御できます。また、認証されたユーザがAWSのリソースにアクセスする時、どの操作を認可するか（何に対するアクセスの許可・拒否を誰に付与するか）を集中管理することができます。

メリット／デメリット

◇一貫性のあるアクセス管理

IAMによって管理されるIAMユーザは、AWSアカウント全体で一元管理されます。IAMを使用することで、組織全体で、AWSリソースにアクセスできるユーザやグループを指定し、きめ細かいアクセス許可を一元管理することができます。

◇ コストの最小化

IAMユーザの作成や管理などを無料で行うことができます。

構成要素・オプション等

◇ プリンシパル

AWSのサービスやリソースに対して、操作を実行する主体のことです。プリンシパルの種別としては、ルートユーザ、IAMユーザ（IAMユーザグループ）、IAMロール、フェデレーティッドユーザなどがあります（表5.2）。

表5.2：プリンシパルの区分

プリンシパル種別	概要
ルートユーザ	AWSアカウント作成時にデフォルトで作成されており、アカウントのすべてのAWSリソースに完全にアクセスできる権限を持っているプリンシパル。
IAMユーザ	AWSのサービスやリソースに対して操作を実行する人またはプログラムが使用するプリンシパル。IAMユーザを1つの集合体として管理するコンポーネントを「IAMユーザグループ」と言う。
IAMロール	通常はAWSリソース等に対して権限を持たないユーザやアプリケーション等に、一時的な権限を付与するためのプリンシパル。
フェデレーティッドユーザ	当該AWSアカウント外で管理/認証され、AWSのサービスやリソースに対して権限を所有するプリンシパル。

ルートユーザ：AWSアカウント内のすべてのAWSのサービスとリソースに対して完全なアクセス権限を持つユーザです。AWSアカウントの作成時に使用したEメールアドレスとパスワードを使用してサインインします。**ルートユーザの認証情報が必要なタスクがある場合を除き、AWSアカウントのルートユーザにはアクセスしないことが推奨されています。**ルートユーザを使用する場合には、強度の高いパスワードの使用に加えて、多要素認証（MFA）を追加することなどにより、不正使用されないようにする必要があります。

IAMユーザ：AWSのサービスやリソースに対して操作を実行する人間、またはプログラムが使用するプリンシパルです。開発者や運用者がマネジメントコンソールから使用したり、AWSコマンドラインインターフェイス（以下、AWS CLI）といったプログラムが使用したりします。人間がマネジメントコンソールで使用する時は、ユーザ名とパスワードという認証情報を使い、AWS CLI などのプログラムが使用する時は、アクセスキーという認証情報を使います。

図5.1：IAMユーザ使用時のイメージ

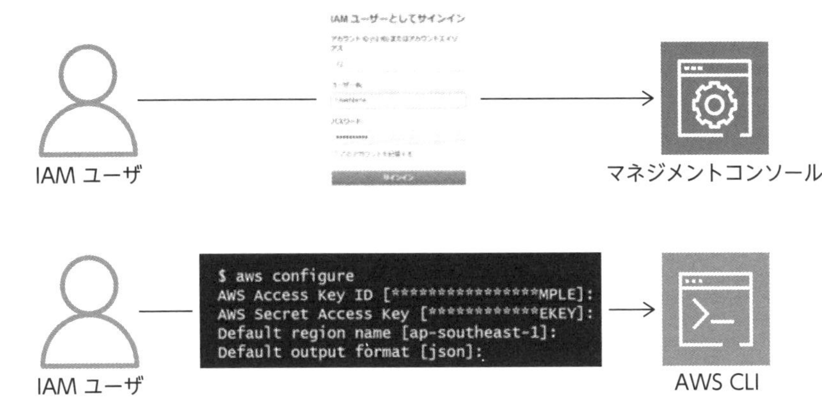

IAM ユーザのパスワードは、パスワードポリシーによりパスワードの強度を設定することができます。

図5.2：パスワードポリシー

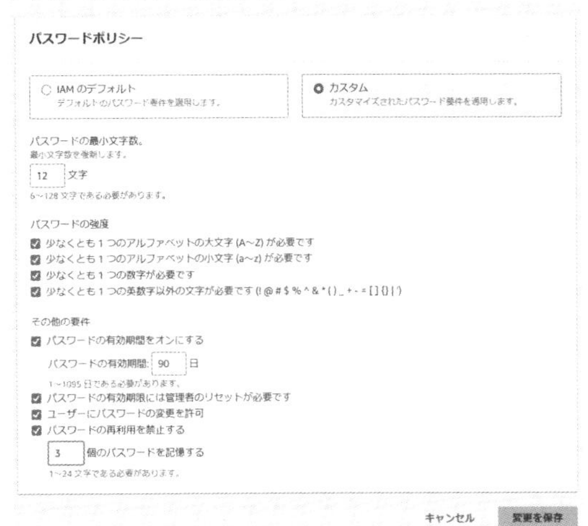

パスワードポリシーにより、AWS アカウント内のすべての IAM ユーザに対して、パスワードの最小文字数、パスワードでの文字、数字、記号などの使用の強制などを指定することができます。パスワードポリシーを設定することで、悪意のあるユーザからパスワードを推測されにくくし、不正アクセス予防に役立ちます。

IAM ロール：通常は AWS リソースに対して権限を持たないユーザやアプリケーション等に一時的な権限を付与するためのプリンシパルです。IAM ロールには、長期的な認証情報は提供されておらず、代わりに一時的なアクセスキーが提供されます。帽子のアイコンと紐づけて、プリンシパルに対して一時的な権限を付与するために使う、と覚えておくのがお勧めです。

IAM ロールをプリンシパル等にアタッチすると、プリンシパルは、AWS Security Token Service（AWS STS）というサービスに対して API コールを行い、使用期限付きのアクセスキーを取得することができます。

図5.3：STSを使った一時的なアクセスキー取得のイメージ

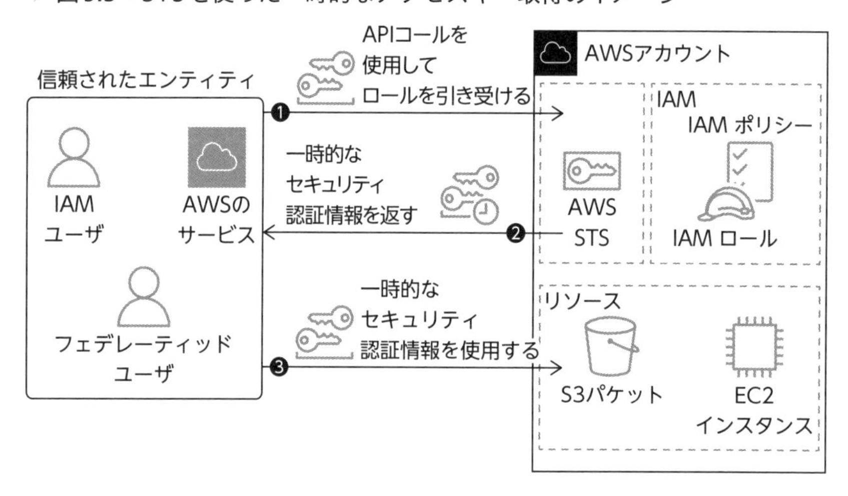

IAM ロールの具体的なユースケースは以下の 2 つがあげられます。

- IAM ユーザがマネジメントコンソールで使用するケース
- AWS のサービスが別の AWS サービスに対して操作を実行するケース

IAM ユーザがマネジメントコンソールで使用するケースでは、権限の小さなユーザでマネジメントコンソールにアクセスし、特権が必要な操作を実行する時に、IAMロールを引き受けて操作を実行できるようにします。Linuxにおけるsudoと同じようなイメージです。IAMロールの操作手順の例は以下のようになります。

図5.4：マネジメントコンソールでのIAMロール使用の手順

AWSのサービスが別のAWSサービスに対して操作を実行するケースでは、例えばEC2インスタンスに対してIAMロールをアタッチし、仮想サーバ内のアプリケーションからDynamoDBのようなAWSサービスにデータを保管できるようにします。

▶ 図5.5：AWSサービスがIAMロールを使用するイメージ

ここがポイント　アプリケーションに対して権限を与える場合は、IAM ユーザに紐づけられたアクセスキーを使用するより IAM ロールを使うことが推奨されています。

なお、IAM ロールにおいては、信頼ポリシーを使用して誰から引き受けることができるのか定義することができます。

▶ 図5.6：IAMロールの使用を特定アカウントのユーザに限定する信頼ポリシー

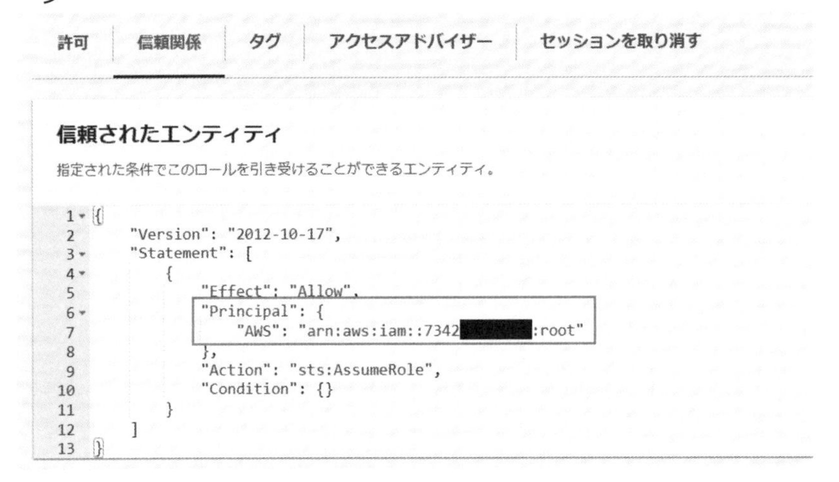


```
1  {
2      "Version": "2012-10-17",
3      "Statement": [
4          {
5              "Effect": "Allow",
6              "Principal": {
7                  "AWS": "arn:aws:iam::7342████████:root"
8              },
9              "Action": "sts:AssumeRole",
10             "Condition": {}
11         }
12     ]
13 }
```

▶ 図5.7：IAMロールの使用をEC2に限定する信頼ポリシー

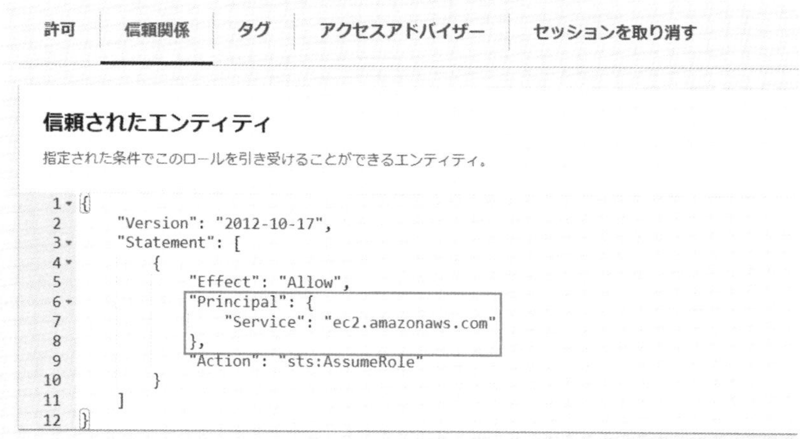

許可　信頼関係　タグ　アクセスアドバイザー　セッションを取り消す

信頼されたエンティティ

指定された条件でこのロールを引き受けることができるエンティティ。

```
1 {
2     "Version": "2012-10-17",
3     "Statement": [
4         {
5             "Effect": "Allow",
6             "Principal": {
7                 "Service": "ec2.amazonaws.com"
8             },
9             "Action": "sts:AssumeRole"
10        }
11    ]
12 }
```


フェデレーティッドユーザ：Amazon や Facebook など、当該 AWS アカウントの外で管理されているユーザ ID を表すプリンシパルです。例えば、社内で管理する Active Directory（AD）で管理されたユーザ ID に対して、フェデレーションを活用して、AWS アカウントに対する権限を付与することができます。これによってユーザ ID の管理を集約化し、アクセス管理の作業を簡素化することができます。

▶ 図5.8：フェデレーションのイメージ

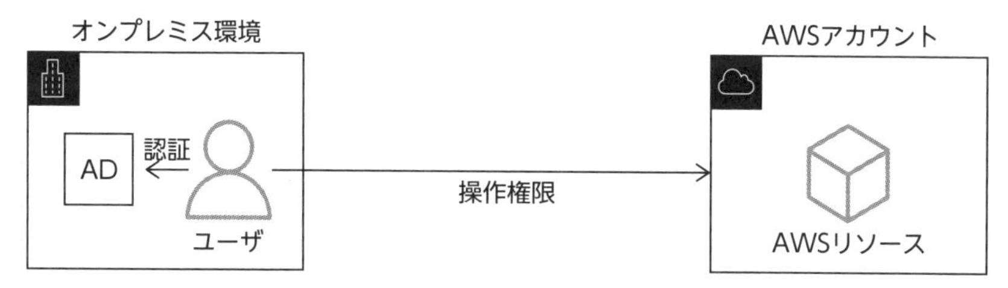

IAM ユーザグループ：名前の通り、IAM ユーザの集合のことです。主に、IAM ユーザの権限管理を簡素化する目的で使用します。IAM のベストプラクティスとして、「最小特権のアクセスを許可する」というものがあります。プリンシパルに対して、必要な最低限の権限のみを付与せよという内容です。ただし、特に大規模な環境において、個別の IAM ユーザに最適な権限を付与するのは管理が大変です。IAM ユーザグループを使うことで、ユーザを

まとめた単位で権限管理ができるようになるため、管理が簡素化します。なお、IAM ユーザは複数のグループに参加することができます。

▶ 図5.9：IAM ユーザグループ使用時のイメージ

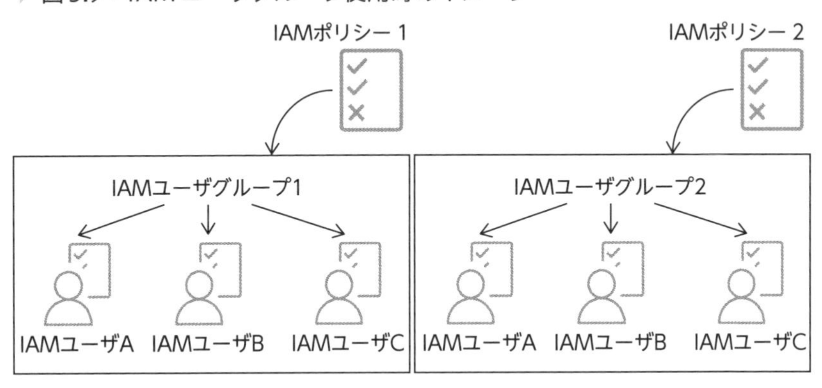

◇ セキュリティポリシー

プリンシパルに対するアクセス許可を制御するために使用する要素です。ここでご紹介するセキュリティポリシーは、アイデンティティベースのポリシー、リソースベースのポリシー、アクセス許可の境界、サービスコントロールポリシー（SCP）です。

▶ 表5.3：セキュリティポリシーの区分表

セキュリティポリシー	概要
アイデンティティベースのポリシー	IAM ユーザや IAM ロールといったプリンシパルに対してアタッチできるポリシー。
リソースベースのポリシー	Amazon S3 バケット、Amazon SQS キュー、VPC エンドポイント等の AWS リソースにアタッチできるポリシー。
アクセス許可の境界	IAM ユーザや IAM ロールといったプリンシパルにアタッチして、当該プリンシパルが実行できる操作の上限を定義するためのポリシー。
サービスコントロールポリシー（SCP）	AWS Organizations において、メンバーアカウントに対するアクセス許可の上限を指定する機能。アカウントや組織単位（OU）といった単位でアタッチして、当該アカウント等のプリンシパルが実行できる操作の上限を定義するためのポリシー。

注　意

リソースベースのポリシーは、Amazon S3 や Amazon SQS などの各サービスの機能です。また、SCP は AWS Organizations の機能です。しかし、ここでは全体を俯瞰する意味で紹介します。
リソースベースのポリシーの具体的な内容は、Amazon S3 等の各サービスのページを参照してください。また、SCP についても、詳細は「AWS Organizations」（p.303）を参照してください。

ここでご紹介する４つのポリシーは、「アクセス許可の上限を定義するポリシー」と「アクセス許可を付与するポリシー」に分けることができます。

図5.10：セキュリティポリシーの区分

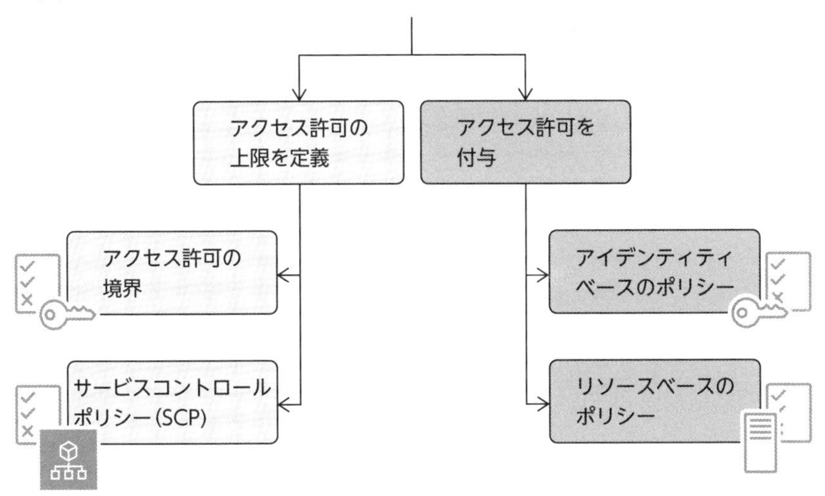

「アクセス許可の上限を定義するポリシー」のみでは、プリンシパルに対して権限を付与することはできません。「アクセス許可の上限を定義するポリシー」は、「アクセス許可を付与するポリシー」との論理積（両方ともTrue の場合、True）で評価され、プリンシパルが実行できる操作が決定します。プリンシパルが実行できる操作の限界を定義するようなイメージです。

図5.11：アクセス許可の上限を定義するポリシーの機能イメージ

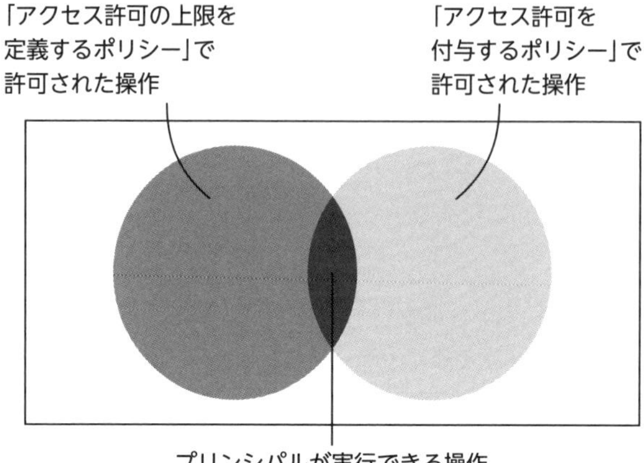

これらのセキュリティポリシーは、基本的にはJSON形式のドキュメントです。このドキュメントの中で、「だれ」が「どんな」操作を「なに」に対して実行できるのかを定義することができます。また、「条件」を指定することも可能です。

リスト5.1：JSONドキュメントのイメージ

```
{
    “Version”: “2012-10-17”,
    “Statement”: [
        {
            “Sid”: “EFSReadOnly”,
            “Effect”: “Allow”,
            “Action”: [
                “elasticfilesystem:DescribeBackupPolicy”,
                “elasticfilesystem:DescribeMountTargets”
            ],
            “Resource”: “*”,
            “Condition”: {
                “BoolIfExists”: {
                    “aws:MultiFactorAuthPresent”: “true”
                }
            }
        }
```

```
    ]
}
```

ドキュメントの中で使用できる要素には、以下のようなものがあります。

▶ 図5.12：ポリシー内で使用できる要素

IAM ポリシー / パケットポリシー

要素	説明
Effect	【Allow】または【Deny】を使用可能。ポリシーによってアクセスを許可するか拒否するかを定義する。
Principal	アクセスを許可または拒否するアカウントやユーザ、ロール等を定義する（リソースベースのポリシーのみ使用）。
Action	ポリシーが許可または拒否するアクションのリストを定義する。
Resource	アクションが許可または拒否されるリソースのリストを定義する。
Condition	ポリシーによってアクセス許可が付与される追加の状況を定義する。使用は任意。

なお、Effect 要素で Deny を記載して、当該処理を実行できなくすることを「明示的な拒否」と呼び、Allow を記載して当該処理を実行できるようにすることを「明示的な許可」と呼びます。また、明示的な許可も明示的な拒否も定義されていない操作を実行することはできません。これを「暗黙的な拒否」と呼びます。ポリシーの評価フローは、以下のようになっています。

▶ 図5.13：ポリシーの評価フロー

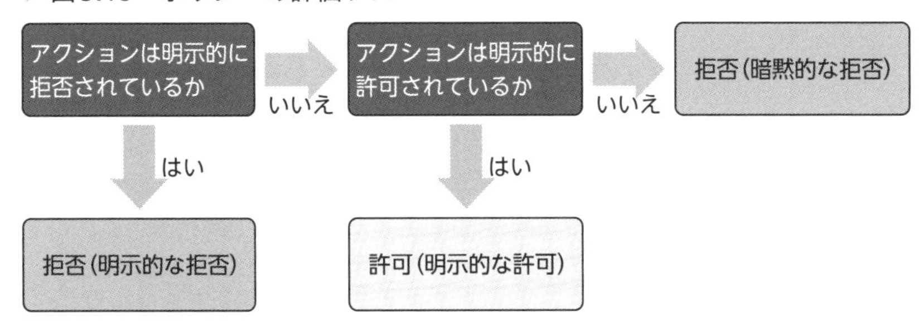

ここまでセキュリティポリシーの全体像についてお話ししました。
ここからは個別のポリシーについて、より詳細に紹介します。

アイデンティティベースのポリシー：IAM ユーザや IAM ロールといったプリンシパルに対してアタッチできるポリシーです。大別すると、**IAM ポリシーとインラインポリシーに分けることができます。**

IAM ポリシーは、複数のプリンシパルに対してアタッチ可能で、使いまわすことができるポリシーです。AWS が作成管理している AWS 管理ポリシーと、ユーザが作成管理するカスタマー管理ポリシーがあります。AWS 管理ポリシーは、特定のサービスへの権限を定義するポリシーと、ユーザのジョブロールを定義するポリシーに分けられます。

図5.14：IAMポリシー

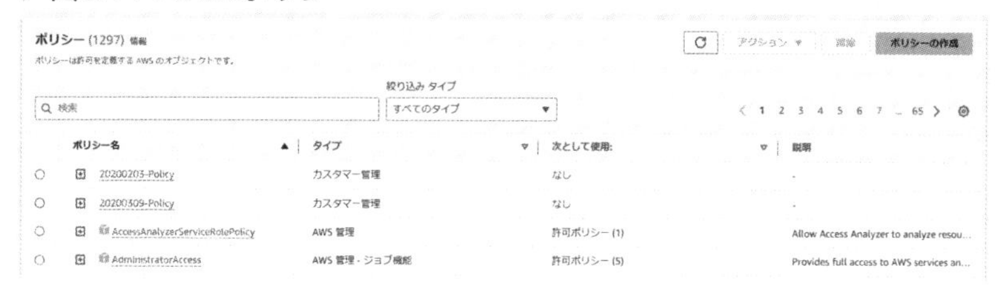

一方、インラインポリシーは、IAM ユーザや IAM ロールといった特定のプリンシパルに直接埋め込むポリシーです。ポリシーとプリンシパルの厳密な一対一の関係を維持するために使用しますが、管理性や視認性を考慮し通常 IAM ポリシーを使用します。

図5.15：インラインポリシー

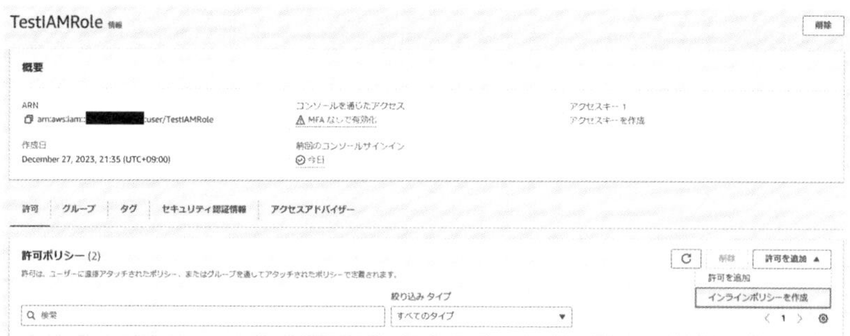

最後にアイデンティティベースのポリシーについて、まとめます。

▶ 図5.16：アイデンティティベースのポリシーのまとめ

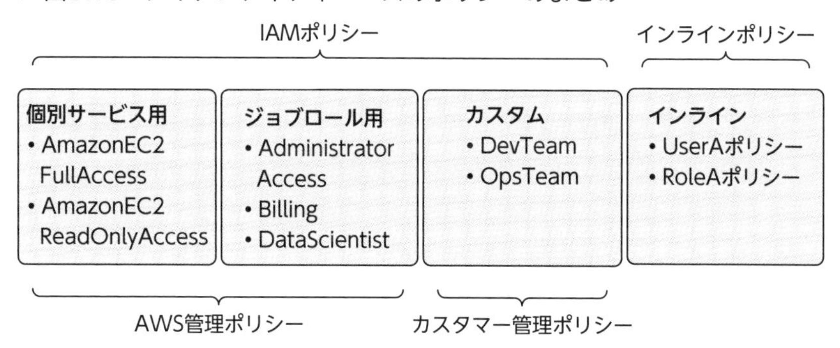

リソースベースのポリシー：S3バケットといったAWSリソース側にアタッチしてプリンシパルが実行できる操作を制御できるポリシーです。操作を実行する側と実行される側の両者でアクセスを制御することで、多層防御を構成することができます。

なお、リソースベースのポリシーは、すべてのAWSサービスで利用できるわけではありません。S3のバケットポリシーや、VPCエンドポイントのエンドポイントポリシーなど、一部のサービスや機能で使用することができます。

▶ 図5.17：リソースベースのポリシーのイメージ

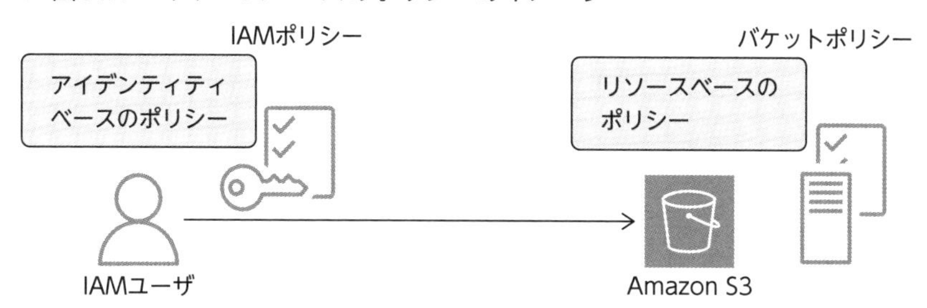

参照　Amazon S3のバケットポリシーについては2.1「Amazon S3」、Amazon KMSのキーポリシーについては本章5.8「Amazon KMS」を参照してください。

アクセス許可の境界：IAMユーザやIAMロールといったプリンシパルにアタッチして、それらのプリンシパルが実行できる操作の上限を定義するためのポリシーです。アクセス許可の境界とIAMポリシーは論理積で評価され、プリンシパルが実行できる操作が決定されます。このポリシーを使うと、AWSアカウントの管理者ユーザが、開発者など他のユーザに対して、プリンシパルの作成、管理などを委任する時、アクセスできる範囲を限定し、アクセス許可の管理を安全に委任することができるようになります。

図5.18：プリンシパル作成の委任時のイメージ

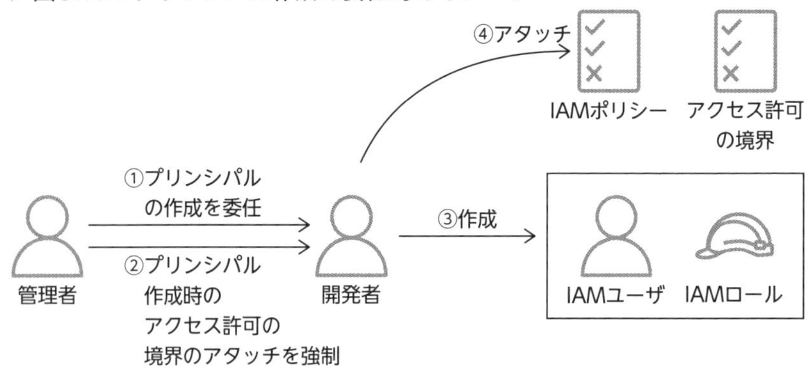

サービスコントロールポリシー（以下、SCP）：AWS Organizationsの機能です。アカウントやOUといった単位でアタッチでき、当該アカウント内のプリンシパルの権限の上限を定義することができます。個別のプリンシパルにアタッチする必要がないため、複数アカウントで実行させたくない最低限の操作（例えばCloudTrailに対する操作）を定義したりする場合に便利です。また、SCPを使用すれば、各アカウントのルートユーザに対する権限を制御することもできます。

参照

サービスコントロールポリシーの詳細については、「AWS Organizations」（p.303）を参照してください。

▶ 図5.19：セキュリティポリシーの全体像

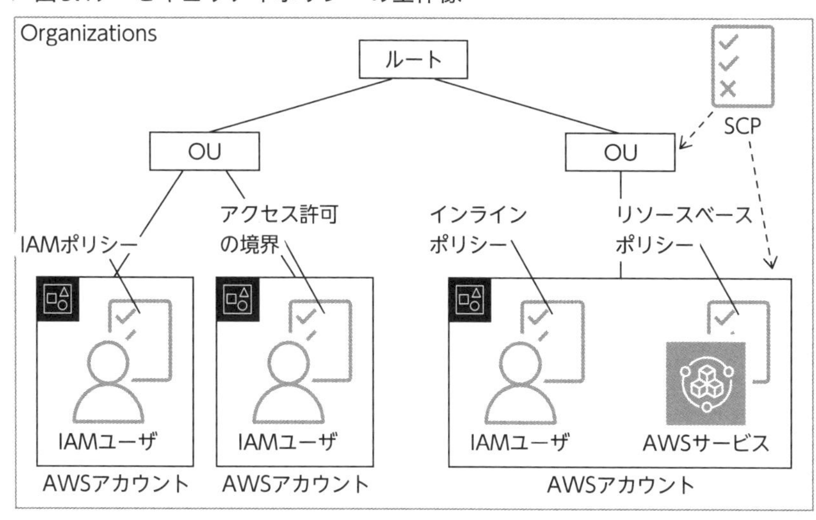

ここまで紹介した４つのセキュリティポリシーが評価され、ユーザが操作を行えるかを決定します。操作権限が与えられるには、どこかのポリシーで明示的に許可されていて、かつすべてのポリシーで明示的な拒否が記載されていないことが必要です。

▶ 図5.20：４つのセキュリティポリシーの評価順序

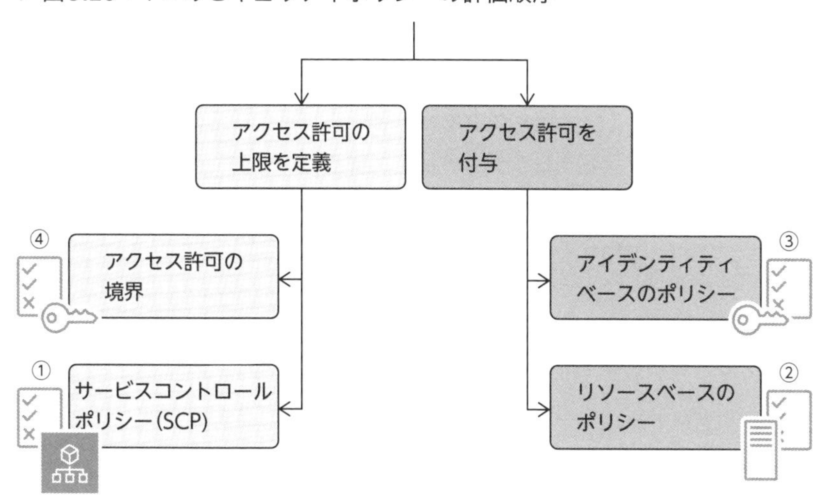

5.2 AWS IAM Identity Center (旧AWS Single Sign-On (SSO))

重要度★★☆

概要

AWS IAM Identity Center は、複数の AWS アカウントとビジネスアプリケーションへのシングルサインオン（SSO）を提供するクラウドサービスです。

注意　2022 年 7 月に AWS Single Sign-On（AWS SSO）は AWS IAM Identity Center に名称変更されました。

図5.21：AWS IAM Identity Center利用時の認証の流れ

AWS アカウントにアクセスするユーザは、IAM Identity Center の画面にて認証をし、アクセスしたアカウントを選択します。

メリット/デメリット

◇アクセス管理の簡素化

AWS IAM Identity Center により、複数の AWS アカウント、Microsoft 365 や Salesforce などの SAML 対応のクラウドアプリケーション、カスタム構築された社内開発アプリケーション等に対する、ユーザのアクセス権の割り当てを一元管理することができます。また、AWS Organizations で管理されているAWSアカウントの管理も行うことができます。

▶ 図5.22：AWS Identity Centerのマルチアカウントのアクセス許可

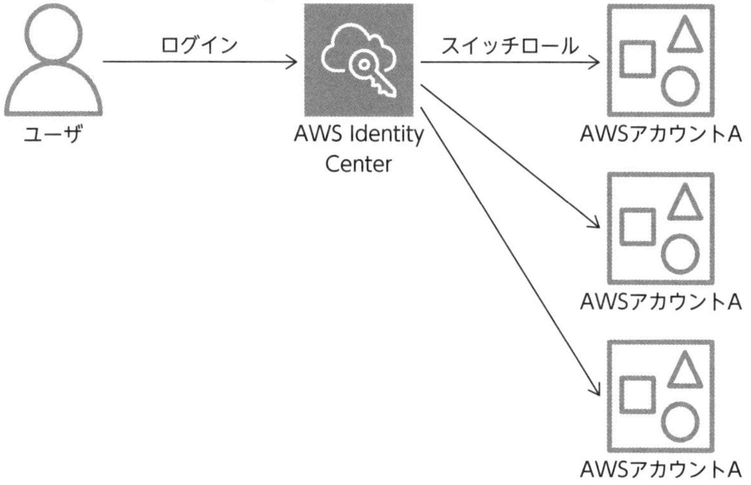

ユーザは、既存の認証情報またはAWS IAM Identity Centerで設定した認証情報を使用して、**AWS IAM Identity Center上で一度認証を行った後は、各アカウントへアクセスすることができるようになるため、認証作業が軽減されます**。

マルチアカウント管理の場合、内部の動作としては、AWS IAM Identity Center内で認証されたユーザが、スイッチロールをすることにより、対象となるAWSアカウントにアクセスし、操作を行っています。

構成要素・オプション等

◇ ユーザ / グループ

ユーザは、AWS IAM Identity Centerにおいて、AWSアカウントやアプリケーションへのアクセス権を受け取るためのコンポーネントです。

グループは、ユーザをまとめて管理するためのコンポーネントです。

AWS IAM Identity Centerでのユーザやグループについては、以下を使用することができます。

・AWS IAM Identity Center 内に作成されたユーザ、グループ
・Active Directory にあるユーザやグループ
・外部 ID プロバイダにあるユーザやグループ

▶ 図5.23：AWS IAM Identity Centerのマルチアカウントのアクセス許可

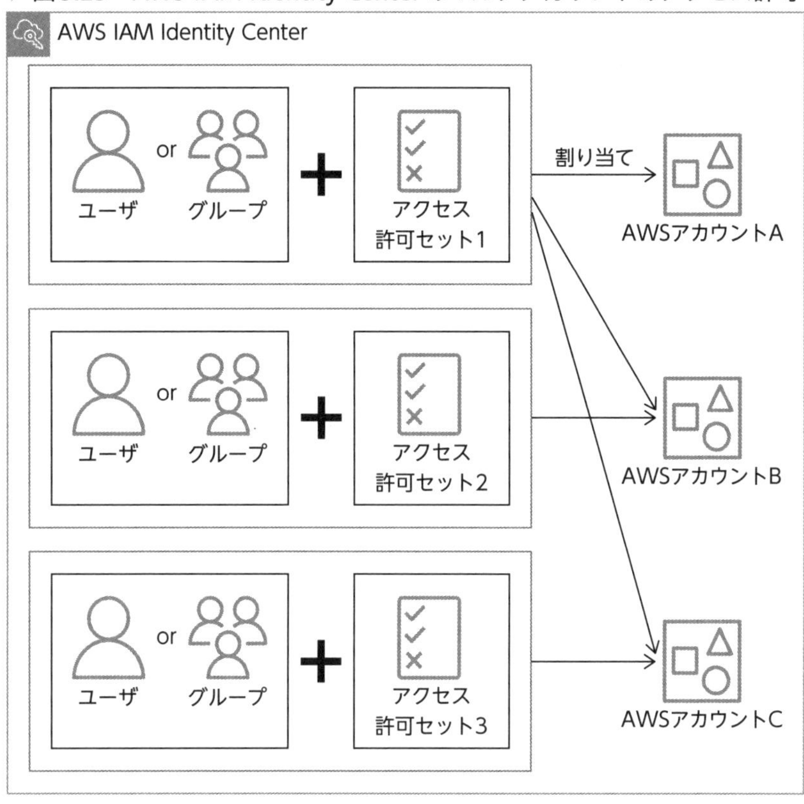

◇ アクセス許可セット（アクセス権限セット）

AWS アカウントへのアクセス許可などを定義するためのコンポーネントです。例えば Amazon RDS、Amazon DynamoDB、Amazon Aurora などのデータベースを管理するためのポリシーを含むデータベース管理者用のアクセス許可セットを作成します。そのアクセス許可セットをユーザもしくはグループと組み合わせて、管理対象となる AWS アカウントに割り当てることにより、データベース管理者は AWS 組織内の該当の AWS アカウントのデータベースへアクセスできるようになります。

アクセス許可セットをAWSアカウントに割り当てることにより、各AWSアカウント内では、IAMロールが作成されます。

5.3 AWS Directory Service

重要度★★

概要

AWS Directory Serviceは、AWS上でMicrosoft Active Directory (AD) を使用できるようにするサービスです。AWS Directory Serviceは、クラウド上にディレクトリを形成し、デバイス、ユーザ、グループなどの情報を保管できます。これにより、ディレクトリを通じてAWSの各種リソースへのアクセスを管理することができます。

メリット/デメリット

ディレクトリ管理の効率化

AWS Directory Serviceによりユーザ、グループ、アクセス許可の管理を統合することができ、管理操作をAWSマネジメントコンソール上で行うことができるため、ディレクトリ管理を効率化することができます。

セキュリティ管理の強化

AWS Directory Serviceにより、認証、認可について管理を統合することができるため、セキュリティポリシーやログイン設定について一貫した設定を行うことができます。

構成要素・オプション等

AWS Directory Serviceには、以下の3つのオプションを使用することができます。

◇ AWS Managed Microsoft Active Directory

AWS Managed Microsoft Active Directory（AWS Managed Microsoft AD）は、AWSがActive Directoryを管理するマネージドのサービスです。

◇ Active Directory Connector

AWS環境からオンプレ環境にあるドメインコントローラーに対する通信を中継するためのサービスです。プロキシとして機能するため、ユーザの認証情報の保管やキャッシュは行いません。Active Directory Connectorにより、クラウド側でのユーザ管理が不要なため、オンプレミスでのユーザ管理のみとなり、シンプルな構成が可能となります。

図5.24：AWS Directory ServiceとIAM ID CenterによるSSO

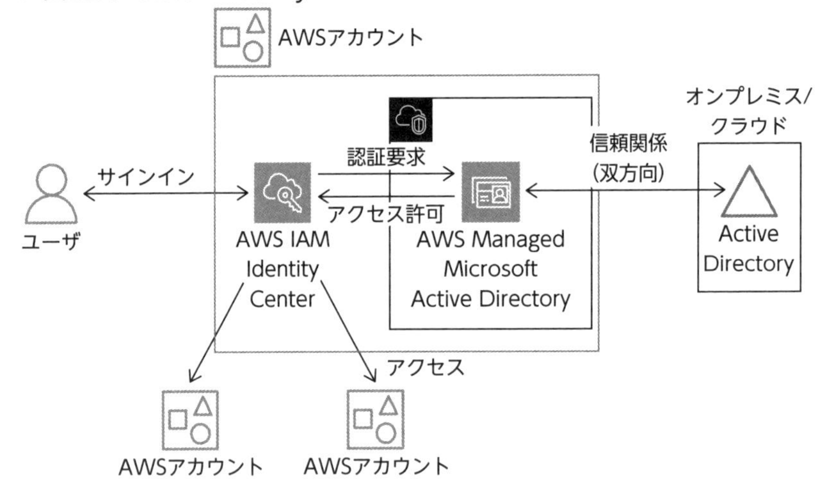

AWS Managed Microsoft Active DirectoryもしくはActive Directory Connectorと、AWS IAM Identity Centerを組み合わせることにより、自己管理型のActive Directory（AD）のディレクトリ内のユーザは、AWSアカウントや、アプリケーションに対してシングルサインオン構成をとることができます。

例えば、オンプレミスのMicrosoft Active Directoryのユーザとグループ（自己管理型のAD）とAWS Managed Microsoft Active Directorの双方向の信頼関係を作成し、さらにAWS IAM Identity Centerのアイデンティティソースとして AWS Managed Microsoft Active Directorを指定することにより、オンプレミスのMicrosoft Active Directoryで管理されているユーザが、AWSアカウントおよびアプリケーションに対して、シングルサインオンし、アクセスすることができるようになります。**なお、信頼関係は、双方向である必要があります。**

◇ Simple Active Directory

Simple Active Directory（Simple AD）は、Active Directoryと互換性のあるSamba4のサービスを提供するサービスです。Simple ADでは、AWS Managed Microsoft ADが提供する機能のサブセットを使用することができます。例えば､ユーザアカウントやグループメンバーシップの管理、グループポリシーの作成と適用、Amazon EC2インスタンスへの安全な接続などになります。そのため､ユーザとグループ管理だけで十分な場合には、Simple ADにより、管理を簡素化することができます。しかし、オンプレミスとの信頼関係に使用することはできません。

5.4 Amazon Cognito

重要度 ★★☆

概要

Amazon Cognitoはウェブアプリとモバイルアプリ用の認証・認可のプラットフォームです。Amazon Cognitoを使用すると、組み込みのユーザディレクトリ、エンタープライズディレクトリ、GoogleやFacebookなどの外部IDプロバイダに対して、ユーザの認証および認可を実装することができます。

メリット/デメリット

◇ユーザ管理の統合

Amazon Cognito 内での独自ユーザによる認証だけではなく、Google や Facebook などの外部 ID プロバイダによる認証もサポートしているため、ウェブアプリとモバイルアプリ用の認証を統合することができます。

構成要素・オプション等

◇ユーザプール

Amazon Cognito における、ユーザおよびグループに関する情報などを格納するためのユーザディレクトリです。ユーザプールにより、独自のユーザディレクトリに加え、Google や Facebook などの外部 ID プロバイダでの認証を行い、認証完了後に、アプリへのアクセスに利用できるトークンを提供することができます。

図5.25：Amazon Cognito

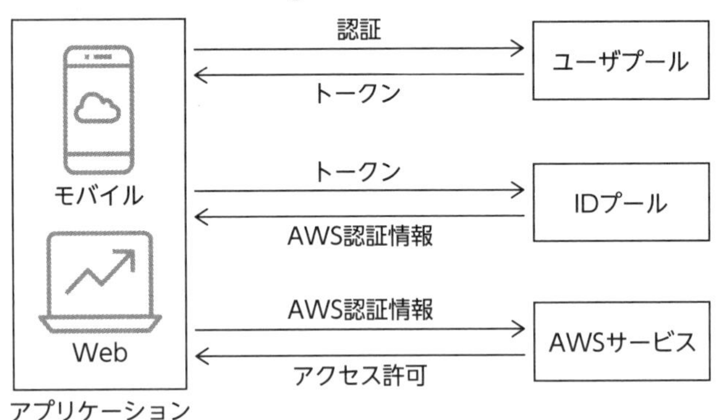

◇アイデンティティプール（ID プール）

アイデンティティプールを使用すると、ユーザプールで認証が完了したユーザに対して、特定の AWS サービス（Amazon S3 など）へアクセスできるように、トークンと引き換えに、一時的な認証情報を発行し、アクセス許可の割り当てを行うことができます。

5.5 AWS WAF（Webアプリケーションファイアウォール）

重要度 ★★★

概要

AWS WAF（Web アプリケーションファイアウォール）はウェブアプリケーションの通信内容を検査し、不正なアクセスを遮断するためのサービスです。AWS WAF により､SQL インジェクション､クロスサイトスクリプティング攻撃、HTTP フラッド攻撃などの攻撃を防御することができます。これにより、ウェブアプリケーションの脆弱性を悪用した攻撃などからウェブアプリケーションを保護することできます。

メリット/デメリット

◇ さまざまな脅威からの保護

標準提供のルール、カスタムルールのマッチ条件、レートコントロール、API などを使って幅広い脅威から Web アプリケーションを守ることができます。設定ガイド、ホワイトペーパー、AWS CloudFormation の設定テンプレートなどの数多くのリソースも活用できます。

構成要素・オプション等

◇ ルール

リクエストに対する検査方法と処理方法を定義することができます。ルール内の「ステートメント」でリクエストを検査するための条件を定義し､「アクション」でステートメントの条件に一致した場合のリクエストの処理方法が指定されます。

ルールには、以下の３種類があります。

・AWS マネージドルール
・AWS Marketplace マネージドルール
・カスタムルール

AWS マネージドルールは、AWS が作成・管理しているため、運用負荷をおさえられます。AWS Marketplace マネージドルールは、サードパーティーのセキュリティベンダー等が作成 / 管理しているルールです。カスタムルールは、ユーザ自身が作成したルールです。

図5.26：AWS WAFのルール

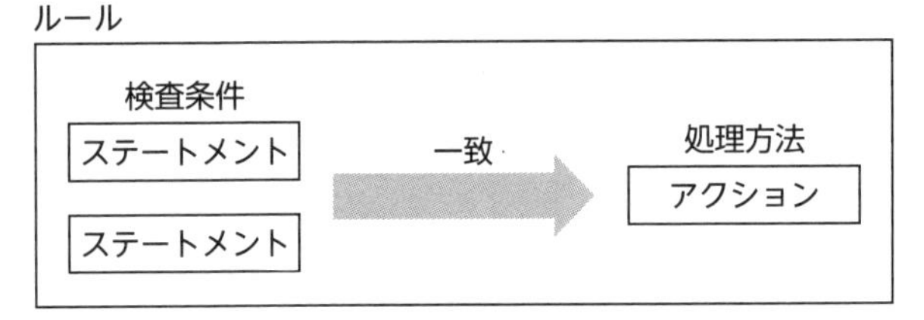

Web ACL（ウェブアクセスコントロールリスト）

Web ACL で AWS のさまざまなリソースを保護することができます。Web ACL を作成し、ルールを追加することで攻撃に対する戦略をきめ細かく制御することができます。

図5.27：AWS WAFのWeb ACL

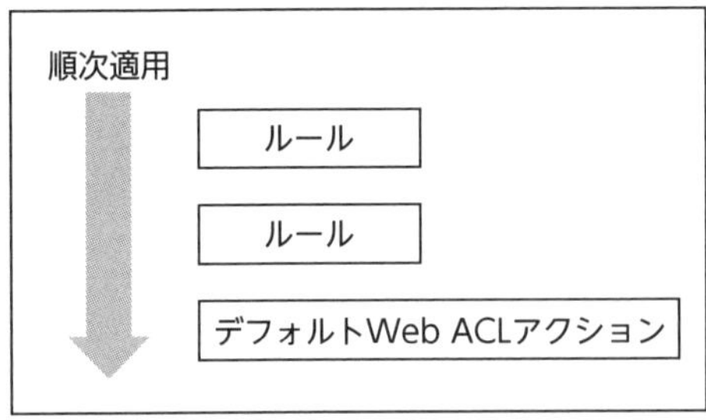

Web ACLは、AWSの各種リソースと関連付けることができます。例えばApplication Load Balancerの背後にある、Amazon EC2インスタンスを保護するため、AWSリージョン内のApplication Load Balancerに関連付けることや、API Gateway REST APIを保護するため、APIステージに関連付けることができます。

NLBは直接保護できません。AWS WAFで保護できるリソースは、以下の通りです。

- Amazon CloudFrontディストリビューション
- Amazon API Gateway REST API
- Application Load Balancer
- AWS AppSync GraphQL API
- Amazon Cognitoユーザープール
- AWS App Runnerのサービス
- AWS Verified Accessインスタンス

5.6 AWS Shield

重要度 ★★☆

概要

AWS Shieldは、アプリケーションをDDoS攻撃から保護するためのマネージドサービスです。

メリット/デメリット

◇すべてのリソースの保護

AWS Shield Standard（後述）による保護では、有効にできるリソースの数に制限はありません。そのため、AWSの各種サービスを適切に構成し、

AWS Shield Standard 上に DDoS 耐性の高いアーキテクチャを構築することにより、ウェブアプリケーション、またそれ以外のアプリケーションなど、すべてのリソースを保護することができます。

構成要素・オプション等

AWS Shield Standard

すべてのAWSユーザが追加料金なしで利用することができる、自動保護機能を提供するオプションです。Shield Standard は、ユーザのウェブサイト、ウェブアプリケーションを標的とした DDoS 攻撃に対して防御することができます。

AWS Shield Advanced

AWS Shield Standard の機能に加え、大規模かつ高度な攻撃に備えて、攻撃に対する可視性を高め、複雑な事例に関して DDoS エキスパートへ年中無休でのアクセスが提供される追加のオプションです。AWS Shield Advanced では、高度な DDoS 攻撃の防御に加えて、アプリケーションが DDoS 攻撃を受けていることに対する通知を受けることができます。

OSI 参照モデルにおける 2 つの保護領域の違いは、以下の通りです。

- AWS Shield Standard：ネットワークレイヤ（レイヤ 3）、トランスポートレイヤ（レイヤ 4）
- AWS Shield Advanced：ネットワークレイヤ（レイヤ 3）、トランスポートレイヤ（レイヤ 4）、アプリケーションレイヤ（レイヤ 7）

ここが

ポイント

AWS Shield Standard は無料で、AWS Shield Advanced は有料で使用することができます。

5.7 AWS Certificate Manager (ACM)

重要度 ★★★

概要

AWS Certificate Manager（以下、ACM）は、ウェブサイトやアプリケーションを保護するための SSL/TLS 証明書の管理を行うことができるサービスです。ACM により、SSL/TLS 証明書のリクエストや、更新などの時間のかかるプロセスを自動で行うことができます。

また、Elastic Load Balancing、Amazon CloudFront ディストリビューション、Amazon API Gateway の API といった AWS リソースに対する証明書のデプロイを、迅速かつ簡単に行うことができます。さらに、AWS の外部で取得した証明書をインポートおよび管理することもできます。

メリット/デメリット

◇ 証明書の自動更新

ACM において、証明書の自動更新を行うことにより、証明書の設定ミス、失効、期限切れによるダウンタイムの防止に役立ちます。

構成要素・オプション等

◇ サービスとの統合

ACM はさまざまな AWS サービスをサポートしています。例えば、ACM で発行した証明書、もしくは外部で取得した証明書を Elastic Load Balancing（ELB）に関連付けることにより、クライアントと ELB 間を HTTPS 通信とし、ELB と ELB の背後の Amazon EC2 インスタンスの間を HTTP 通信とするような構成をとることもできます（図 5.28）。

図5.28：ACMとELBの連携のサンプル

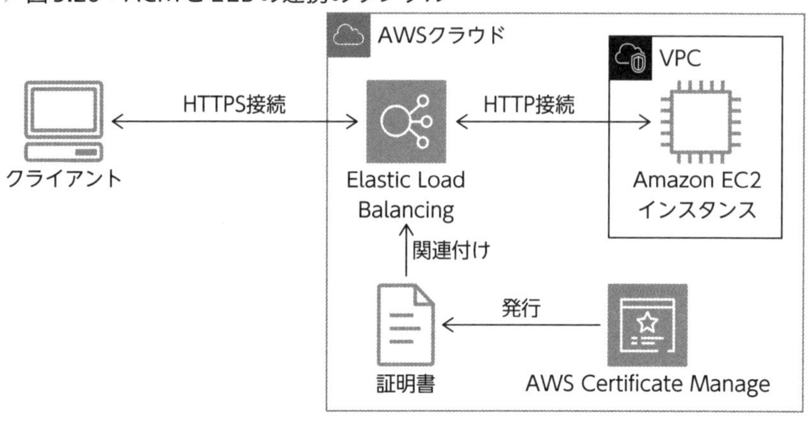

ACMワイルドカード証明書

ACM証明書は、単一のドメイン名、複数ドメイン名、ワイルドカードドメイン名、またはこれらの組み合わせに対して保護することができますが、ACMワイルドカード証明書を使用すると、特定のドメインに対し、無制限の数のサブドメインを保護することができます。

図5.29：ACMワイルドカード証明書

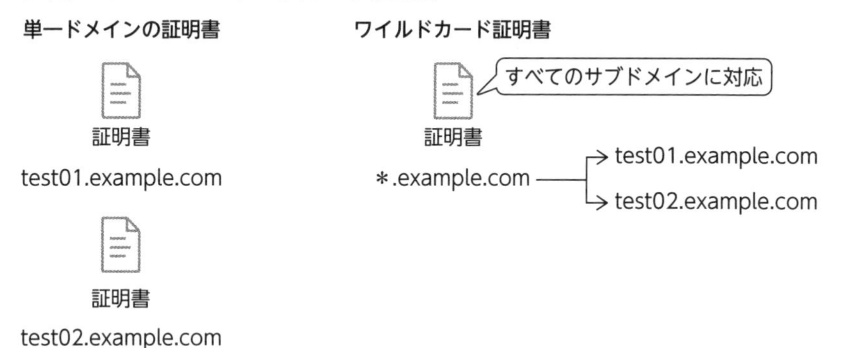

5.8 AWS Key Management Service（AWS KMS）

重要度 ★★★

概要

AWS Key Management Service（以下、AWS KMS）は、暗号化操作に使用されるキーを作成および管理できるマネージドサービスです。可用性の高いキーの生成、保管、管理、監査ソリューションを提供しています。独自のアプリケーション内でデータの暗号化やデジタル署名を行うことや、AWSのサービス全体でデータの暗号化を管理できます。

メリット/デメリット

◇ AWSサービスとの統合

AWS KMSはAWSの他のほとんどのサービスとシームレスに統合されています。そのため、AWSサービスにおいて、データの暗号化の設定および暗号化をより簡単に行うことができます。

例えば、Amazon S3バケットでは、デフォルトでAmazon S3マネージドキーを使用して暗号化する方式（SSE-S3）を使用してオブジェクトを暗号化していますが、以下の画面キャプチャのようにAWS KMSキーを使用して暗号化する方式（SSE-KMS）にバケットのデフォルトの設定を変更することもできます。

▶ 図5.30：S3バケットでAWS KMSキーを使用して暗号化(SSE-KMS)

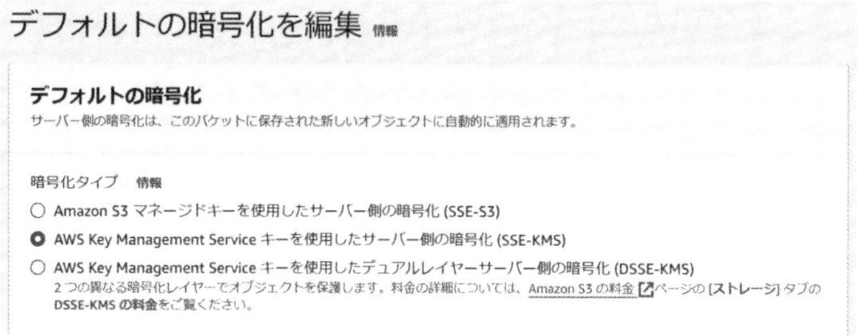

また、他にも Amazon EC2 インスタンス起動時、Amazon Elastic Block Store（Amazon EBS）のボリュームの暗号化設定においても、以下のように KMS キーを指定することができます。

▶ 図5.31：Amazon EBSボリュームの暗号化にKMSキーを使う

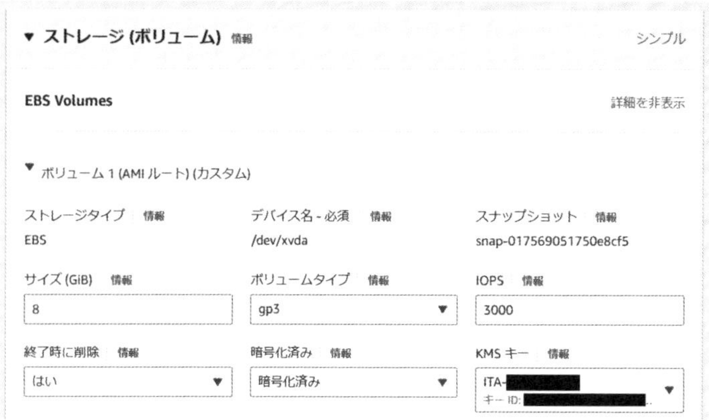

構成要素・オプション等

◇ マルチリージョンキー

複数のリージョンで同じキーのように相互使用することができる暗号キーです。AWS KMS では、通常リージョンごとにキーを管理していますが、マルチリージョンキーにより、1 つの AWS リージョンでデータを暗号化したあと、異なる AWS リージョンで復号化する場合、AWS KMS へのクロスリージョン呼び出しなどを行うことなく復号化することができます。

◇ アクセス制御（KMS キーポリシー）

AWS KMS キーに対して、暗号化（Encrypt）、復号化（Decrypt）、再暗号化（ReEncrypt）など、さまざまな暗号化オペレーションのアクセス許可を設定することができる機能です。アクセス許可を設定する時には、最小権限の原則に基づいて行うように心がけてください。

例えばIAMポリシーのステートメントにおいて、すべてのリソース（Resourceに*を指定）を指定するのではなく特定のリソースを指定し、すべてのアクション（Actionに*を指定）を指定するのではなく復号化のアクセス許可など、特定のアクションを指定し、付与するようにしてください。

5.9 Amazon Macie

重要度 ★★☆

概要

Amazon Macie は、機械学習とパターンマッチングを使用して Amazon S3 に格納されているデータ内の機密データを検出し、リスクに対する自動保護を可能にするサービスです。データレイク上の保管データの中に機密情報が紛れてしまっていたり、意図せずログデータに個人情報が含まれていたりするような場合に、検出することができます。

メリット/デメリット

◇ 機密データの自動検出

Amazon Macieにより、機械学習とパターンマッチングを使用して、名前、住所、クレジットカード番号などの個人情報（個人を特定できる情報（PII））を含む、機密データを自動的に検出することができます。また、Amazon Macie は、AWS Organizations をサポートしており、組織内で管理するすべてのAWSアカウントに対して、Macieを有効にすることができます。

◇ 他サービスとの統合

Amazon Macieは、他のサービスやシステムとの統合をサポートするために、Amazon Macieによる検出結果を検出イベントとしてAmazon EventBridgeに発行することができます。Amazon EventBridgeは、検出結果のデータをAWS Lambda関数やAmazon Simple Notification Service（Amazon SNS）トピックなどのターゲットに発行することができます。Amazon EventBridgeと組み合わせることにより、既存のセキュリティおよびコンプライアンスのワークフローの一部として、ほぼリアルタイムで検出結果を監視および処理できます。

▶ 図5.32：Amazon Macieと他サービス

構成要素・オプション等

◇ 機密データの自動検出

Amazon S3のデータのどこに機密データがあるかを自動的に検出する機能です。また、Amazon S3バケットの継続的な評価も行います。

◇ 機密データ検出ジョブ

Amazon S3 バケット内の機密データの検出、ロギング、およびレポート作成を自動化する機能です。Amazon S3 オブジェクト内の機密データを検出して報告するために Macie が実行する一連の自動処理および分析タスクです。

5.10 AWS Secrets Manager

重要度 ★★☆

概要

AWS Secrets Manager は、データベース認証情報、アプリケーション認証情報、OAuth トークン、API キーなどのシークレット情報を、取得、管理、更新することができるサービスです。AWS のサービスの多くは、AWS Secrets Manager にシークレット情報を保存することができます。

メリット/デメリット

◇ セキュリティの向上

AWS Secrets Manager は、機密情報を暗号化し、AWS Key Management Service で管理します。また、機密情報を一元管理することで、機密情報の漏洩リスクを低減することができます。

◇ アプリケーションの可搬性の向上

AWS Secrets Manager を使用することで、アプリケーションのシークレット情報をアプリケーションコードから分離することができます。これにより、アプリケーションの可搬性が向上し、アプリケーションの再利用性が高まります。

◇ 管理の簡素化

AWS Secrets Manager を使用することで、機密情報のローテーションや更新を自動化できます。これにより、シークレット情報の管理を簡素化することができます。

構成要素・オプション等

◇ ローテーション

AWS Secrets Manager でのローテーションとは、シークレットを定期的に更新するためのプロセスのことです。シークレットのローテーションを行うと、シークレット、ならびに、データベースまたはサービスの認証情報が更新されます。AWS Secrets Manager では、シークレットの自動ローテーションを設定できます。

AWS Secrets Manager の類似機能に、AWS Systems Manager のパラメータストアがあります。シークレットやシークレット以外にアプリケーションの設定情報などを一元管理したい場合にはパラメータストアを、シークレットに対するローテーションなどのライフサイクル管理などを備えた機密情報管理サービスを使用したい場合には、AWS Secrets Manager を使用します。詳細は 4.1「Amazon RDS」の p.150 を参照してください。

5.11 Amazon GuardDuty

重要度 ★★

概要

セキュリティの観点から脅威リスクを検知するAWSマネージドサービスです。分析の基礎データとしてAWS CloudTrailイベントログ、AWS CloudTrail管理イベント、Amazon VPCフローログ、DNSログソースを利用し、自動的にモニタリングを行います。**この際、攻撃者のIPアドレスやドメインのリストと比較を行うなどして、機械学習を使用した悪意のあるアクティビティを検出します。**具体的なアクティビティには、権限のエスカレートや、公開されている認証情報の使用、悪意のあるIPアドレスを使用した通信、EC2インスタンスおよびコンテナワークロードでのマルウェアの存在、データベースでのログインイベントの異常なパターンの検出といった問題が含まれます。検出結果は自動的にEventBridgeに送信されます。検出結果をS3バケットにエクスポートすることもできます。

図5.33：Amazon GuardDutyの概要

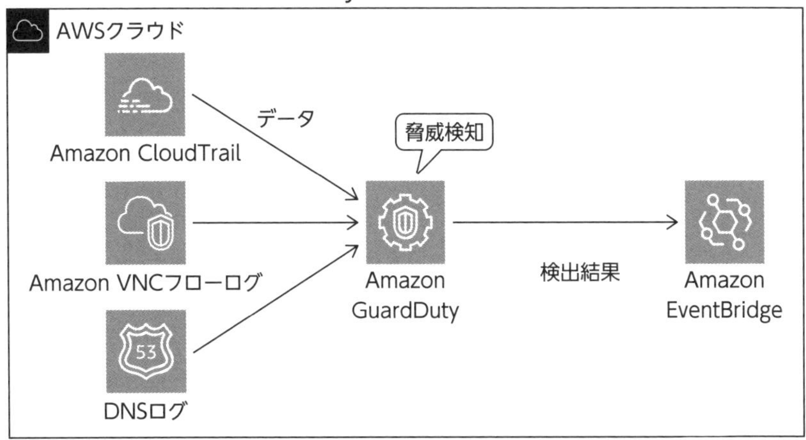

メリット/デメリット

◇ 簡単な設定

Amazon GuardDuty（以下、GuardDuty）の使用開始に必要なのは、有効化を行うことだけです。

◇ 複数 AWS アカウントでの一元管理

GuardDuty は組織内の複数の AWS アカウントに対して、設定を行うことができます。その場合、GuardDuty の管理者アカウントになる 1 つの AWS アカウントを選択した上で、他の AWS アカウントを AWS Organizations を通じて関連付けるか、または GuardDuty の招待を通じて関連付けるかのどちらかにより、管理できます。

構成要素・オプション等

◇ 保護プラン

追加料金を支払うことで、保護対象のサービスを拡大する機能です。GuardDuty 保護プランにより、GuardDuty は基本的なログデータソースに加えて、AWS 環境内の他の AWS サービスからのデータを使用して、潜在的なセキュリティ脅威を監視および分析できます。以下の保護プランが用意されています。

・S3 Protection
・EKS Protection
・ランタイムモニタリング
・Malware Protection
・RDS Protection
・Lambda Protection

また、GuardDuty を初めて有効にすると、ランタイムモニタリングを除くすべての GuardDuty 保護プランが自動的に有効になります。各保護プランは、個別に無効化することができます。

5.12 Amazon Inspector

重要度★★

概要

Amazon Inspectorは、AWSのワークロードにおけるソフトウェアの脆弱性やネットワークへの意図しない公開がないかなどをスキャンし、検出する脆弱性管理サービスです。

実行中のEC2インスタンスとAmazon Elastic Container Registry（Amazon ECR）内のコンテナイメージ、AWS Lambdaを自動的に検出してスキャンし、既知のソフトウェアの脆弱性やネットワークへの意図しない公開がないかスキャンします。

メリット/デメリット

◇セキュリティリスクの早期発見

Amazon Inspectorの自動的かつ継続的なスキャンによって、ほぼリアルタイムでの脆弱性を発見することが可能です。脆弱性の発見でセキュリティリスクを事前に検出することができ、サイバー攻撃による被害を未然に防ぐことができます。

構成要素・オプション等

スキャン方法に以下の3つがあります。

◇Amazon EC2スキャン

EC2インスタンスの脆弱性をスキャンするため、EC2インスタンスにAWS Systems Manager（SSM）エージェントをインストールしてアクティブ化する必要があります。このエージェントは多くのEC2インスタンスにプリインストールされていますが、手動でアクティブ化する必要がある場合があります。

脆弱性をスキャンするタイミングは、新しいソフトウェアがインストールされたとき、EC2インスタンスが検出されたとき、前回スキャンから一定時間が経過したとき等になります。

◇ Amazon ECRスキャン

Amazon ECRに保存されているコンテナイメージをスキャンしてソフトウェアの脆弱性がないかを調べます。

◇ AWS Lambdaスキャン

Lambda関数をスキャンし、Lambda関数とレイヤのセキュリティ脆弱性評価を継続的かつ自動的に行います。

5.13 その他のセキュリティ、アイデンティティ、コンプライアンスのサービス

重要度★

セキュリティ、アイデンティティ、コンプライアンスに関するその他のサービスについては、以下のものをおさえておくとよいでしょう。

▶ 表5.4：その他のセキュリティ、アイデンティティ、コンプライアンスのサービス

サービス名	概要
AWS Resource Access Manager（AWS RAM）	組織内のAWSアカウント間またはAWS Organizations内の組織単位（OU）間で、リソースを共有するためのサービス
AWS Firewall Manager	AWS Organization内にあるアカウントとアプリケーション全体で一元的にファイアウォールルールを設定、管理できるようにするためのセキュリティ管理サービス
AWS Network Firewall	Virtual Private Cloud（VPC）用のネットワークファイアウォールおよび侵入検出・防御サービスを提供するマネージドのサービス

サービス名	概要
AWS CloudHSM	AWSクラウド内で、安全なキー保管と暗号化操作を行うために、不正使用防止策の施されたハードウェアデバイスであるハードウェアセキュリティモジュール（HSM）を提供するサービス。**KMSの暗号鍵は、KMSデフォルトのキーストアに保管することも、CloudHSMに保存することもできる。CloudHSMの方がよりセキュリティの設定が厳密である**
Amazon Detective	セキュリティに関する検出結果や疑わしいアクティビティの根本原因の分析、調査、および迅速な特定を行うことのできるサービス。AWS Security HubやAmazon GuardDutyの検出結果など、複数のデータソースを自動的に収集・分析し、原因の分析を行い、インタラクティブなビューを提供する
AWS Security Hub	クラウドセキュリティ管理（CSPM）サービス。AWSリソースに対してセキュリティのベストプラクティスを自動的かつ継続的にチェックし、設定ミスを特定し、セキュリティアラート（検出結果）を標準化された形式で集約し、調査、修正する

確認問題

問題❶ **ある企業は、Web アプリケーションを 2 つの Amazon EC2 インスタンスで運用しています。この企業は自社の SSL/TLS 証明書を持っており、各インスタンスで TLS ターミネーションを行っています。最近、トラフィックの増加に伴い、Web サーバーの処理能力が限界に達しており、その原因は SSL/TLS の暗号化と復号化だと分析されました。この問題を解決し、アプリケーションのパフォーマンスを向上させるために、ソリューションアーキテクトが実施すべきことは何でしょうか。**

A. AWS Certificate Manager（ACM）を用いて新たな SSL/TLS 証明書を作成し、それを各インスタンスにインストールする。
B. 新しい EC2 インスタンスをプロキシサーバーとして立ち上げ、SSL/TLS 証明書を新たなインスタンスに移行して既存の EC2 インスタンスへの直接接続を設定する。
C. Amazon CloudFront を使用して SSL/TLS 証明書を分散配信し、計算負荷を軽減する。
D. SSL/TLS 証明書を ACM にインポートし、ACM からの SSL/TLS 証明書を活用して Application Load Balancer の HTTPS リスナーを設定する。

問題❷ **ある会社は、クライアントの購買履歴を Amazon S3 バケットに格納する必要があります。会社のコンプライアンスチームは、すべてのクライアント情報が転送中および保管中に暗号化されていることを確認しなければなりません。さらにコンプライアンスチームは、格納データの暗号化キーを管理する必要があります。**
以下の解決策のうち、これらの要件を満たすものはどれでしょうか。

A. ACMで公開SSL/TLS証明書を生成します。その証明書をAmazon S3と関連付けます。各S3バケットにデフォルトの暗号化を設定し、AWS KMSキー（SSE-KMS）によるサーバーサイド暗号化を利用します。そしてKMSキーの管理をコンプライアンスチームに任せます。

B. S3バケットポリシーでaws:SecureTransport条件を用いて、HTTPS（TLS）経由の暗号化接続のみを許可します。各S3バケットのデフォルトの暗号化を設定し、S3管理暗号化キー（SSE-S3）によるサーバーサイド暗号化を利用します。そしてSSE-S3キーの管理をコンプライアンスチームに任せます。

C. S3バケットポリシーでaws:SecureTransport条件を用いて、HTTPS（TLS）経由の暗号化接続のみを許可します。各S3バケットにデフォルトの暗号化を設定し、AWS KMSキー（SSE-KMS）によるサーバーサイド暗号化を利用します。そしてKMSキーの管理をコンプライアンスチームに任せます。

D. S3バケットの全てのデータに対して、AWS Lambda関数を使用して暗号化処理を実行します。その暗号化キーの管理をコンプライアンスチームに任せます。

問題❸ **ある組織がモバイル向けのWebアプリケーションを構築しています。この組織はWebアプリケーションに対する攻撃（例えばクロスサイトスクリプティングやSQLインジェクション）からApplication Load Balancer（ALB）を守るための効果的なトラフィックフィルタリングを導入する必要があります。インフラストラクチャに関する運用リソースは限られており、AWSにおけるサーバー管理の負担を軽減する必要があります。**
これらの要件を満たすために、ソリューションアーキテクトが実施すべき対策は何でしょうか。

A. Amazon EC2インスタンスでサードパーティのファイアウォールを稼働させ、そのトラフィックを新たに作成したALBに転送し、それを元のALBにさらに転送します。

B. AWS WAFを構築し、それをALBに関連付けます。

C. Amazon S3をパブリックホスティングとして活用し、その中にアプリケーションをデプロイします。
D. AWSのセキュリティグループを適切に構成し、それをALBに関連付けます。

問題❹ ある組織は、クラウドベースのサービスを提供しており、その機能はWeb APIを介して利用できます。このWeb APIは、Network Load Balancer（NLB）の後ろでAmazon EC2インスタンス上にホストされています。サービスのユーザはAmazon API Gatewayを通じてWeb APIにアクセスします。この組織は、SQLインジェクションなどの攻撃からサービスを守り、さらに、DDoS攻撃の検出と軽減を行いたいと考えています。最も効果的な対策の組み合わせは何でしょうか。2つ選択してください。

A. Amazon API GatewayにAWS Shield Standardを使用します。
B. AWS WAFを使用してAmazon API Gatewayを保護します。
C. AWS KMSを使用してAPIキーの暗号化を行います。
D. AWS WAFを使ってNLBを保護します。
E. NLBにAWS Shield Advancedを使用します。

問題❺ ある企業は、Amazon Cognitoを活用してユーザ管理を行い、アプリケーションをAWSにホストしています。ユーザがアプリケーションにログインする時、アプリケーションはAmazon API Gatewayを通じて提供されるREST APIを利用し、Amazon DynamoDBからデータを取得します。この企業は、REST APIのアクセス制御を行い、開発作業を軽減するAWSのマネージドソリューションを利用したいと考えています。これらの要求を、運用負荷を最小限にして達成できるソリューションは何でしょうか。

A. Amazon Cognitoユーザプールオーソライザー（認証機能）をAPI Gatewayに設定し、各リクエストがAmazon Cognitoによって検証できるようにする。

B. AWS Lambda 関数を作成し、それを使用して各ユーザに API キーを生成して割り当て、リクエストごとに送信する必要があるキーを検証する。
C. API Gateway にカスタムオーソライザーを設定し、各リクエストがユーザの IP アドレスに基づいて検証できるようにする。
D. AWS Identity and Access Management（IAM）を使用して各ユーザに特定のアクセス権を割り当て、それに基づいてリクエストを検証する。

確認問題の解答と解説

問題❶ 正解 D

本文参照：「ACM「サービスとの統合」」（p.199）

Dが正解です。Application Load Balancer（ALB）はSSL/TLSターミネーションが可能です。EC2インスタンスから負荷を取り除くことができます。

そして、AWS Certificate Manager（ACM）を使用して証明書を管理することにより、ALBにインストールすることができます。

Aは間違いです。新しいSSL/TLS証明書をACMで作成して各インスタンスにインストールしても、SSL/TLSの暗号化と復号化によるCPUリソースの消費問題は解決しません。

Bは間違いです。新しいインスタンスがSSL/TLSターミネーション処理のための負荷を引き継ぐだけで、問題を解決しません。

Cは間違いです。CloudFrontでSSL/TLS証明書を使用することは可能ですが、それだけではEC2インスタンスの処理負荷を軽減することはできません。

問題❷ 正解 C

本文参照：「KMS「AWSサービスとの統合」」（p.201）

Cが正解です。HTTPS（TLS）経由の暗号化された接続のみを許可するaws:SecureTransport条件を使用するS3バケットポリシーにより、転送中のデータのセキュリティが確保されます。また、AWS KMSキー（SSE-KMS）によるサーバサイドの暗号化により、保管中のデータのセキュリティが確保されます。さらに、コンプライアンスチームがKMSキーを管理することで、データの暗号化キーの管理要件が満たされます。

Aは間違いです。ACMのSSL/TLS証明書を、直接S3バケットに関連付けることはできません。

Bは間違いです。S3管理暗号化キー(SSE-S3)を使用すると、AWSがキーの管理を行うため、コンプライアンスチームがキーを管理するという要件を満たせません。

Dは間違いです。AWS Lambda関数を使用して暗号化処理を実行することは可能ですが、これは複雑さを増加させ、管理が困難になるため適切ではありません。

問題❸ **正解 B**

本文参照:「Web ACL」(p.196)

Bが正解です。AWS WAFを使用して、アプリケーションレベルの攻撃からALBを保護することができます。AWS WAFは、クロスサイトスクリプティングやSQLインジェクションなどの一般的な攻撃からWebアプリケーションを保護するためのWebアプリケーションファイアウォールサービスです。これにより、組織はWebアプリケーションのセキュリティを向上させるとともに、AWSにおけるサーバ管理の負担を軽減することができます。

Aは間違いです。追加のインフラストラクチャと管理が必要になり、組織のリソースが限られているという要件を満たしません。

Cは間違いです。S3は静的なウェブホスティングサービスであり、Webアプリケーションに対する攻撃からALBを保護するためのトラフィックフィルタリング機能を提供しません。

Dは間違いです。セキュリティグループはプロトコル単位でインバウンドおよびアウトバウンドトラフィックを制御するためのもので、特定のWebアプリケーション攻撃(例:クロスサイトスクリプティング、SQLインジェクション)を防ぐための機能は提供していません。

問題❹ 正解 B・E

本文参照：「AWS Shield Advanced」（p.198）

BとEが正解です。AWS WAFは、Webアプリケーションファイアウォールであり、SQLインジェクションなどのWeb攻撃からAPIを保護するためにAmazon API Gatewayに直接関連付けることができます。

AWS Shield Advancedは、DDoS攻撃の検出と軽減を行うためのサービスであり、NLBに関連付けることができます。

Aは間違いです。AWS Shield Standardでは自動的な攻撃の防御を提供しますが、攻撃の検出と可視化等の機能は提供していません。

Cは間違いです。AWS KMSはキー管理サービスですが、SQLインジェクションやDDoS攻撃の防止には直接的な役割を果たしません。

Dは間違いです。AWS WAFはNetwork Load Balancer（NLB）ではなく、ALBやAmazon CloudFront、Amazon API Gatewayに対して設定することができます。

問題❺ 正解 A

本文参照：「Amazon Cognito」（p.193）

Aが正解です。API GatewayでAmazon Cognitoユーザプールオーソライザーを設定すれば、Amazon Cognitoが各リクエストを検証できます。これにより、開発作業を軽減し、運用負荷を最小限に保つことができます。

Bは間違いです。個々のユーザに対してAPIキーを生成し管理することは、開発作業を軽減するのではなく増加させる可能性があります。

Cは間違いです。IPアドレスに基づいたアクセス制御は、ユーザが異なるネットワークからアクセスする場合など、不十分な場合があります。

Dは間違いです。IAMはAWSリソースへのアクセスを管理するためのものであり、個々のエンドユーザのアクセス制御には通常使用されません。また、個々のエンドユーザにIAMポリシーを割り当てることは、管理が複雑になる可能性があります。

第6章

アプリケーション統合

AWS でのアプリケーション統合サービスは、マイクロサービス、分散システム、サーバーレスアプリケーション内で疎結合化された各コンポーネント間のコミュニケーションを可能にするサービス群です。アーキテクチャ全体をリファクタリングする必要がなくなります。また、アプリケーションを規模に応じて分離することで、変更による影響を軽減し、更新が容易になり、新機能のリリースが高速化することができます。分散システムとサーバーレスアプリケーションをコードなしで統合するサービスについて、紹介いたします。

アクセスキー：H（大文字のエイチ）

6.1 Amazon Simple Queue Service（Amazon SQS）

重要度 ★★★

概要

Amazon Simple Queue Service（以下、Amazon SQS）は、**フルマネージドのメッセージキューイングサービス**です。Amazon SQS により、サービス間で非同期通信を行うことができるようになるため、サービス同士を疎結合化（詳細は第二部を参照）し、サービス全体の耐障害性を向上させることができます。

メリット/デメリット

◇ スケーラビリティ

Amazon SQS に格納されたデータは、独立して個別に処理することができるため、ほぼ無制限に、また透過的にスケールすることができます。

◇ 高耐久性・高可用性

Amazon SQS はメッセージを複数のキュー（サーバ）に保存でき、耐久性を高めることができます。

◇ 信頼性

Amazon SQS では、格納されているデータに対して処理が行われている間、メッセージを自動的にロックするため、複数のユーザやアプリケーションがデータを送信し、複数のユーザやアプリケーションが同時にデータを取得できます。

◇ 負荷のオフロード

メッセージの送信がキューに対して大量に行われても、コンシューマは任意のタイミングでそのメッセージを取得することができます。これにより、コンシューマ側が過負荷な状態になるのを防げます。

構成要素・オプション等

◇ メッセージ

Amazon SQS において、メッセージとは**キューに対して送信されるデータ**のことを指します。メッセージは明示的に削除されるまで、キューの中に保持されます。メッセージは、デフォルトで 4 日間保持されます。最小の保持期間は 60 秒であり、最大の保持期間は 14 日間となります。この保持期間により、日中平日帯はメッセージの送信のみを行い、夜間や週末にまとめてメッセージを取得するというような処理を行うこともできます。

また、キューを使用すると、送信する側のプロデューサと、メッセージを受信し処理をするコンシューマの間で一時的なネットワーク障害が発生した場合でも、キューの中にメッセージが残り続けているので、システムの可用性を高めることができます。

メッセージのサイズは、最小サイズは 1 バイトであり、最大サイズは 256 キロバイトとなります。**大きなファイル等をキューに格納することはできないため、大きなファイルを受け渡したい場合には例えば S3 に格納し、S3 に格納されたオブジェクトのオブジェクトキーを Amazon SQS で送信するなどの工夫が必要**です。

◇ プロデューサ

Amazon SQS に対してメッセージを送信するユーザや、アプリケーションなどのことを指します。

◇ コンシューマ

Amazon SQS からメッセージを取得し、何かしらの処理を行うユーザや、アプリケーションなどのことを指します。

▶ 図6.1：Amazon SQSのプロデューサ、コンシューマ、キュー、メッセージ

◇ キュー

メッセージの保存場所を指します。キューは複数のサーバを使用し、分散キューとして構成されています。分散キューにより、1秒当たりほぼ無制限のAPIコールをサポートします。また、複数のキューに格納されることにより、可用性を高めることができます。キューに格納されるメッセージは、分散キューのすべてのキューではなく、一部のキューに格納されます。

▶ 図6.2：分散キュー

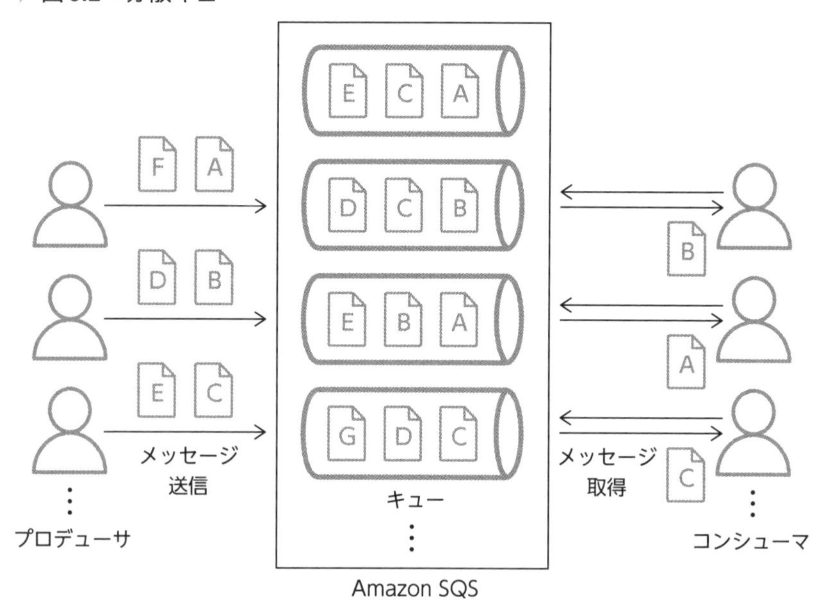

キューには、以下の2種類があります。

スタンダードキュー（標準キュー）：メッセージの配信順序や回数が厳密ではない代わりに、トランザクション数がほぼ無制限のキューです。スタンダードキューを使用した場合、上記の構造により、メッセージが順不同で取得される可能性があります。

　また、可用性を高めるため、キューの中には複数のメッセージのコピーが保持されています。メッセージの受信・削除時にそれをうまく処理できなかった場合、まれに他のキューが保持している同じメッセージのコピーをもう一度取得する可能性もあります。そのため、取得した側で、同じメッセージに対して、同じ処理を行ったとしても問題が発生しないように、冪等性（べきとうせい）のロジックを構成しておく必要があります。

図6.3：スタンダードキュー

FIFOキュー（First in First out：先入先出）：メッセージの配信順序や回数の厳密さがある代わりに、トランザクション数に制限が加わるキューです。例えばオンラインチケットシステムにおいて、チケットを先着順で配付するような場合、メッセージの順序性や1回のみの処理が重要となってきます。

　その場合、標準キューではなくFIFOキューとして構成することで、メッセージの順序性も保証され、コンシューマによるメッセージの処理も1回のみの配信とすることができます。しかし、FIFOキューでは1秒当たりのトランザクション数に制限が出てきます。

図6.4：FIFOキュー

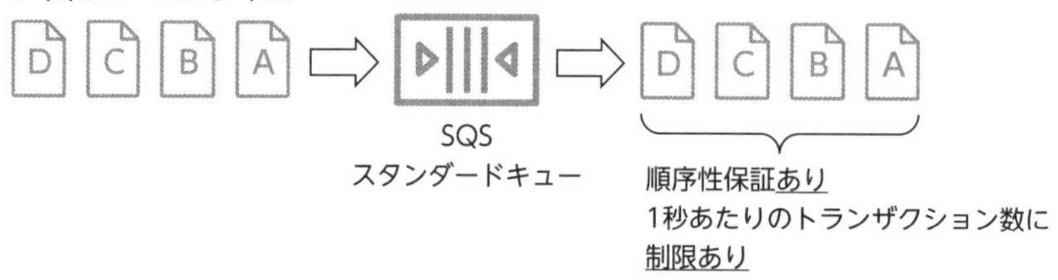

可視性タイムアウト

メッセージがコンシューマに取得された直後、メッセージはキューに残されたままとなります。可視性タイムアウトにより、他のコンシューマが同じメッセージを再び取得し、処理しないように、他のコンシューマがメッセージの受信や処理をできなくなる期間を設定することができます。デフォルトの可視性タイムアウトは30秒です。最小は0秒で、最大は12時間となります。

注 意 可視性タイムアウトを設定していても標準キューにおけるメッセージの配信が1回に保証されることはありません。

図6.5：可視性タイムアウト

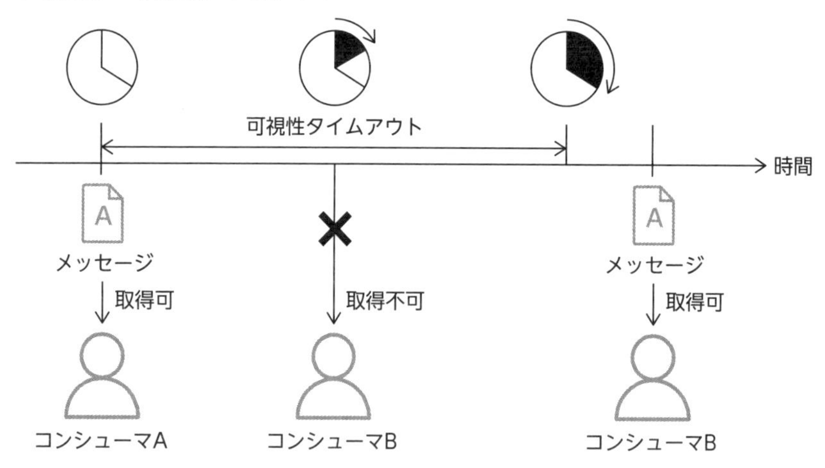

ショートポーリング、ロングポーリング

ショートポーリング・ロングポーリングは、コンシューマが、キューから

メッセージを取得する際の待機時間に関する設定です。

メッセージを取得する時の待機時間を0秒に設定すると、ショートポーリングとなります。コンシューマはキューからメッセージを取得する時に、分散キューの中の一部のキューに対してのみメッセージの取得を実施し、メッセージが見つからなかった場合は、すぐにレスポンスを返します。すべてのキューに対してメッセージの取得を行っているわけではないので、すべてのメッセージが取得されない場合もあります。また、**繰り返しショートポーリングを実施する場合、APIコール数が増え、利用コストが増加する可能性があります**。

図6.6：ショートポーリング

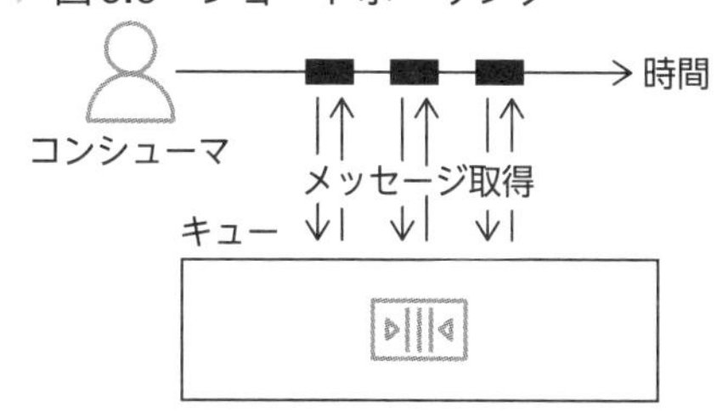

メッセージを取得する時の待機時間を0秒より大きい値に設定すると、ロングポーリングとなります。最大20秒まで設定できます。すべてのキューに対して、クエリを実施し、メッセージを取得します。また、ロングポーリングで設定された待機時間を過ぎた場合にのみ、メッセージが見つからなかった旨のレスポンスを返します。ロングポーリングにより、ショートポーリングに比べAPIコール数が抑制できるためコストをおさえることができます。

図6.7：ロングポーリング

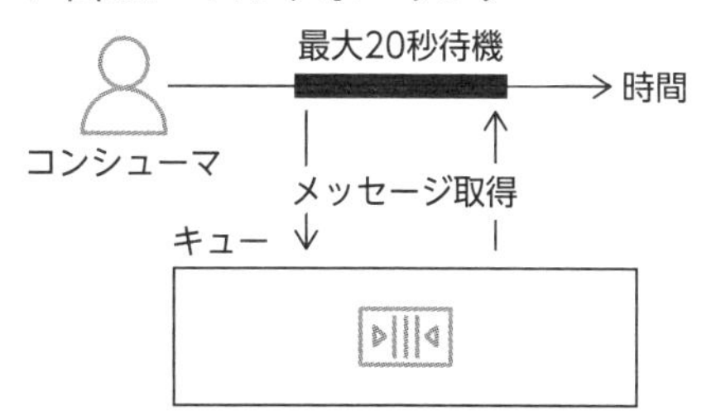

◇ デッドレターキュー

デッドレターキュー（DLQ）は、送信されたメッセージに誤りがあり、コンシューマがメッセージを正常に処理できなかった場合、そのメッセージを一時的に保存するための特別なタイプのキューです。

▶ 図6.8：デッドレターキュー

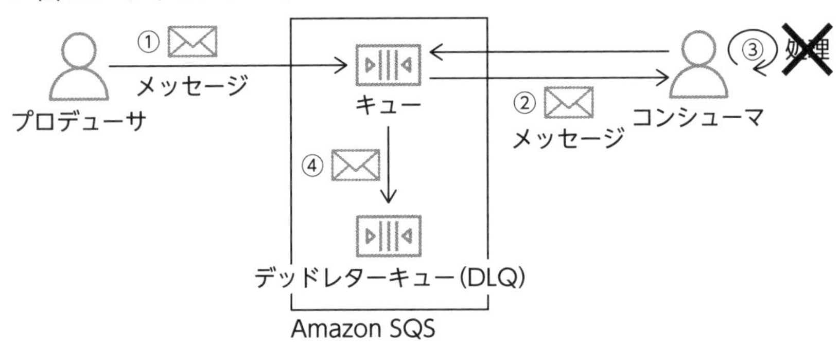

6.2 Amazon Simple Notification Service (Amazon SNS)

重要度 ★★★

概要

Amazon Simple Notification Service（以下、Amazon SNS）は、**配信者から受信者に対して、メッセージ配信を行うためのマネージドサービス**です。メッセージの配信者はAmazon SNSにメッセージを送信することで、登録されている受信者に、非同期的にメッセージを送信することができます。

図6.9：Amazon SNS

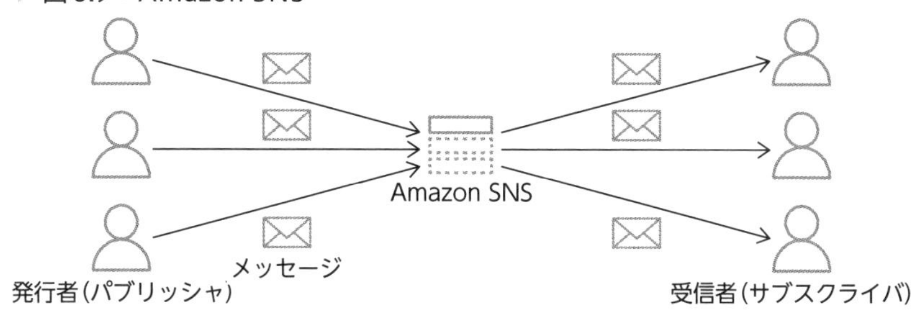

メリット/デメリット

高い耐久性

発行者のメッセージは、地理的に分離された複数のサーバおよびデータセンターに保存されます。また、受信者のエンドポイントが利用できない場合には、再試行ポリシーにより再配信を実行します。

セキュリティ

サーバサイド暗号化（以下、SSE）により、Amazon SNS トピックに保存されているメッセージの内容を保護します。SSE では、AWS Key Management Service（AWS KMS）で管理されているキーを使用して、Amazon SNS キュー内のメッセージの内容を保護することができます。

フィルタ処理

デフォルトで、発行したすべてのメッセージを受信者は受信しますが、Amazon SNS に対して JSON 形式のフィルタポリシーを割り当てることにより、一部のメッセージのみを受信させることができます。つまり、発行者は複数のトピックを作成することなく、単一のトピックのみで、メッセージに応じて特定の受信者に対してのみメッセージを送ることができます。送信先が単一のトピックに対しての送信となるため、メンテナンスも最小限におさえることができます。

図6.10：Amazon SNSのフィルタ処理

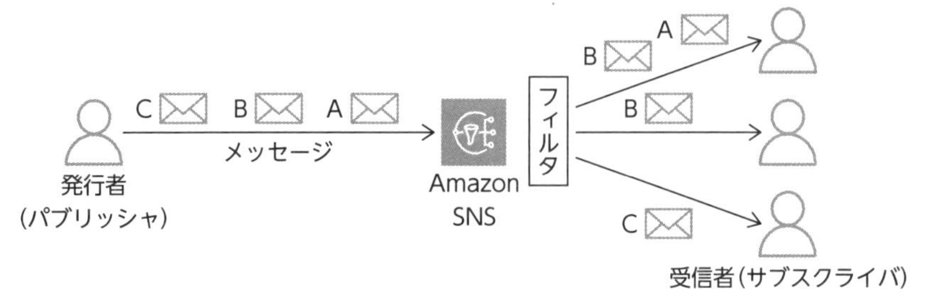

構成要素・オプション等

トピック

メッセージの送受信を行うための論理アクセスポイントのことです。発行者はメッセージをトピックに送信することにより、登録されている受信者に対して、メッセージを送信することができます。

トピックには、以下の２種類があります。

標準トピック：メッセージの配信順序や回数が厳密ではない代わりに、スループットがほぼ無制限のトピックです。標準トピックを使用した場合、メッセージは基本的にトピックに送信された順序で配信されますが、ネットワーク上の問題等により、結果として受信者に対して、入れ替わった順序で届く可能性があります。また、少なくとも１回は確実に配信されますが、複数のメッセージのコピーが配信される可能性もあります。

標準トピックの場合、１秒当たりほぼ無制限のスループットをサポートできます。また、受信者にはAmazon SQS、AWS Lambdaなどの複数のサービスをサポートしています。

FIFOトピック：メッセージの配信順序や回数が厳密になる代わりに、スループットに制限が加わるトピックです。FIFOトピックを使用した場合、メッセージは、発行された順序が厳密に維持されます。また、メッセージが複数回配信されることはありません。FIFOトピックでは、1秒当たりのメッセージ数は300件となります。Amazon SQSのFIFOキューを受信者にサポートしています。

表6.1：標準トピックとFIFOトピックの違い

	標準トピック	FIFOトピック
スループット	ほぼ無制限	毎秒最大300件もしくは毎秒10MB
順序付け	異なる順序で配信される可能性あり	先入れ先出しの順序は厳密に維持される
重複防止	複数のメッセージが配信される可能性あり	メッセージが重複して配信されることはない
受信者（サブスクライバ）	Amazon Lambda、HTTPなど複数をサポート	Amazon SQSのFIFOキューをサポート
ファンアウト	1トピックで最大1250万件の受信者に対応	1トピック最大100件の受信者に対応

パブリッシャ（発行者）

メッセージの配信者のことです。Amazon SNSはパブリッシャに対して、マネージメントコンソール、AWS Command Line Interface（AWS CLI）、AWS SDKなどのツール群や、Amazon EventBridge、AWS Step Functionsなどの AWSサービスなどをサポートしています。

図6.11：Amazon SNSと各種サービス(パブリッシャ視点)

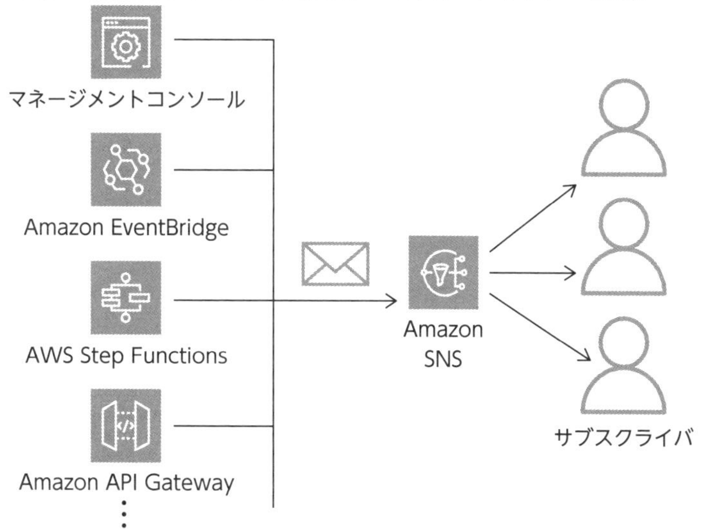

◇ サブスクライバ（受信者）

メッセージの受信者のことです。Amazon SNS はサブスクライバに対し、Amazon SQS、AWS Lambda、Amazon Kinesis Data Firehose、HTTP などのアプリケーション（Application to Application、A2A）だけではなく、E メール、モバイルプッシュ通知、モバイルのショートメッセージサービス（SMS）などの個人（Application to Person、A2P）もサポートしています。

図6.12：Amazon SNSと各種サービス(サブスクライバ視点)

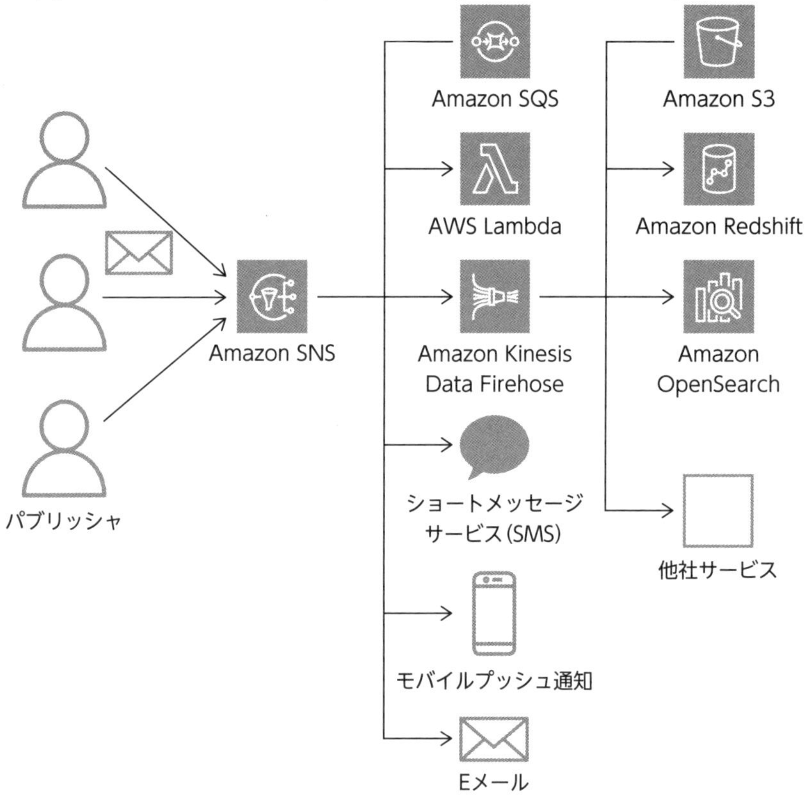

◇ モバイルプッシュ

各デバイスにインストールされているアプリケーションに対して、モバイル通知を送信する機能です。アプリケーションを開くことなく、通知を瞬時にポップアップ表示させることができるようになります。

◇ 再配信ポリシー

Amazon SNSのメッセージが正常に配信されなかった場合、宛先ごとに再配信ポリシーを設定し、再配信を試行することができます。

HTTP/HTTPSは、管理者が再配信ポリシーを作成できます。HTTP/HTTPS以外は再配信ポリシーが設定されていますが、変更することはできません。

◇ デッドレターキュー

配信再試行ポリシーが終了する前に配信されなかったメッセージを保持するために、デッドレターキューを作成できます。

◇ ファンアウトシナリオ

Amazon SNSによりトピックに送信されたメッセージは複製され、Amazon SQSキューなどの複数のサブスクライバに対して送信されます。これにより、複数のサブスクライバによって、並列での非同期処理が可能となります。そのようなシナリオをファンアウトシナリオと呼びます。

▶ 図6.13：ファンアウトシナリオ

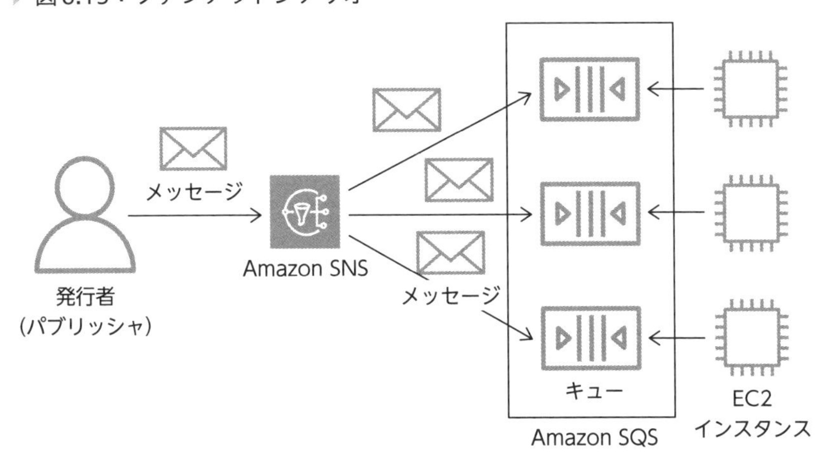

SQS と SNS は名前も役割も似ているため、以下の観点で違いを整理しておくとよいでしょう。

＜メッセージの送受信方法＞
SQS：Pull 型（ポーリング）、SNS：Push 型
＜メッセージとサブスクライバの対応関係＞
SQS：基本１対１、SNS：１対多

SQS は受信者が任意のタイミングでメッセージを受け取れるため、処理のオフロード等に役立ちます。SNS は１つのメッセージを複数のサブスクライバに送付できるため、並列での処理を実装しやすいです。

6.3 Amazon EventBridge (Amazon CloudWatch Events)

重要度 ★★★

概要

Amazon EventBridge（以下、EventBridge）は、**アプリケーションなどで何かしらの状態の変化や、環境の変化（イベント）などが発生した時に、アプリケーション同士を接続するためのサービス**です。EventBridge により、イベント駆動型アプリケーションを簡単に構築できます。

CloudWatch Events で作成したデフォルトのイベントバスとルールも EventBridge コンソールに表示されます。CloudWatch Events の機能に加えて、EventBridge には SaaS パートナーからのイベントの受信、Amazon EventBridge Pipes、Amazon EventBridge スキーマ、Amazon EventBridge Scheduler の機能が含まれています。

▶ 図6.14：Amazon EventBridge

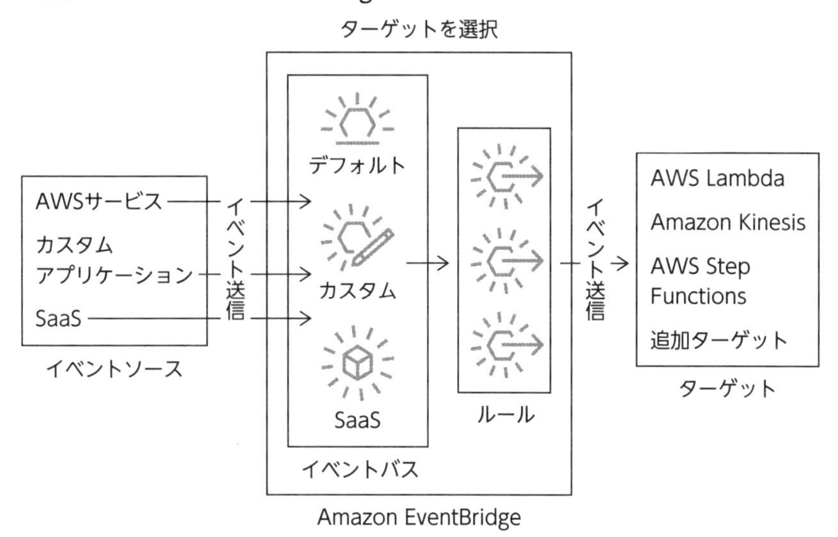

注意 Amazon EventBridgeは、以前はAmazon CloudWatch Eventsと呼ばれていました。

メリット/デメリット

◇ 疎結合化

イベント駆動型のアーキテクチャにより、アプリケーション同士を疎結合化できます。結果システムの耐障害性が向上し、障害の分離によりシステムの安定稼働を実現できます。

◇ 柔軟性の高いアプリケーション構築

EventBridgeは多数のイベントソースとターゲットが直接統合されているため、柔軟なアプリケーション構築が可能です。

◇ 高度な監視

EventBridgeはAWS CloudTrailログによって生成されたイベントを自動的に受信し、AWSサービスから生成されたイベントに対して自動的に監視アクションを実行できます。

■構成要素・オプション等

◇イベントソース

EventBridge イベントの送信者のことです。

以下の3種類があります。また、イベントはJSON形式で表されます。詳細は以下の表6.2を確認してください。

- AWS サービス
- カスタムアプリケーション
- Software as a Service（SaaS）

表6.2：イベントソースの種類・送信先・送信タイミング

送信者	送信先	送信タイミング
AWSサービス	デフォルトイベントバス	状態が変化したとき
AWSサービス（CloudTrail経由）		APIを呼び出したとき
カスタムアプリケーション	送信時に指定※1	EventBridge の PutEvents APIを呼び出したとき
SaaS	パートナーイベントバス	SaaSにより異なる

※1：送信先のイベントバスが指定されていない場合、デフォルトイベントバスに送信される

AWS サービスの中で EventBridge でサポートされているサービスについては、すべてのイベントが、EventBridge に直接送信されます。その時、デフォルトイベントバス（後述）に送信されます。

例えば Amazon EC2 の場合、Amazon マシンイメージ（AMI）が作成され、状態に変更（EC2 AMI State Change イベント）があった場合、Amazon EC2がイベントを生成し、EventBridgeにイベントが送信されます。

また、EventBridge で未サポートのサービスについては、AWS のリソースの操作ログを取得する AWS CloudTrail 経由でイベントを取得することができます。

◇ イベントバス

イベントを受信するためのルーターです。

イベントバスは、次に紹介する「ルール」を作成する際に指定します。イベントバスにより、複数のイベントソースからイベントを受け取ることができ、複数のターゲットに対して、イベントをルーティングできるようになります。

イベントバスには、イベントソースの違いにより、以下の 3 種類があります。

- **デフォルトイベントバス**

  AWS サービスからのイベントを自動的に受信することができます。

- **カスタムイベントバス**

  カスタムアプリケーションからのイベントを受信することができます。

- **パートナーイベントバス**

  SaaS パートナーのイベントソースから、イベントを受信することができます。そのパートナーからのパートナーイベントソースが必要です。その後、パートナーイベントバスを作成し、対応するパートナーイベントソースに一致させることができます。

◇ ルール

イベントの送信先となるターゲットを指定する定義です。1 つのルールで複数のターゲットにイベントを送信し、並行して実行することができます。ルールには、イベントのパターンが一致した場合に送信する「イベントパターン」と、一定間隔で実行する「スケジュール」があり、どちらかを指定することができます。

1 つのルールで最大 5 つのターゲットを指定することができますが、ベストプラクティスではルールの管理を容易にするため、ルールごとに 1 つのターゲットを指定することを勧めています。ルールに対して、イベントバスおよびルールのタイプである「イベントパターン」、「スケジュール」の指定は以下の画面で行います。

図6.15：ルール作成時にイベントバスとルールタイプを指定する画面

ルールの詳細を定義 情報

ルールの詳細

名前

my-rule01

数字、小文字/大文字、.（ピリオド）、-（ハイフン）、_（アンダーバー）を含め、最大 64 文字まで使用できます。

説明 - オプション

説明を入力

イベントバス 情報

このルールを適用するイベントバス（デフォルトのイベントバス、カスタムイベントバス、パートナーイベントバスのいずれか）を選択します。

default

選択したイベントバスでルールを有効にする

ルールタイプ 情報

イベントパターンを持つルール
定義したイベントパターンとイベントが一致したときに実行されるルール。EventBridge は指定されたターゲットにイベントを送信します。

スケジュール
スケジュールに従って実行されるルール

イベントパターン：特定のイベントソースから受信したイベントがルールに定義したパターンと一致した場合、指定されたターゲットに対して、イベントを送信するオプションです。

AWS サービス向け、EventBridge パートナー向けに事前定義されたイベントパターンを使用したり、事前定義された JSON 形式のイベントパターンをカスタマイズしたりすることも可能です。

スケジュール：一定間隔に実行するルールや、特定の時間に実行するルールを作成するオプションです。

一定間隔で実行するルールは、30 分間隔などに指定でき、特定の時間に実行するルールは、毎月第四土曜日の日本標準時午後 10:30 など特定の日付と時刻を指定することができます。

一定間隔で実行するルールは rate 式で定義を行います。特定の時間に実行するルールは cron 式です。スケジュールされたイベントはすべて UTC+0（協定世界時）のタイムゾーンを使用し、スケジュールの最小精度は 1 分となります。

▶ 表6.3：スケジュールの種類

	頻度（一定間隔に実行）	日付と時刻
スケジュールのパターン	1回限り/定期的	日付、時刻、タイムゾーン
指定形式	rate式 rate（[値][単位]）	cron式 cron（[分][時間][日][月][曜日][年]）
指定例	5分間隔 rate（5 minutes）	毎日午後1時 cron（0 13 * * ? *）

◇ターゲット

イベントの送信先のことです。イベントがルールに定義されたイベントパターンに一致したとき、ルールはイベントデータをターゲットに対して送信します。そして、ターゲットは受け取ったイベントを処理します。代表的なターゲットとして、以下を設定することができます。

▶ 表6.4：代表的なターゲットとカテゴリ

カテゴリ	ターゲット
API送信先	API Gateway CodeBuildプロジェクト
バッチジョブのキュー	バッチジョブのキュー
CloudWatch	ロググループ
コード実行	Lambda 関数（ASYNC）
データベース	Amazon Redshiftクラスターデータ APIクエリ
その他	Amazon SNSトピック Step Functionsステートマシン（ASYNC）

6.4 AWS Step Functions

重要度 ★★☆

概要

AWS Step Functions（以下、Step Functions）は、**AWSの各種サービスを連携させ、一連のワークフローを視覚的に構築できるサービスです**。分岐処理、繰り返し処理、エラー処理、ユーザオペレーションの介入、並列処理などを組み合わせることにより、オンプレミスで構築されているジョブ管理システムなどをクラウド上にサーバレスで構築することができるようになります。AWS Lambdaも連携させることができるため、独自の処理を組み込むことも可能です。

■メリット/デメリット

◇サーバレス

Step Functionsはサーバレスのオーケストレーションサービスですので、基盤となるコンピューティング機能を管理者が管理する必要はありません。さらに、ワークロードに応じて、自動的にスケールされます。

◇ビジュアルでのワークフロー構築

Step Functionsを使用し、一連のワークフローを作成する時はローコードビジュアル開発ツールであるWorkflow Studioを、Webブラウザから使用できます。グラフィカルなコンソールを使用して、アプリケーションのコンポーネントを、ステップとして画面上に配置することにより、ワークフローを構成し、可視化することができます。これにより、複数のステップからなる複雑なアプリケーションを、より簡単に構築および実行できるようになります。

図6.16：AWS Step Functions Workflow Studioのサンプル画面

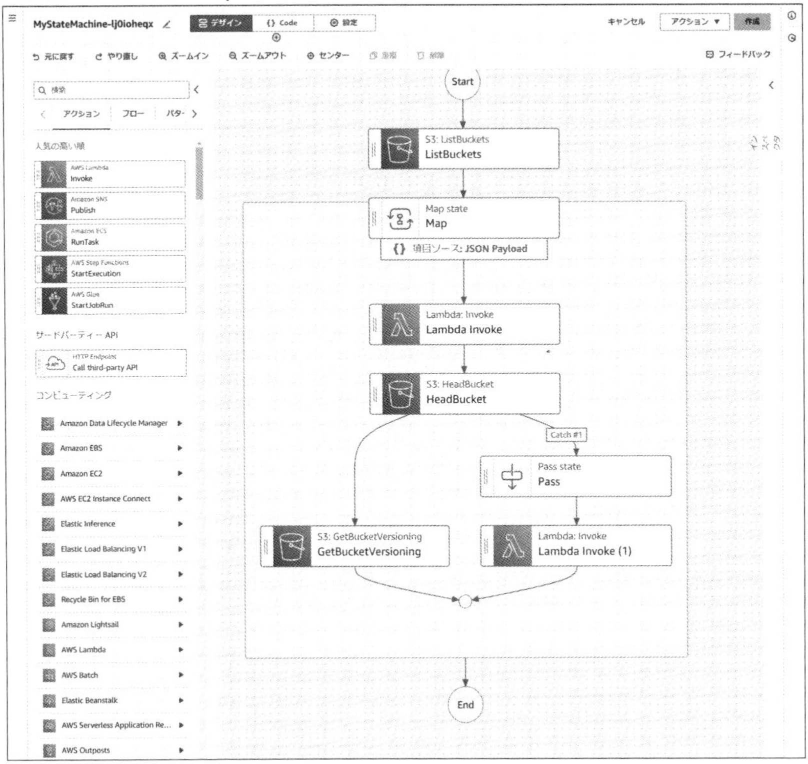

構成要素・オプション等

◇ステートマシン

ステートマシンとは、Step Functionsにより作成される一連のワークフローを指します。ステートマシンにはステート（状態）を定義します。

ステートには何かしらの作業を行うことができる「タスク」、条件により次の処理への遷移を決定するための「選択」、エラーにより実行を停止するための「失敗」などがあります。

ステートマシン作成時には標準ワークフローまたはエクスプレスワークフロー、いずれかのタイプを選択します。デフォルトは標準ワークフローです。それぞれのタイプにより、ステートマシンの動作が異なります。

◉標準ワークフロー

最長1年と長期間実行することが可能なため、さまざまな用途で使用することが可能です。しかし、1秒当たりの実行レートは2,000、また1秒当たりのステートの遷移レートは4,000と制限されています。

◉エクスプレスワークフロー：

1秒当たりの実行レートが100,000、また1秒当たりのステートの遷移レートはほぼ無制限に行うことができます。しかし、ワークフローの最大実行時間は5分間となります。そのため、**エクスプレスワークフローは、IoTデータの取り込みや、ストリーミングデータの変換処理、モバイルアプリケーションのバックエンドなど、短時間の大容量のイベント処理ワークロードなどに向いています**。以下、表6.5を参照してください。

▶ 表6.5：ステートマシンのワークフロータイプの違い

	標準ワークフロー	エクスプレスワークフロー
最大実行時間	1年。1年を超えるとエラーで失敗となる。	5分。5分を超えるとエラーで失敗となる。
実行レート	毎秒2,000	毎秒100,000
ステートの遷移レート	毎秒4,000	ほぼ無制限

◇ Amazonステートメント言語

ステートマシンを記述する時のJSONベースの構造化言語です。Workflow Studioにおいて、「デザイン」モードにより、ワークフローをグラフィカルに操作することができます。また、「Code」モードにより、Amazonステートメント言語のコードを表示、編集するための統合コードエディタを使用することができます。

6.5 Amazon MQ

重要度 ★★

概要

Amazon MQ は、**システム間でメッセージを送受信することができるマネージドのメッセージキューサービス**です。分散処理システムなどにおいて、システム間でメッセージを非同期通信でやり取りすることができます。Amazon MQ は Apache ActiveMQ および RabbitMQ のエンジンタイプをサポートしているため、JMS、NMS、AMQP、MQTT、WebSocket などの業界標準 API およびプロトコルを使用し、システム間でメッセージの送受信を容易に行うことができます。

メリット/デメリット

高可用性

Amazon MQ は、2つの異なるアベイラビリティゾーンに2つのブローカを構成することができ、高可用性を実現するように設計されています。また、Amazon EFS により複数のアベイラビリティゾーンにまたがって冗長的にデータを保存でき、高可用性が確保できます。

スケーラビリティ

Amazon MQ は、必要に応じてスケールアップまたはスケールダウンできます。

セキュリティ

Amazon MQ は Amazon VPC 内で実行されるため、メッセージブローカをプライベートサブネットに配置し、インターネットからのアクセスを制限したり、メッセージブローカに対してセキュリティグループを設定し、

AMQP、MQTTなど特定のプロトコルや送信元を制限したりすることができます。また、保管中のデータや転送中のデータを暗号化することで、データを保護することも可能です。

◇ 互換性

Amazon MQは、オープンソースでJavaベースのメッセージブローカであるActiveMQと、Erlangという言語で記述されたオープンソースのメッセージングミドルウェアであるRabbitMQとの互換性を提供します。そのため、既にそれぞれのメッセージブローカを使用して、開発している場合、容易にAWS上に移行させることが可能です。

構成要素・オプション等

◇ ブローカ

ブローカとはメッセージの管理や定義を行い、アプリケーションと接続してメッセージを送信する機能です。Amazon MQの基本的な構成要素です。

◇ Amazon MQ for ActiveMQ、Amazon MQ for RabbitMQ

Amazon MQはエンジンとしてApache ActiveMQとRabbitMQをサポートしています。

ActiveMQはオープンソース、マルチプロトコル、およびJavaベースのメッセージングサーバです。AMQP 1.0、STOMP、MQTTなど、複数の業界標準プロトコルのネイティブサポートを提供しています。

RabbitMQは、並行処理指向のオープンソースのプログラミング言語であるErlangを使用して構築されたメッセージブローカです。RabbitMQは、Ruby、Python、Node.js、.NETなどのさまざまなプラットフォーム向けのクライアントライブラリを備えており、AMQP 0.9.1プロトコルのネイティブサポートを提供しています。

◇ Amazon MQ、Amazon SQS、Amazon SNSの比較

AWSのマネージド型メッセージングサービスであるAmazon MQ、

Amazon SQS、Amazon SNSの違いについては、以下の表6.6の通りです。

▶ 表6.6：Amazon SQS、Amazon SNS、Amazon MQとの比較

リソースタイプ	Amazon MQ	Amazon SNS	Amazon SQS
同期的	はい	いいえ	いいえ
非同期的	はい	はい	はい
キュー	はい	いいえ	はい
パブリッシャ/サブスクライバ	はい	はい	いいえ
メッセージブローカ	はい	いいえ	いいえ
スケール	垂直および水平スケール	自動スケール	自動スケール

既にActiveMQ、RabbitMQにてアプリケーションが構築済みの場合は、クラウドにすばやく簡単に移行する方法として、Amazon MQを使用します。Amazon MQにより業界標準のAPIやプロトコルを使用することができます。

クラウド上に新しくアプリケーションを構築する場合は、Amazon SQSとAmazon SNSを使用します。Amazon SQSとSNSは、ほぼ無制限にスケーリングできます。また、Amazon SQSとAmazon SNSは、ニーズに合わせてプル型かプッシュ型を選択します。

6.6 Amazon AppFlow

重要度 ★★

概要

Amazon AppFlowは、Salesforce、Slack、ServiceNowなどのSoftware as a Service（SaaS）アプリケーションと、Amazon S3やAmazon RedshiftなどのAWSサービスとの間で、データを安全に転送させるためのフルマネージド型統合サービスです。**Amazon AppFlowを使用すると、コーディングを行わずに、数分でSaaSアプリケーションとAWSサービス間のデータ転送を自動化することができます。**

図6.17：Amazon Appflow

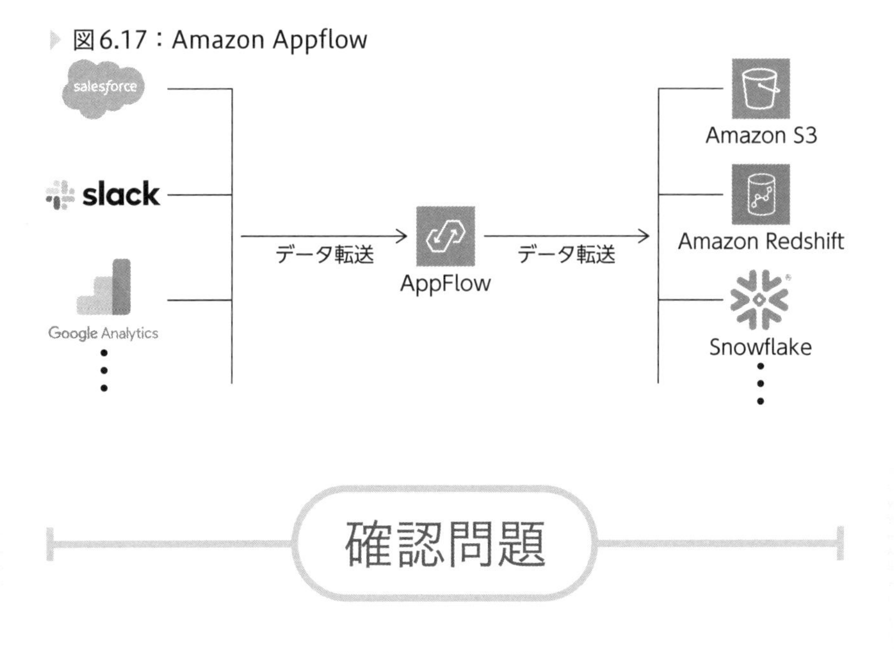

確認問題

問題❶ ある会社には、以下で構成される注文データの取り込みのワークフローがあります。

1. 新しい注文データを通知するためのAmazon SNSトピック
2. 注文データをAmazon DynamoDBに記録するAWS Lambda関数

同社は、ネットワーク接続の問題が原因で、上記ワークフローがたびたび失敗することを確認しています。このような障害が発生した場合、企業が手動でワークフローを再実行しない限り、処理できません。今後Lambda関数がすべてのデータを確実に取り込むために、ソリューションアーキテクトは何を推奨する必要がありますか。2つ選択してください。

A. Lambda関数の同時実行数を引き上げます。
B. Amazon SQSキューを作成しSNSトピックをサブスクライブします。

C. Amazon SNSトピックを、標準トピックからFIFOトピックに置き換えます。
D. Amazon SQSキューから、データを読み取るようにLambda関数を変更します。
E. Amazon DynamoDBのキャパシティユニットを増やします。

問題❷ **ある企業では、ユーザが注文を確定した時に、注文データをデータベースに書き込み、データベースから注文データを読み取り、支払いの処理を行うワークフローがあります。ユーザの支払い処理中に、たびたびタイムアウトが発生することがあります。ユーザが注文を確定するためにフォームを再送信すると、同じ目的の注文データが複数作成されてしまい、支払い処理も複数回行われてしまいます。**
ソリューションアーキテクトは、タイムアウトになった時、複数の支払いの処理を防ぐために、どのような対応を推奨する必要があるでしょうか。

A. データベースに書き込まれた注文データをAmazon Kinesis Data Firehoseに送信し、ます、Kinesis Data Firehoseから支払い処理へ注文データを渡します。
B. 注文が確定した時に生成されるログをAmazon Cloud Watch Logsに送信するように設定します。Amazon Cloud Watch Logsに記録されているログの中から、注文データを支払い処理に渡すためのLambda関数を設定します。
C. データベースに書き込まれた注文データをAmazon SNSの標準トピックに送信します。支払処理は、Amazon SNSから注文データを受け取るようにサブスクライブの設定をします
D. データベースに書き込まれた注文データをAmazon SQSのFIFOキューに送信します。FIFOキューから注文データを取得するように支払い処理を設定します。支払処理が完了した後、FIFOキューからメッセージを削除します。

問題❸ ある企業がAmazonマシンイメージ（AMI）を管理しています。同社では現在、新しくAMIが作成されたかを、定期的に管理者が確認しています。同社は、AMIが新たに登録された時に、自動的に管理者へアラートを送信する仕組みを設計する必要があると考えています。運用上のオーバーヘッドが最も少なく、これらの要件を満たすソリューションはどれですか。

A. 定期的に、AWS CloudTrailログをクエリし、AMIを作成するためのAPIの実行が検出された時に、アラートを送信するためのAWS Lambda関数を作成します。
B. Amazon Athenaを使用して新しいテーブルを作成し、API呼び出しが検出されたときにテーブルに新しいAMIの情報を格納します。
C. AMIが作成され、状態が変化したイベントをAmazon EventBridgeで受信し、Amazon SNSにてアラートを送信するようにルールを作成します。
D. Amazon EC2上で動作する、AMIの情報を定期的に確認するためのアプリケーションを作成します。新たなAMIの情報が確認された時に、Amazon SQSにメッセージを送信します。Amazon SQSからメッセージを取り出し、Amazon SNSへアラートを送信するためのLambda関数を作成します。

問題❹ ある企業はAWSを使用して、保険の見積もりを作成するWebアプリケーションを設計しています。ユーザはWebアプリケーションから見積もりをリクエストします。見積もりは見積もりの種類ごとに異なる宛先に、24時間以内に返信する必要があり、紛失してはなりません。ソリューションアーキテクトとして、運用効率を最大化し、メンテナンスを最小限におさえるために、どのようなソリューションを提案する必要がありますか。

A. 見積もりの種類ごとに、複数のAmazon Kinesisデータストリームを作成します。適切なデータストリームにメッセージを送信するようにWebアプリケーションを構成します。

B. 見積もりの種類ごとに、複数の AWS Lambda 関数と Amazon SNS のトピックを作成します。Lambda 関数を関連する SNS トピックにサブスクライブします。適切な SNS トピックに見積もりを配信するように Web アプリケーションを構成します。

C. 単一の Amazon SNS のトピックを作成します。見積もりの種類ごとに Amazon SQS のキューを作成し、トピックをサブスクライブします。見積もりの種類ごとに適切なキューにメッセージを送信するようにキューに対してフィルタを構成します。独自の SQS キューを使用するように各バックエンドアプリケーションサーバを構成します。

D. 見積もりタイプに基づいて複数の Amazon Kinesis Data Firehose 配信ストリームを作成します。適切な配信ストリームに見積もりを送信するようにアプリケーションを構成します。

問題❺ **ある企業は、ユーザからの注文処理を完了するために、いくつかのサーバレス機能と AWS サービスを使用しています。また、注文処理のフローの一部として、手動による承認が必要です。**

ソリューションアーキテクトは、注文処理のアプリケーションを設計する必要があります。このアプリケーションでは、いくつかのサーバレス機能と AWS サービスを結合できるようにする必要があります。また、このアプリケーションでは、条件に応じて、Amazon EC2 インスタンス、コンテナなどで実行されるサービスも調整する必要もあります。

構築および運用オーバーヘッドを最小限に抑えながら、これらの要件を満たすソリューションはどれですか。

A. AWS Lambda を使用してアプリケーションを構築します。

B. Amazon EC2 インスタンス上にアプリケーションを構築します。

C. Amazon SQS を使用してアプリケーションを構築します。

D. AWS Step Functions を使用してアプリケーションを構築します。

確認問題の解答と解説

問題❶ 正解 B・D

本文参照：「メッセージ」（p.221）

B と D が正解です。Amazon SQS キューを使用することにより、時折発生するネットワーク接続の問題が原因により、取り込み処理が失敗したとしても、Lambda 関数による取り込み処理を確実に行うことができるようになります。そのために、以下のことを行います。

1. Amazon SQS キューを作成し SNS トピックをサブスクライブします。

これにより、取り込み処理が失敗した場合であっても、メッセージをキュー内に残すことができるため、Lambda 関数により取り込み処理を再実行することができます。

2. Amazon SQS キューから、データを読み取るように Lambda 関数を変更します。

Lambda 関数は、Amazon SNS トピックから直接ではなく、Amazon SNS キューからデータを読み取るようにすることにより、取り込み失敗時に再試行することができるようになります。

A は間違いです。Lambda 関数の同時実行数を引き上げた場合、単位時間当たり処理できる数は増えたとしても、ネットワーク接続の問題が原因での取り込み失敗の直接的な解決にはなりません。

C は間違いです。Amazon SNS トピックを FIFO トピックに置き換えた場合、配信は厳密に一度のみとなるため、取り込みが失敗した時の対策としては、有効とは言えません。

E は間違いです。DynamoDB のキャパシティユニットを増やした場合、DynamoDB に対する 1 秒当たりの読み取りと書き込みの回数を増やすことはできますが、ネットワーク接続の問題が原因での取り込み失敗の直接的な解決にはなりません。

問題❷ 正解 D

本文参照：「FIFO キュー」（P.223）

Dが正解です。Amazon SQSのFIFOキューを使用することにより、注文データの登録処理と支払い処理が分離されます。支払処理のために、Amazon SQSのFIFOキューに注文データを送信することにより、支払いの処理に対しては、注文データを受信した順序で、かつ重複排除により、一度のみの配信とすることができます。

AとCは間違いです。Amazon Kinesis Data Firehose あるいは Amazon SNSの標準トピックを使用した場合、同じ注文データが登録された場合には、支払い処理に対して、複数回、同じ注文データが渡されるため、問題は解決されません。

Bは間違いです。Amazon Cloud Watch Logsにログを送信した場合、同じ注文データが登録された場合には、ログに複数回同じ注文データのログが登録されるため、支払い処理に対して、複数回、同じ注文データが渡されます。そのため、問題は解決されません。

問題❸ 正解 C

本文参照：「イベントソース」（P.234）

Cが正解です。AMIが作成された時のイベントを、Amazon EventBridgeにて受信することができるため、Amazon SNSを使用し、Eメールでアラート送信するルールを作成することで、管理者へ通知することができます。Amazon EventBridgeはマネージドサービスであるため、運用上のオーバーヘッドを少なくすることができます。

Aは間違いです。AWS Cloud TrailとAWS Lambdaを使用することにより、管理者へのアラート通知を実現することはできますが、Lambda関数に登録するコードの管理が必要になってしまいます。

Bは間違いです。Amazon Athenaに登録されたあと、自動的に管理者への通知が行われないためです。

Dは間違いです。Amazon EC2でアプリケーションを実行するため、EC2インスタンスの運用管理およびアプリケーションコードの管理が必要となってくるため、最適なソリューションとは言えません。

問題❹ 正解 C

本文参照：「フィルタ処理」（P.227）

Cが正解です。単一のAmazon SNSトピックおよびフィルタを設定することにより、見積もりの種類に変更が発生した時には、フィルタを変更するのみで対応できるため、メンテナンスを最小限におさえることができます。また、宛先ごとのAmazon SQSにメッセージを配信することにより、見積もりが処理されるまで、見積もりを保持することができます。

A、B、Dは間違いです。見積もりの種類に変更が発生するたびに、各コンポーネントの構成変更が発生するため、運用効率が最大とは言えません。

問題❺ 正解 D

本文参照：「AWS Step Functions概要」（p.238）

Dが正解です。AWS Step Functionsにより、既存のサーバレス機能およびAWSサービスを組み合わせることが可能となります。また選択のステートや、マッピングのステートを使用することにより、条件に応じて、EC2インスタンスやコンテナなどで実行されるサービスを含めることもできます。

Aは間違いです。AWS LambdaによるサーバレスAWS機能やAWSサービスの結合・条件によってEC2インスタンスやコンテナを呼び出す場合、処理が複雑化するため、運用オーバーヘッドが最小限とは言えません。

Bは間違いです。EC2インスタンス上の構築作業と運用オーバーヘッドが発生します。

Cは間違いです。Amazon SQSを使用した場合、Amazon SQSだけでは、条件に基づいて呼び出すサービスや機能を調整することはできません。

第7章

アナリティクス

アナリティクスの章では、各種分析を行うサービスと機能を紹介します。
ストリーミングデータの集計、処理、分析を行うことができるAmazon Kinesisや、標準的なSQLを使用してAmazon Simple Storage Service（Amazon S3）内のデータを直接分析することができるAmazon Athenaを中心に、それぞれの機能や特徴について紹介します。

アクセスキー：C（大文字のシー）

7.1 Amazon Kinesis

重要度 ★★★

概要

Amazon Kinesis は、**リアルタイムのビデオストリームとデータストリームの収集、処理、分析を行うフルマネージドサービスです**。Amazon Kinesis には、用途に応じた 4 つのサービスがあります。4 つのサービスの概要と特徴は、以下の表 7.1 の通りです。

▶ 表7.1：Amazon Kinesisの4つのサービス

サービス名	特徴
Amazon Kinesis Data Streams	各種データソースからのデータレコードを取り込み、保存することにより、リアルタイムでのデータキャプチャの機能を提供します。
Amazon Kinesis Data Firehose（現：Amazon Data Firehose）	データ配信ストリームを使用してストリーミングデータを処理および配信することにより、リアルタイムデータのロード機能を提供します。
Amazon Kinesis Data Analytics（現：Amazon Managed Service for Apache Flink）	データ分析アプリケーションを使用してストリーミングデータを分析することにより、リアルタイムで実用的なインサイトを得ることができます。
Amazon Kinesis Video Streams	複数のデバイスからのメディアを保存、分析、機械学習（ML）、再生、およびその他の処理のために、AWSへ簡単かつ安全にストリーミングできるようになります。

注意

2023 年 8 月 30 日に、Amazon Kinesis Data Analytics は、Amazon Managed Service for Apache Flink へと名称が変更されています。また、2024 年 2 月 9 日に Amazon Kinesis Data Firehose は、Amazon Data Firehose へと名称が変更されています。そのため、2024 年 2 月時点で Amazon Kinesis のサービスは Data Streams と Video Streams の 2 つとなります。試験を受験する時には、新旧両方の名称を覚えるようにしてください。

メリット/デメリット

◇ リアルタイムデータ処理

リアルタイムでのデータ処理と分析が可能です。結果、リアルタイムでのデータの可視化、修正、検知、予測などが行えます。

◇ フルマネージド

Amazon Kinesisにより、データ取り込みパイプラインの作成、実行にかかわるユーザの運用負荷は軽減されます。そのため、ストリーミングデータの分析に時間や労力を集中させ、価値を生み出す作業に専念できます。

構成要素・オプション等

◇ Amazon Kinesis Data Streams

Amazon Kinesis Data Streamsを使用すると、データの送信元となるプロデューサから、クリックストリームデータやIoTデバイスからのセンサデータを受け取り、連続的にデータを処理し、データストアなどに送信する前にデータを変換したり、メトリクスや分析をリアルタイムで実行したり、他の処理のためにさらに複雑なデータストリームを取得することができます。

例えば、ECサイトのアプリケーションから、ECサイトの訪問者のアクセスログであるクリックストリームデータをAmazon Kinesis Data Streamsに送信し、閲覧した商品の情報を取り出し、リアルタイムレコメンドに反映させる、といったことができます。

また、Amazon Kinesis Data Streamsから、Amazon Kinesis Data Firehoseを経由して、Amazon S3にデータを保存し、Amazon Redshiftを使って分析を実行することもできます。

図7.1：Amazon Kinesis Data Streams

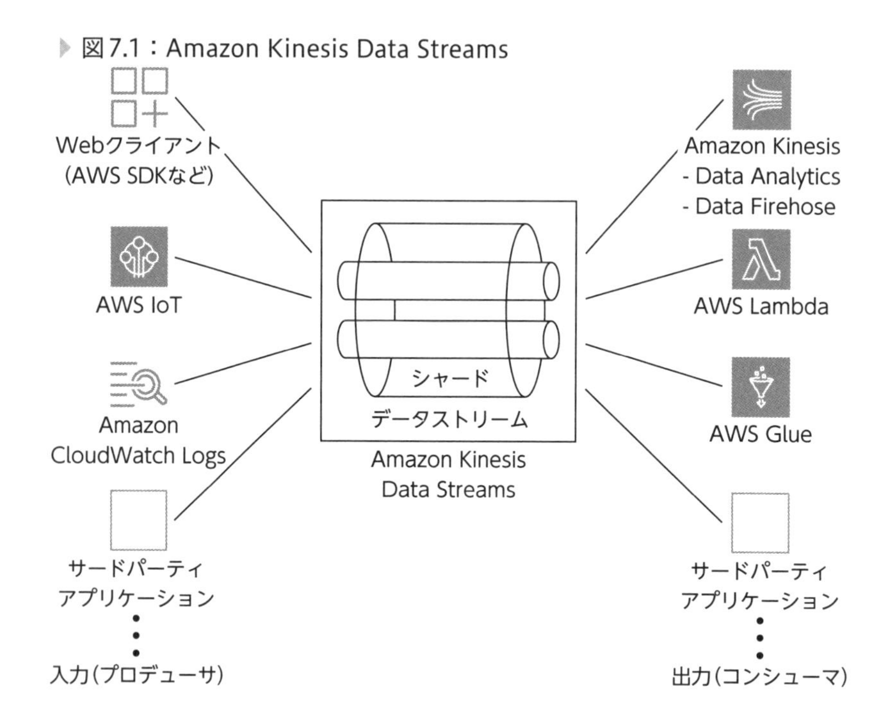

Kinesis Data Streamsの主要な用語として、以下のものがあります。

プロデューサ：Amazon Kinesis Data Streamsにデータレコードを送信するコンポーネントです。データレコードは送信されるメッセージの一単位のことで、データとパーティションキーで構成されます。例えばログデータを送信するウェブサーバはプロデューサとなります。

プロデューサの具体例は、AWS IoT、Amazon CloudWatch Logs、Amazon EventBridge、Amazon DynamoDBなどのAWSサービス、AWS SDK、AWS Amplify Libraries、Kinesis Producer Library、Kinesis Agentなどのエージェントやライブラリ、そのほかFluentdなどのサードパーティアプリケーションなどがあります。

コンシューマ：Amazon Kinesis Data Streamsからデータレコードを取得して処理をするコンポーネントです。

コンシューマの具体例は、**Amazon Kinesis Data Firehose、Amazon Kinesis Data Analyticsなど同じKinesisサービス**、AWS Lambda、Amazon EMR、AWS GlueなどのKinesis以外のAWSサービス、

Apache Sparkなどのサードパーティアプリケーションなどがあります。

データストリーム：プロデューサから送信されたデータレコードを保持するデータストアです。1つのデータストリームは複数のシャードから構成されます。

シャード：データストリーム内でのデータレコードの格納場所です。データストリームは複数のシャードで構成され、シャードごとに書き込み、読み取りのスループットが割り当てられます。シャードの数を増減させることにより、データストリーム全体のキャパシティを制御できます。

データレコードの1秒当たりの転送量が変化した場合、ストリームに割り当てられたシャード数を増減することにより変化に適応することができます。

オンデマンドとプロビジョンド：データストリームの容量モードとして、オンデマンドとプロビジョンドの2つのモードがあります。

オンデマンドモードでは、シャード数が自動で調整され、データストリーム全体の容量が自動的にスケールされます。データストリームのスループット要件が予測不能で、変動する場合に指定することをお勧めします。

プロビジョンドモードでは、ユーザがシャード数を指定できます。デフォルトのシャード数は1です。予測可能で安定したワークロードであり、手動スケールで問題なく運用できる場合に指定することをお勧めします。

保持期間：保持期間は、データストリームにデータレコードを追加後、データレコードにアクセス可能な時間の長さです。**データストリームの保持期間は、デフォルトで作成後24時間となります**。保持期間を最長8760時間(365日）です。保存期間外となったデータへは、アクセスできなくなります。

Amazon Kinesis Producer Library（以下、KPL)：プロデューサーアプリケーション実装用のライブラリを指します。KPLを使用すると、プロデューサーアプリケーションの開発が簡素化されます。

◇ Amazon Kinesis Data Firehose（現：Amazon Data Firehose）

Amazon Kinesis Data Firehoseは、各種宛先にリアルタイムのストリーミングデータを配信するためのフルマネージドサービスです。データプロデューサで、Amazon Kinesis Data Firehoseにデータを送信するように設定すると、指定した宛先にデータは自動的に配信されます。

図7.2：Amazon Kinesis Data Firehoseの概要

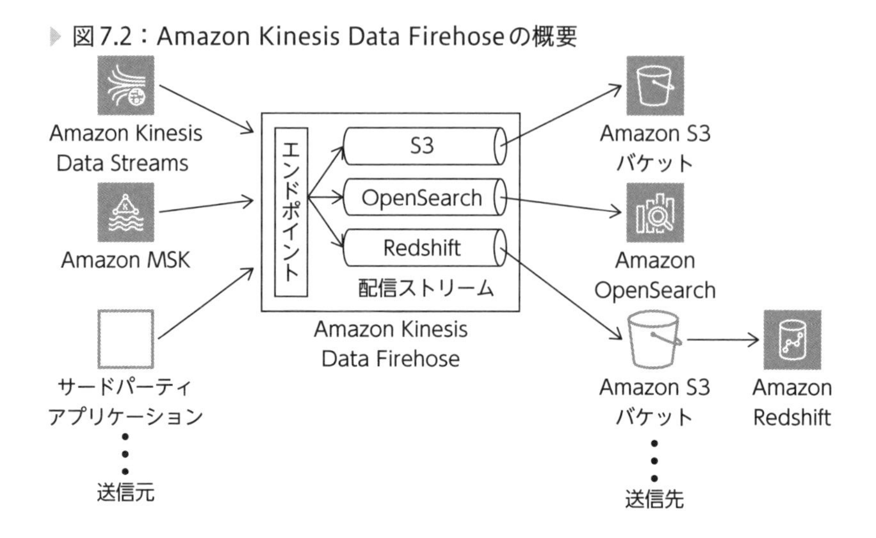

Amazon Kinesis Data Firehoseの主要な用語として、以下のようなものがあります。

配信ストリーム（Firehose ストリーム）：配信先ごとに作成されるデータレコードの格納場所です。作成する時には、シャードやパーティションキーは不要です。

データプロデューサ（送信元）：Kinesis Data Firehose 配信ストリームにデータを送信するコンポーネントです。例えば、配信ストリームにログデータを送信するウェブサーバはデータプロデューサです。

Kinesis Data Firehose配信ストリームが自動的に既存のAmazon Kinesis Data Streamsからデータレコードを読み取り、送信先にロードするよう設定することもできます。

コンシューマ（送信先）：Kinesis Data Firehose配信ストリームからデータレコードを受け取るコンポーネントです。Amazon S3バケットやAmazon Open Search、Amazon Redshiftなどがあります。Amazon Redshiftへの送信の場合には、データレコードはAmazon S3バケットに配信され、その後、Amazon Redshift COPYコマンドを発行して、S3バケットからAmazon Redshiftクラスタにデータレコードをロードします。

◇ Amazon Kinesis Data Analytics（現：Amazon Managed Service for Apache Flink）

Amazon Kinesis Data Analyticsにより、Java、Scala、SQLなどを使用してストリーミングデータをリアルタイムに分析できます。このサービスでは、Amazon Kinesis Data StreamsやAmazon Managed Streaming for Apache Kafka（Amazon MSK）といった、データソースからのデータのレイテンシ1秒未満での継続的な処理、イベントへのリアルタイムな対応を実現することができます。

◇ Amazon Kinesis Video Streams

Amazon Kinesis Video Streamsは、各種データソースからAWSクラウドに動画や音声などのメディアデータを取り込み、保存することができます。また、取り込んだデータをコンシューマに向けてのライブ配信を行ったり、メディアデータの分析などを行うことができます。

7.2 AWS Glue

重要度 ★★★

概要

AWS Glueは、フルマネージドのETLツールです。ETLとは、**データソースから、データ分析基盤に対してデータを統合する時に発生するプロセスのこと**で、ETLはExtract（抽出）、Transform（変換）、Load（格納）の頭文字をとったものです。

例えば、AWS GlueによりCSVファイルを、分析用のファイル形式としてApache Parquet形式に変換し、Amazon S3バケットに保存します。その後、Amazon AthenaからParquet形式のファイルを参照し、分析処理を行えるようになります。

メリット/デメリット

◇ データ分析環境を迅速に構築

AWS Glue はデータ検出、最新の ETL、クリーニング、変換、一元化されたカタログ作成など、主要なデータ統合機能が単一のサービスに統合されているため、分析データのデータソースを準備することにより、直ちに分析を行うことができます。

◇ オートスケーリング

事前に指定した範囲で負荷に応じて AWS Glue のデータ処理ユニット (DPU) が動的にスケールすることにより、コストとリソースのバランスを自動で最適化することができます。

構成要素・オプション等

◇ データカタログ

さまざまなデータソースのメタデータを一元管理するためのデータストアを指します。データカタログには、AWS Glue の抽出、変換、ロード（ETL）ジョブのソースおよびターゲットとして使用されるデータへの参照が含まれています。データカタログは、データベースとして構成され、複数のテーブルを含みます。そして、AWS Glue 環境を管理するためのテーブル定義、ジョブ定義、およびその他のコントロール情報などが含まれています。

◇ クローラと分類子

AWS Glue は、あらゆる種類のリポジトリにあるデータをスキャンし、分類し、スキーマ情報を抽出し、メタデータをデータカタログへ自動的に格納する機能です。分類子は、クローラがメタデータをデータカタログへ自動的に格納する時、データの形式を評価してスキーマを推測するための情報となります。

▶ 図7.3：AWS Glueのクローラと分類子

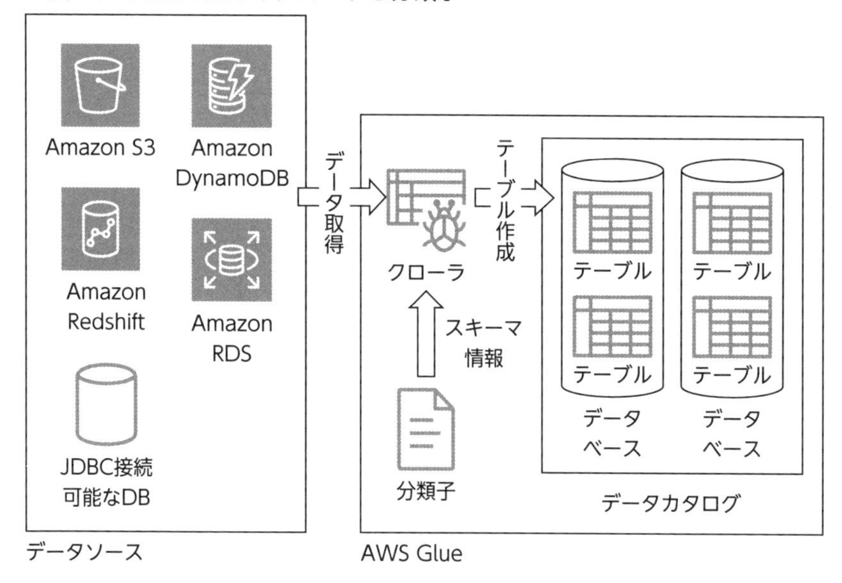

◇ ETLジョブ

ETLジョブはソースデータに接続して処理し、データターゲットに書き出すスクリプトがカプセル化されています。通常、ジョブは抽出、変換、ロード（ETL）スクリプトを実行します。

▶ 図7.4：AWS GlueのETLジョブ

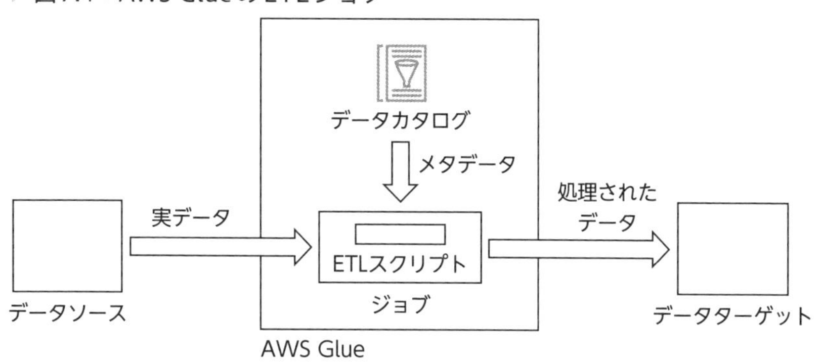

7.3 Amazon Athena

重要度 ★★★

概要

Amazon Athena（以下、Athena）は、**標準的なSQLを使用してAmazon S3内のデータを直接分析することができるサーバレスな分析サービス**です。

▶ 図7.5：Amazon Athena

メリット/デメリット

◇ サーバレス

Athenaはサーバレスですので、ユーザ側で管理または構成するインフラストラクチャはありません。そのため、構築、運用管理などのITオーバーヘッドが削減されます。Athenaの使用に必要なのは、クエリの定義だけです。

料金も実行したクエリのみ支払います。追加のITコストはありません。

◇ 分析までの時間短縮

Athenaは、Amazon S3内のデータに対してテーブル定義を行うだけで、SQLにより直接クエリを実行することができます。データベース等に事前にロード作業を行う必要がないため、迅速に分析を開始することができます。

構成要素・オプション等

◇ AWS Glueとの統合

AWS Glueは、フルマネージド型のETL（抽出、変換、ロード）のAWSサービスであり、Amazon S3のデータからスキーマ情報を自動的に推論し、関連するメタデータをAWS Glue内のデータカタログに保存します。

Athenaは、AWS Glueと統合されており、AWS Glueのデータカタログ内のAmazon S3のデータに関するテーブルのメタデータを取得することにより、Amazon Athenaのクエリエンジンは、クエリするデータの適切な検索、読み込み、および処理方法を把握できるようになります。

◇ Amazon QuickSightによるデータの可視化

Amazon QuickSightはビジネスインテリジェンス（BI）のAWSサービスで、高速かつ簡単に情報を可視化できます。

Athenaのデータを、Amazon QuickSightのデータソースとして連携させることにより、Amazon S3のデータに対して、標準SQLによる分析・可視化を行えるようになります。

図7.6：Amazon AthenaとAmazon QuickSightの連携

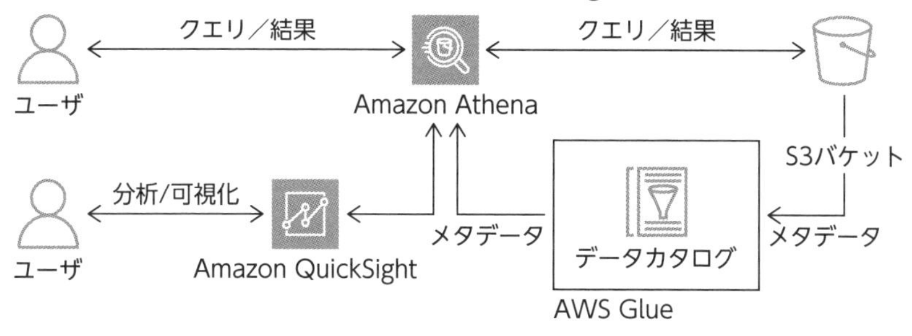

7.4 Amazon Redshift

重要度 ★★★

概要

Amazon Redshift（以下、Redshift）は、**ペタバイト級までスケールアウトできる、SQL を使ったデータウェアハウス・分析向けに特化したフルマネージドの列指向データベースサービス**です。

Redshift は、データウェアハウスの環境について、構築、運用管理を行うことなしに使用できる Amazon Redshift Serverless と、管理者の方が Redshift のリソースを細かく手動で管理することができる Amazon Redshift クラスタという 2 つのタイプがあります。

メリット/デメリット

◇ 高速なデータ分析処理

Redshift はクエリを実行する時、並列実行エンジンによって複数のノードでクエリを分散処理できる仕組みのため、データ量が膨大な場合でも迅速なレスポンスを得ることができます。

◇ 運用負荷の軽減

Redshift は AWS 上のクラウドサービスであるため、需要や使用用途にあわせてストレージ容量や性能をその場ですぐに拡張することができます。また、Amazon Redshift Serverless を使用する場合、ノードタイプ、ノード数、ワークロード管理、スケーリングなどを制御する必要はなく、サービスが自動実行されます。そのため、運用負荷が大幅に削減され、データを投入してすぐに分析処理を開始できます。

構成要素・オプション等

Amazon Redshift Serverless

インフラストラクチャ管理が不要で簡単かつ迅速に分析を開始することができるオプションです。サービスは自動実行され、データを投入してすぐに分析処理を開始することができます。また、処理性能はワークロードに応じて、自動的にアップ・スケールダウンし、非アクティブのときは自動停止します。Amazon Redshift クラスタと同じ SQL が実行可能です。

Amazon Redshift クラスタ（Amazon Redshift Provisioned）

ノードの種類、ノードの数、データベースの設定など、粒度の細かい制御が可能となるオプションです。

ここがポイント

SQL を使った分析サービスである、RedShift と Athena の使い分けについて整理します。
RedShift は、複数の結合やサブクエリを伴う複雑な SQL を使用する場合に使います。
一方、Athena はより容易に S3 内のデータに対する分析を行いたいときに使います。

7.5 Amazon QuickSight

重要度 ★★☆

概要

Amazon QuickSight（以下、QuickSight）は、**ビジネスインテリジェンス（BI）サービス**です。QuickSight はクラウド内のデータに接続し、さまざまなソースのデータを結合し、単一のデータダッシュボードに AWS データ、サードパーティデータ、ビッグデータ、スプレッドシートデータ、

SaaS データ、B2B データなどを含めることができます。フルマネージドのサービスであるため、インフラストラクチャのデプロイまたは運用管理を行う必要はありません。

メリット/デメリット

◇ さまざまなデータソースからのデータ取得

QuickSight では、分析にデータを提供する時に使用できる、さまざまなデータソースがサポートされています。

リレーショナルデータストア：

- Amazon Athena
- Amazon Aurora
- Amazon OpenSearch Service
- Amazon Redshift
- Amazon Redshift Spectrum
- Amazon S3　など

ローカルファイルのデータ：Amazon S3 またはローカル（オンプレミス）ネットワークにあるファイルは、データソースとして使用することが可能です。QuickSight では、以下の形式のファイルがサポートされています。

- CSV と TSV：カンマ区切りおよびタブ区切りのテキストファイル
- ELF と CLF：拡張ログ形式と共通ログ形式のファイル
- JSON：フラットファイルまたは半構造化データファイル
- XLSX：Microsoft Excel ファイル

SaaS データ：QuickSight では、データソースに直接接続するか、Open Authorization（OAuth）を使用することで、さまざまな Software as a Service（SaaS）データソースに接続できます。直接接続をサポートしている SaaS ソースには以下のものがあります。

- Jira
- ServiceNow
- Adobe Analytics
- GitHub
- Salesforce　など

構成要素・オプション等

◇ データセット

データソースからどのデータを持ってくるのかを定義したものです。データセットを作成するには、データソースへの接続情報を指定する必要があります。

データセットに使用するデータソースは、Microsoft Excel などのローカルのファイルや Amazon S3、Amazon Athena、Salesforce、Amazon Redshift、Amazon RDS、Amazon EC2 などがあります。

◇ 分析

データをグラフィカルに表現するビジュアルを作成するためのワークスペースです。各分析には、コスト分析、販売分析、主要業績評価指標などの目的で使用者が集約したビジュアルを 1 つ以上含んでいます。分析を作る時は、まずデータセットを作成した後、新規で分析（Analysis）を作成します。そして、可視化のためのフィールドを選択し、分析にビジュアルを追加します。

▶ 図7.7：Amazon QuickSightの「分析」

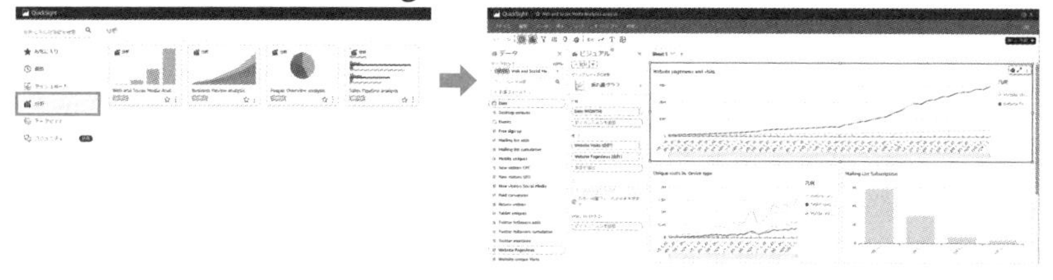

◇ ビジュアル

ビジュアルは、データをグラフィカルに表現したものです。ビジュアルには、棒グラフ、折れ線グラフ、円グラフなど、さまざまな種類のビジュアルタイプがあります。すべてのビジュアルは、選択したフィールドに基づいて自動的にビジュアルを選択する AutoGraph モードが備わっています。独自のビジュアルを管理して選択することもできます。フィルタの適用、色の変更、パラメータコントロールの追加などにより、ビジュアルをカスタマイズすることができます。以下の青枠の部分などがビジュアルに当たります。

▶ 図7.8：Amazon QuickSightのビジュアル

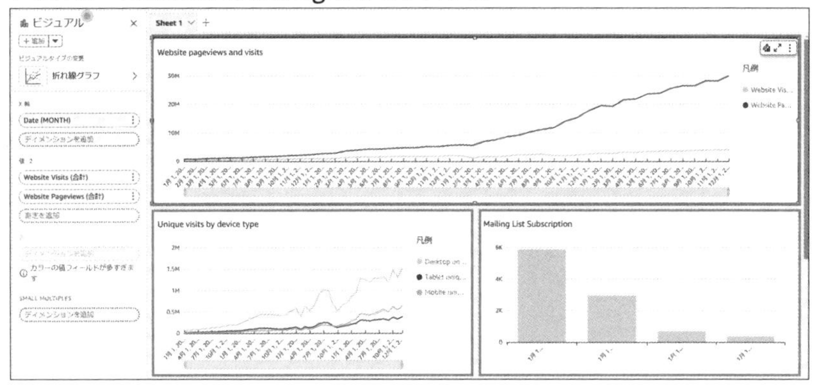

◇ダッシュボード

ダッシュボードとは、Amazon QuickSight上でレポート用に他のユーザと共有できる、分析の読み取り専用の画面となります。ダッシュボードを作り「公開（Publish）」をすると、アクセスが可能なユーザの指定が可能となります。指定されたユーザは、ダッシュボードのデータを参照し、フィルタリングすることができます。

▶ 図7.9：Amazon QuickSightのダッシュボード

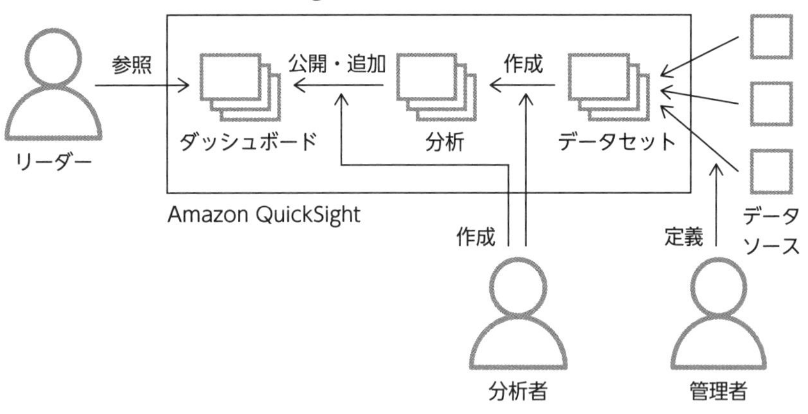

◇ SPICE

SPICE は、Amazon QuickSight に内蔵された高速なインメモリ型のデータベースです。Amazon S3、PC 上のファイル、RDB の一部を SPICE に取り込み高速分析を行うことができます。一部のリレーショナルデータベース上のデータは、SPICE を介さずに直接 SQL を発行してアクセスすることもできます。

▶ 図7.10：SPICE

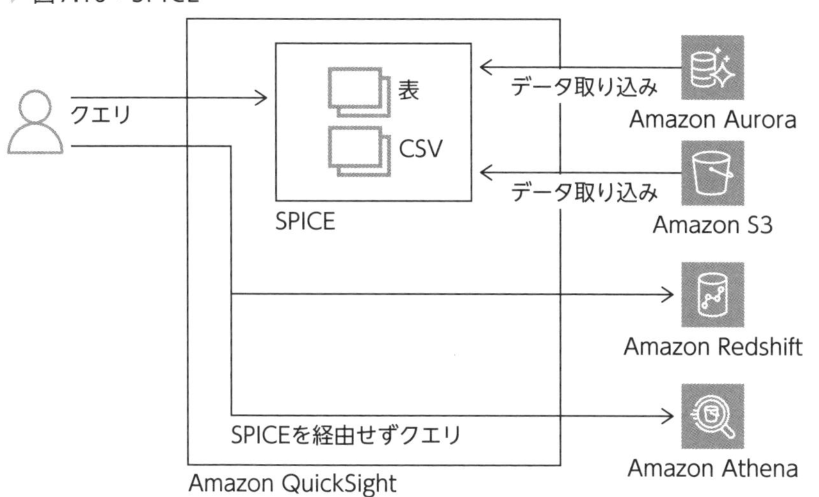

7.6 Amazon OpenSearch Service (旧Amazon Elasticsearch Service)

重要度 ★★

概要

Amazon OpenSearch Service（以下、OpenSearch Service）は、AWS クラウドにおける OpenSearch クラスタのデプロイ、オペレーション、スケーリングを容易にするマネージドサービスです。**オープンソースの**

検索および分析ができ、リアルタイムのアプリケーションモニタリング、ログ分析、ウェブサイト検索などの幅広いユースケースで使用できます。

メリット/デメリット

◇各種 AWS サービスとの連携

OpenSearch ServiceはAWSの他のサービスと連携することができます。例えば**Amazon CloudWatch Logsと連携が可能です。Amazon CloudWatch Logs のロググループは、受信したデータをほぼリアルタイムに OpenSearch Service クラスタにストリーミングすることができます。**

図7.11：OpenSearch Serviceへのサブスクリプション設定

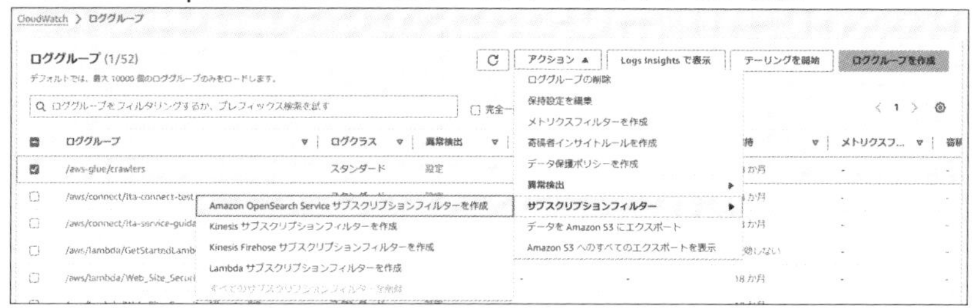

また、Amazon S3、Amazon Kinesis Data Firehose などの AWS サービスとも統合されています。

◇高可用性

マルチ AZ 構成により、サービス中断が発生した場合にデータの損失を防ぎ、Amazon OpenSearch Service クラスタのダウンタイムを最小限におさえることができます。

7.7 AWS Lake Formation

重要度 ★★☆

概要

AWS Lake Formationとは、**安全なデータレイクを短い期間で簡単に作成するマネージドサービス**です。データレイクのストレージとなるAmazon S3へデータを取り込み、クレンジングし、整形データのカタログ化を行うためのAWS Glueに対するきめ細かなアクセス許可の設定・適用を一元的に行うことができます。

図7.12：AWS Lake formation

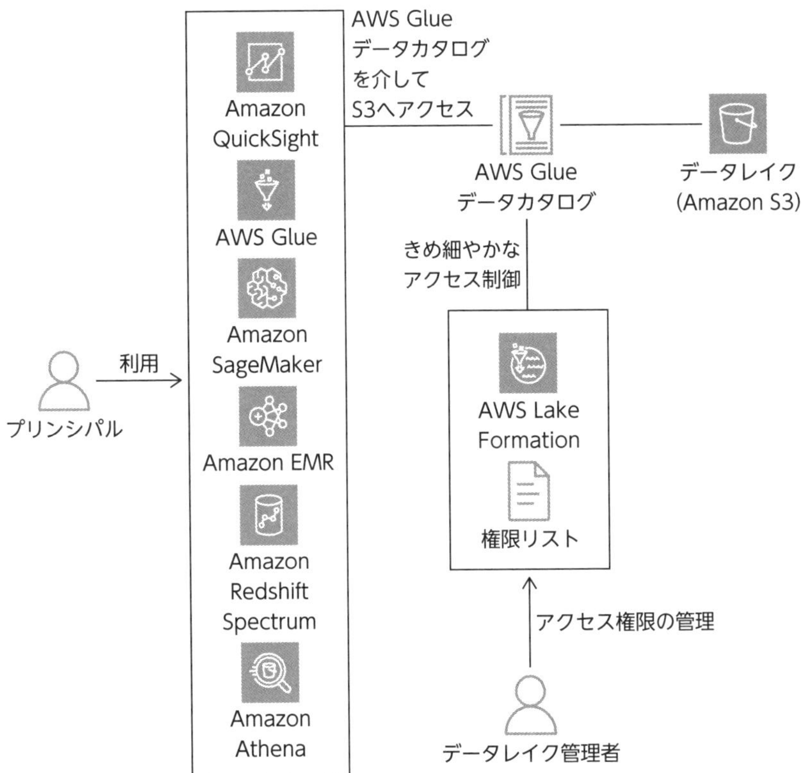

メリット/デメリット

◇ データレイクの素早い構築

AWS Lake Formationは多種多様なデータソースからのデータを取り込み、耐久性の高いAmazon S3に保存し、クレンジング、整形、データのカタログ化を行います。その上で、セキュリティ設定と適用、データレイクを効率的に分析するための機能を提供してくれます。

◇ きめ細かなデータへのアクセス制御

AWS Lake Formationは、データベースやテーブルを含むAWS Glueデータカタログを使用して、リソースの権限管理を一元化し、データとメタデータのアクセス権限を一箇所で管理できるようにします。また、AWS Lake FormationではAWS Glueデータカタログに対するメタデータのアクセス制御とAmazon S3ロケーション内のデータへのアクセス制御を行います。さらに、きめ細かなアクセス制御（Fine Grained Access Control：FGAC）により、列、行、およびセルレベルへの権限を管理できます。

構成要素・オプション等

◇ データレイク

Amazon S3に保存され、データカタログを使用してAWS Lake Formationによって管理される永続的なデータのリポジトリのことです。

データレイクには規模にかかわらず、構造化データと非構造化データを保存できます。

また、データレイクには、AWS GlueのJDBC接続を使用したオンプレミスのデータベースや、AWS内にあるAmazon RDS、EC2インスタンスでホストされているデータベースなどからデータをインポートすることができます。

◇ブループリント

データレイクにデータを簡単に取り込むためのデータ管理テンプレートです。AWS Lake Formationには、リレーショナルデータベースやAWS CloudTrailログなどの事前定義されたソースタイプごとに、いくつかのブループリントがあります。

◇データカタログ

永続的なメタデータストアであり、AWSクラウド上でのメタデータの保存、注釈付け、共有を行うために使用します。

ここが

ポイント

試験ではデータ分析時の主なデータの保存場所として、データウェアハウスとデータレイクの2つが登場するため、違いを整理しておきましょう。
データウェアハウスは、一般的にRDB形式で目的最適化された状態のデータを保存しています。
データレイクは、構造/半構造問わず多様なデータを未加工で保存しています。現在は、様々なデータソースから多様なデータが生み出されているため、初めから目的最適化するのは難しくデータレイクという存在が広く利用されています。
AWSにおけるデータウェアハウスのサービスはRedShift、データレイクのサービスはS3です。GlueやLake Formationは、データレイクでの分析の準備やアクセス制御等を実施します。

7.8 Amazon EMR(旧Amazon Elastic MapReduce)

重要度 ★★☆

概要

Amazon EMRとは、**Apache Spark、Apache Hive、Prestoなどのオープンソースフレームワークを使用して、データ処理、相互分析、機械学習を行うためのデータプラットフォーム**です。

メリット/デメリット

スケーラビリティと柔軟性

Amazon EMRは、コンピューティングのニーズの変化に応じて、柔軟にクラスタをスケールアップまたはスケールダウンできます。クラスタのサイズを変更して、ピーク時のワークロードに合わせてインスタンスを追加し、ピーク時のワークロードが落ち着いたときにインスタンスを削除することで、無駄なインスタンスがなくなり、最終的にコストを最適化できます。

信頼性

Amazon EMRはクラスタ内のノードを監視し、障害が発生した場合にはインスタンスを自動的に終了して置き換えます。

構成要素・オプション等

クラスタ

Amazon EMRの中心的なコンポーネントで、EC2インスタンスの集合体を指します。クラスタ内の各インスタンスはノードと呼ばれます。各ノードには、クラスタ内でノードタイプと呼ばれる役割があります。また、

Amazon EMRは、各ノードタイプに異なるソフトウェアコンポーネントをインストールし、各ノードにApache Hadoopなどの分散アプリケーションでの役割を与えます。

Amazon EMRのノードタイプとしては、ソフトウェアコンポーネントを実行してクラスタを管理し、処理のために他のノード間でのデータとタスクの分散を調整する「プライマリノード」、タスクを実行し、クラスタ上のHadoop分散ファイルシステム（HDFS）にデータを保存するソフトウェアコンポーネントを備えた「コアノード」、タスクを実行するだけで、データをHDFSに保存しないソフトウェアコンポーネントを備えた「タスクノード」の3つがあります。

7.9 その他のアナリティクスのサービス

重要度★

その他のアナリティクスに関するサービスは、以下のものをおさえておくとよいでしょう。

▶ 表7.2：その他のアナリティクスのサービス

サービス名	特徴
AWS Data Exchange	AWSクラウドでサードパーティが提供するさまざまなデータを簡単に検索し、サブスクライブ、および使用するためのサービス。
AWS Data Pipeline	AWSのさまざまなコンピューティングサービスやストレージサービスのほか、オンプレミスのデータソース間で信頼性の高いデータ処理やデータ移動を行うことを支援するウェブサービス。
Amazon Managed Streaming for Apache Kafka（Amazon MSK）	ストリーミングデータをリアルタイムで取り込んで処理するために最適化された分散データストアであるApache Kafkaの機能をフルマネージドで提供するサービス。

確認問題

問題❶ ある企業は、Amazon EC2 インスタンスを使用して、オンプレミスのデータソースからデータを取り込んでいます。データはJSON形式であり､取り込み速度は1MB/秒となります。EC2 インスタンスが再起動されると、転送中のデータが失われます。同社の利用者は、取り込まれたデータをほぼリアルタイムにクエリすることを希望しています。

データ損失を最小限に抑えながら、ほぼリアルタイムのデータクエリを提供するソリューションはどれですか。

A. Amazon Redshift を宛先として Amazon Kinesis Data Firehose にデータを発行します。Amazon Redshift を使用してデータをクエリします。

B. Amazon Kinesis Data Analytics を宛先として Amazon Kinesis Data Streams にデータを発行します。Amazon Kinesis Data Analytics を使用して、データをクエリします。

C. 取り込んだデータを EC2 インスタンスストアに保存します。 Amazon S3 を宛先として Amazon Kinesis Data Firehose にデータを公開します。Amazon Athena を使用してデータをクエリします。

D. 取り込まれたデータを Amazon Elastic Block Store（Amazon EBS）ボリュームに保存します。データを Redis 用 Amazon ElastiCache に発行します。Redis チャネルにサブスクライブし、データをクエリします。

問題❷ ある企業は、Amazon EC2 インスタンス上で実行される RESTful Web サービスアプリケーションを使用して、数千のリモートデバイスからデータを収集します。EC2 インスタンスは生データを受信・変換し、変換後のデータを Amazon S3 バケットに保存します。リモートデバイスの数は、数百万台程度に増加する見込みです。この企業は、運用のオーバーヘッドを最小限におさえる、拡張性の高いソリューションを必要としています。
これらの要件を満たすために、ソリューションアーキテクトはどの手順の組み合わせを実行する必要がありますか。2 つ選んでください。

A. Amazon Route 53 を使用して、トラフィックを別の EC2 インスタンスにルーティングします。
B. AWS Glue を使用して、Amazon S3 の生データを処理します。
C. 受信データ量の増加に対応するために、EC2 インスタンスをさらに追加します。
D. 生データを Amazon Simple Queue Service（Amazon SQS）に送信します。 EC2 インスタンスを使用してデータを処理します。
E. Amazon API Gateway を使用して、生データを Amazon Kinesis Data Streams に送信します。データストリームをソースとして使用し、データを Amazon S3 に配信するように Amazon Kinesis Data Firehose を設定します。

問題❸ ある EC サイトでは、5,000 万人を超えるアクティブな顧客がおり、毎日 25,000 件以上の注文を受けています。同サイトでは、顧客の購入データを収集し、このデータを Amazon S3 に保存します。 追加の顧客データは Amazon RDS に保存されます。
同サイトでは、すべてのデータをさまざまなチームが利用でき、分析できるようにしたいと考えています。ソリューションは、データに対するきめ細かいアクセス許可を管理する機能を提供し、運用上のオーバーヘッドを最小限におさえる必要があります。
これらの要件を満たすソリューションはどれですか。

A. Amazon Redshift クラスターを作成します。AWS Lambda 関数をスケジュールして、Amazon S3 および Amazon RDS から Amazon Redshift にデータを定期的にコピーします。Amazon Redshift アクセス制御を使用してアクセスを制限します。
B. Amazon S3 上の購入データを Amazon RDS に書き込みます。Amazon RDS のアクセス制御を使用して、データに対するアクセスを制限します。
C. AWS Lake Formation を使用してデータレイクを作成します。Amazon RDS への AWS Glue JDBC 接続を作成します。Lake Formation に S3 バケットを登録します。Lake Formation のアクセス制御を使用してアクセスを制限します。
D. Amazon RDS から Amazon S3 にデータを定期的にコピーするように AWS Lambda 関数をスケジュールします。AWS Glue クローラを作成します。Amazon Athena を使用してデータをクエリします。S3 ポリシーを使用してアクセスを制限します。

問題❹ ある企業では 300 を超える Web サイトとアプリケーションをホストしています。同社は、毎日 50TB を超えるクリックストリームデータを分析するプラットフォームを必要としています。
ソリューションアーキテクトは、クリックストリームデータを送信して処理するには何をすべきでしょうか。

A. データを Amazon S3 バケットにアーカイブし、そのデータを使用して Amazon EMR クラスターを実行して分析を生成するように AWS Data Pipeline を設計します。
B. Amazon EC2 インスタンスの Auto Scaling グループを作成してデータを処理し、Amazon Redshift が分析に使用できるように Amazon S3 データレイクに送信します。
C. データを Amazon CloudFront にキャッシュします。データを Amazon S3バケットに保存します。オブジェクトがS3バケットに追加されたとき、AWS Lambda 関数を実行して、分析用のデータを処理します。

D. Amazon Kinesis Data Streams からデータを収集します。Amazon Kinesis Data Firehose を使用して、データを Amazon S3 データレイクに送信します。分析のためにデータを Amazon Redshift にロードします。

問題❺ ある企業では、アプリケーションが生成する大量のストリーミングデータを取り込んで処理する必要があります。アプリケーションは Amazon EC2 インスタンス上で実行され、オンデマンドモードのデフォルト設定で構成された Amazon Kinesis Data Streams にデータを送信します。アプリケーションは、1日おきにデータを Amazon Kinesis Data Streams に送信します。Amazon Kinesis Data Streams のコンシューマ側では、データをビジネスインテリジェンス（BI）処理のために Amazon S3 に保存しています。同社は、アプリケーションから Kinesis Data Streams へ送信されたすべてのデータについて、コンシューマ側で処理され、一部のデータが Amazon S3 に保存されていないことを確認しました。

この問題を解決するには、ソリューションアーキテクトは何をすべきでしょうか。

A. Kinesis プロデューサーライブラリ（KPL）を使用してデータを Kinesis Data Streams に送信するようにアプリケーションを更新します。
B. データ保持期間を変更して、Kinesis Data Streams のデフォルト設定を更新します。
C. Amazon S3 バケット内でバージョニングを有効にして、Amazon S3 バケットに取り込まれたすべてのデータについて、すべてのバージョンを保存します。
D. Kinesis Data Streams に送信されるデータのスループットを処理するために、Kinesis シャードの数を更新します。

確認問題の解答と解説

問題❶ 正解 B

本文参照：「Amazon Kinesis Data Streams」（p.253）、「Amazon Kinesis Data Analytics」（p.257）

Bが正解です。データをAmazon Kinesis Data Streamsへ発行することによりリアルタイムでデータ取り込みが行えます。また、Amazon Kinesis Data Streamsをソースとして、Kinesis Data Analyticsへデータを送信することにより、ほぼリアルタイムでデータをクエリすることができるようになります。

Aは間違いです。Amazon Redshiftにデータを送信する場合、一度Amazon S3バケットにデータを配信した後に、Amazon RedshiftへCOPYコマンドを発行することにより、データがロードされます。そのため、要件であるほぼリアルタイムでのクエリという観点では、選択肢Bのソリューションと比較すると適していません。

C・Dは間違いです。オンプレミスから取り込まれたデータの保存先として、EC2インスタンスストアやAmazon EBSボリュームを使用した場合も、EC2インスタンスが再起動されると、転送中のデータが失われます。

問題❷ 正解 B・E

本文参照：「AWS Glue」（p.257）

BとEが正解です。選択肢Eにより、RESTful WebサービスをAmazon API Gatewayに置き換えます。収集されたデータを、Amazon Kinesis Data StreamsからAmazon Kinesis Data Firehoseへパブリッシュし、Amazon S3に格納します。その後、選択肢Bにより、Amazon S3上のデータに対して、AWS Glueを使用し、ETL処理を行います。このソリューションにより、EC2インスタンスを使用せず、マネージドサービスである、Amazon API Gateway、Amazon Kinesis Data Streams、Amazon Kinesis Data Firehose、Amazon S3 を使用することにより、運用のオーバーヘッドを最小限におさえることができ、拡張性を持たせることもできるようになります。

A は間違いです。別の EC2 インスタンスを使用することにより、運用のオーバーヘッドは増加します。

C は間違いです。EC2 インスタンスを追加することにより、運用のオーバーヘッドは増加します。

D は間違いです。Amazon SQS を使用することにより、拡張性を持たせることはできますが、EC2 インスタンスを使用しているため、運用のオーバーヘッドはおさえることには繋がりません。

問題❸ 正解 C

本文参照：「AWS Lake Formation」（p.269）

C が正解です。AWS Lake Formation を使用して、データレイクを作成することにより、企業はすべてのデータを 1 か所に集約し、Amazon S3 データと Amazon RDS データの両方に対する一元的なアクセス制御を行えるようになります。これにより、EC サイトに関連するさまざまなチームが、データを利用できるようになります。そのための設定として、AWS Lake Formation を使用してデータレイクを作成し、Amazon RDS への AWS Glue JDBC 接続を作成し、S3 バケットを Lake Formation に登録します。また、Lake Formation のアクセス制御を使用して、Amazon S3 データと Amazon RDS データへのアクセス制限を設定することにより、運用上のオーバーヘッドを最小限におさえることができます。

A は間違いです。AWS Lambda 関数について、コードの管理が必要となります。また、データを定期的にコピーしているため、それぞれのデータを管理する必要も出てきます。この点から、運用上のオーバーヘッドを最小限におさえられるとは言えません。

B は間違いです。Amazon S3 から Amazon RDS へデータを書き込む場合、Amazon S3のデータとAmazon RDSのデータの両方に対する包括的なアクセス制御の管理が不足します。

Dは間違いです。AWS Lambda関数について、コードの管理が必要となります。Amazon S3のデータ、Amazon RDSのデータ、Amazon Athenaに対する包括的なアクセス制御の管理が不足します。

問題❹ **正解 D**

本文参照：「Amazon RedShift」（p.262）

Dが正解です。Kinesis Data Streamsを使用して、クリックストリームデータをリアルタイムで収集および処理できます。Amazon Kinesis Data Firehoseは、ストリーミングデータをデータストアや分析ツールにロードするフルマネージドサービスです。Kinesis Data Firehoseを使用して、Kinesis Data StreamsからAmazon S3にデータを送信できます。データがデータレイクに配置されたら、Amazon Redshiftを使用してデータをロードし、分析を実行することができます。

Aは間違いです。AWS Data Pipelineを使用してデータをAmazon S3バケットにアーカイブし、そのデータを使用してAmazon EMRクラスターを実行して分析を生成することを含みますが、データのリアルタイム処理が含まれないため、最も適切なソリューションではありません。

Bは間違いです。データを処理するAmazon EC2インスタンスのAuto Scalingグループを作成し、Amazon Redshiftが分析に使用できるようにAmazon S3データレイクに送信することを含みますが、フルマネージドサービスが関与していないため、最も適切なソリューションではありません。

Cは間違いです。CloudFrontはCDNサービスであり、リアルタイムのデータ処理や分析用に対する最適なソリューションではありません。Lambdaを使用してデータが処理されますが、大量のクリックストリームデータを処理する場合は最も効率的なソリューションではありません。

問題❺ **正解 B**

本文参照：「Amazon Kinesis Data Streams 保持期間」（p.255）

Bが正解です。Amazon Kinesis Data Streamsのデフォルトの保持期間は24時間です。アプリケーションは、1日おきにデータをAmazon Kinesis Data Streamsへ送信しているため、Amazon Kinesis Data Streams内で24時間を超えたデータは、コンシューマ側からアクセスできなくなっている可能性があります。そのため、Amazon Kinesis Data Streamsのコンシューマ側ですべてのデータを処理するために、保持期間を延長することにより、解決する可能性があります。

Aは間違いです。KPLは、Amazon Kinesis Data Streamsへ送信するアプリケーション側の構成であるためです。コンシューマ側の構成ではありません。

Cは間違いです。Amazon S3バケットに対して、すべてのデータが保存されていない状態で、バージョニングを有効にしても、そもそも保存されていないデータが保存されるわけではありません。

Dは間違いです。Amazon Kinesis Data Streamsは、オンデマンドモードのデフォルト設定で構成されているため、シャード数は自動でスケールするようになっています。

第 8 章

管理、モニタリング、ガバナンス

本章では AWS で管理、モニタリング、ガバナンスを行うための AWS サービスについて紹介します。リソース管理を自動化するためのサービス群（管理）、パフォーマンスの監視に障害検出、トラブルシューティングを行うサービス群（モニタリング）、企業のルール適用、AWS 内でアクティビティの記録などを行うサービス群（ガバナンス）です。

アクセスキー：a（小文字のエー）

先んじて、本章で紹介するサービスの一覧を紹介します。概要を理解しましょう。

表8.1：第8章で紹介するサービスの一覧

サービスカテゴリ	サービス	概要
モニタリング	Amazon CloudWatch	アプリケーションやリソースのモニタリングを行うサービス
	AWS Trusted Advisor	リソースのベストプラクティスへの準拠をチェックするサービス
	AWS CloudTrail	AWSにおけるAPIの実行履歴を記録し監査を行えるサービス
	AWS Config	リソースの設定変更の履歴を記録し構成管理を行えるサービス
リソースの管理	AWS Systems Manager	アプリケーションやリソースの各種運用管理を自動化できるサービス
マルチアカウント環境の作成・管理	AWS Organizations	マルチアカウントのガバナンスや請求の管理が行えるサービス
	AWS Control Tower	ベストプラクティスに準拠したマルチアカウント環境をデプロイできるサービス
リソースのデプロイ(IaC)	AWS CloudFormation	定義ファイルを基にAWSリソースを自動デプロイできるIaCのサービス
	AWS Service Catalog	開発者がセルフサービスでリソースをデプロイできるようにするサービス

8.1 Amazon CloudWatch

重要度 ★★★

概要

Amazon CloudWatch（以下、CloudWatch）はメトリクスやログの収集と分析、アラームの実行などが行えるモニタリングのサービスです。**メトリクスとはシステムのパフォーマンスに関するデータのことで**、多くのAWSサービスがCloudWatchと統合されているため、ユーザが特に設定せずに収集することができます。ログについても同様で、CloudWatchと統合されているサービスは、設定不要で収集することができます。ただし、EC2 上で動いているカスタムアプリケーション等については、メトリクスやログを収集するにあたり、エージェントの構成が必要になります。

また、CloudWatch ではメトリクスやログをただ収集するだけではなく、一定のしきい値に達した時にアラームを発報することもできます。このアラームをトリガーにして、Auto Scaling の実行や通知などを行うことができます。さらに、よく見るメトリクスの情報をダッシュボードにまとめたり、ログの分析を行えたりするなど、多様な機能を有しています。

図8.1：Amazon CloudWatchの概要

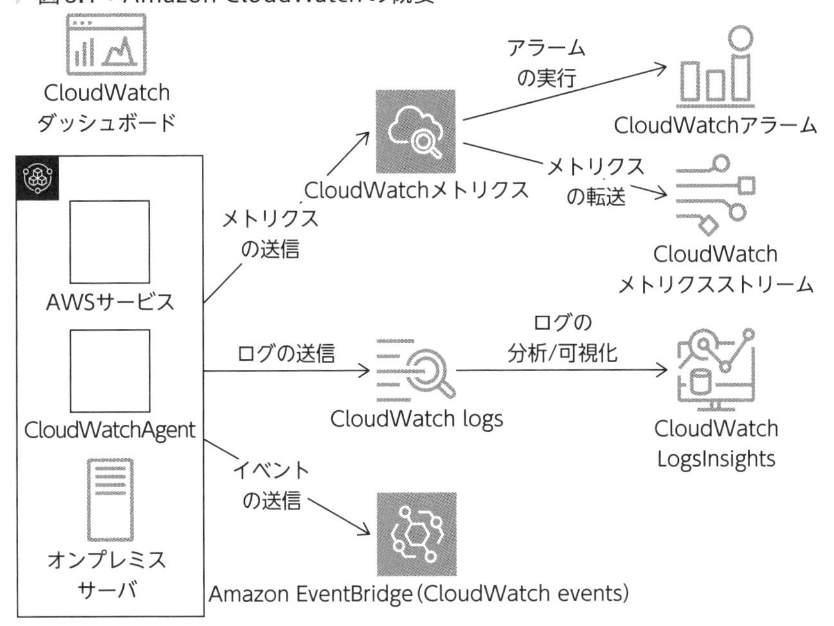

メリット/デメリット

基本料金が無料

CloudWatch の基本料金は無料で、利用する機能や監視のデータ量に応じて課金されます。そのためトライアルとして簡単にはじめることができ、小規模から大規模まで、さまざまなシステムで、利用することができます。

◇ マネージド

CloudWatchはマネージドサービスであるため、構築、運用管理が不要で、すぐに利用を開始することができます。また、AWSの他のサービスとの連携も容易で、シームレスな運用が可能です。

構成要素・オプション等

◇ CloudWatchメトリクス

メトリクスを収集できる機能です。デフォルトでは、多くのAWSサービス（Amazon EC2インスタンス、Amazon EBSボリューム、Amazon RDS DBインスタンスなど）において、無料のメトリクスを提供されています。また、**Amazon EC2インスタンスなど一部のリソースについては、詳細モニタリングを有効にして追加のメトリクスを収集したり、収集間隔を短縮したりできます**。さらに、CloudWatchエージェント経由で、独自のアプリケーションメトリクスを設定および収集することもできます。

メトリクスの保存期間は最大15カ月間です。

▶ 図8.2：CloudWatchで収集したメトリクス

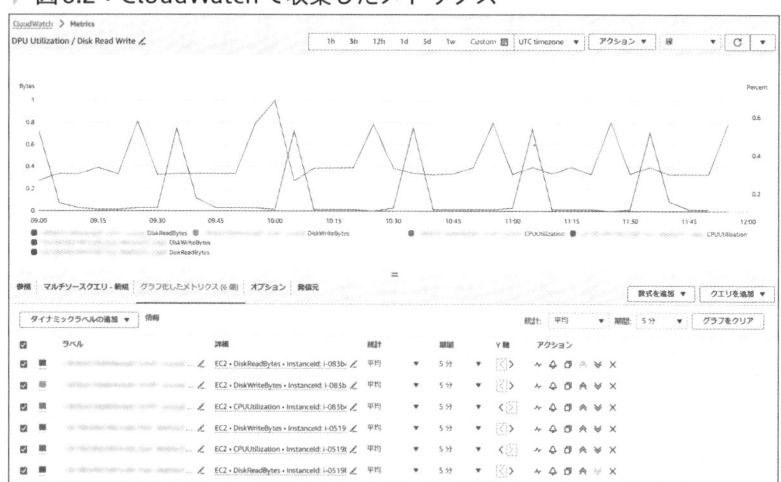

◇ CloudWatch メトリクスストリーム

CloudWatch に収集されたメトリクスの情報を継続的に宛先へ、ほぼリアルタイムでストリーミング配信することができる機能です。送信先として、AWS の各種サービス(Amazon Kinesis Data Firehose など)やサードパーティのサービスプロバイダなどがあります。ユースケースとしては、EC2 Auto Scaling ステータスデータを Amazon Kinesis Data Firehose に送信し、データを Amazon S3 に保存するといったものが挙げられます。

図8.3：CloudWatchストリーム

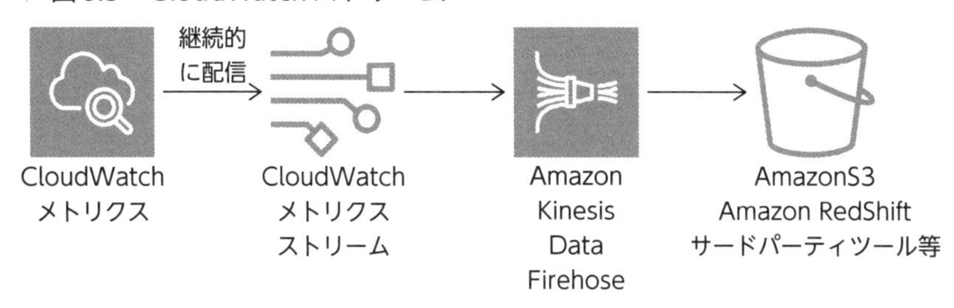

◇ CloudWatch Logs

各種 AWS サービス（Amazon EC2 インスタンス、AWS CloudTrail など）およびその他のソースからログファイルをモニタリング、保存、アクセスすることができる機能です。CloudWatch Logs により、使用中のすべてのシステム、アプリケーション、AWS のサービスからのログを、スケーラビリティに優れた 1 つのサービスで一元管理することができます。

各種 AWS サービスと統合されているため、簡単に Amazon CloudWatch Logs に対して、ログを発行することが可能です。例えば、以下は VPC フローログの設定画面となりますが、オプションを選択するだけでログを CloudWatchLogs に発行できます。

図8.4：VPCフローログとCloudWatch Logsの連携

また、Amazon CloudWatch Logsのサブスクリプションを介して、CloudWatch Logsのロググループから、Amazon OpenSearch Serviceクラスタに対して、ほぼリアルタイムで受信したデータをストリーミングするように設定できます。これにより、ほぼリアルタイムに収集したログデータを分析、可視化することができるようになります。

図8.5：CloudWatch LogsとOpenSearch Service

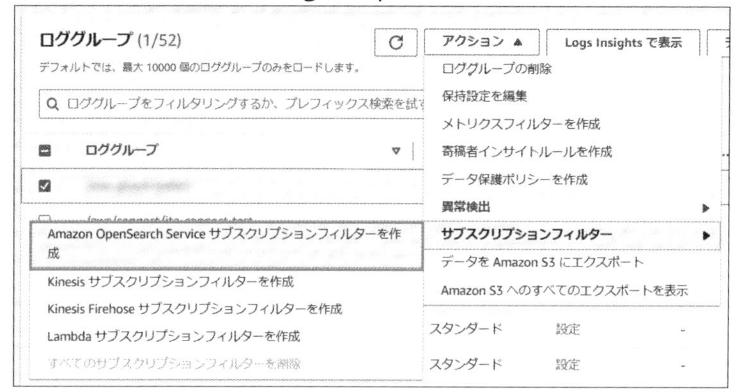

◇ CloudWatch Events

インスタンスの状態の変更などのイベントを検出し、1つ以上のアクションを呼び出して、イベントに対処することができる機能です。

現在では、本機能はAmazon EventBridgeという1サービスになっています。

◇ CloudWatch アラーム

収集を行っているメトリクスやログに対して、異常値となった場合などに、管理者へ通知を行ったり、自動的なアクションを実行したりすることができる機能です。

アラームを設定する時は、メトリクスもしくは複合アラームを設定することできます。

図8.6：CloudWatch アラーム

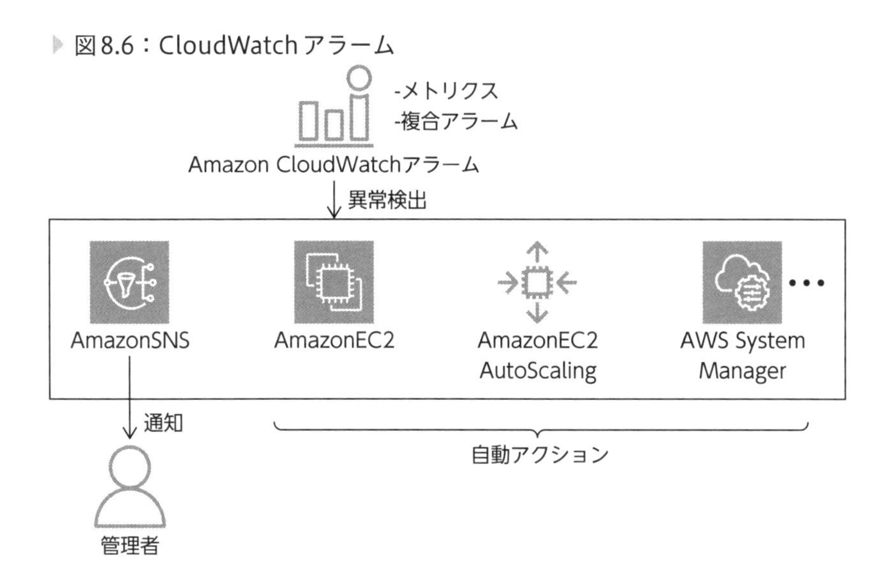

メトリクス：メトリクスでのアラームは、1つのCloudWatchメトリクス、もしくは複数のCloudWatchメトリクスに基づく数式の結果を監視します。監視している値が、特定のしきい値を複数の期間にわたって超えた場合に、Amazon SNSトピックで、管理者に通知を行ったり、Amazon EC2

インスタンスのアクションを実行したりすることができます。

複合アラーム：複数のアラームの状態を条件にしたアラームです。作成済みの他のアラームのアラーム状態を考慮したルール式を含めることができます。複合アラームは、ルールのすべての条件が満たされた場合に限り、ALARM 状態になります。

以下の図のように、既に存在するアラームを複数選択し、AND 条件、OR 条件で結ぶことにより、複数条件を指定したアラームを作成することができます。

▶ 図8.7：複合アラーム作成の手順

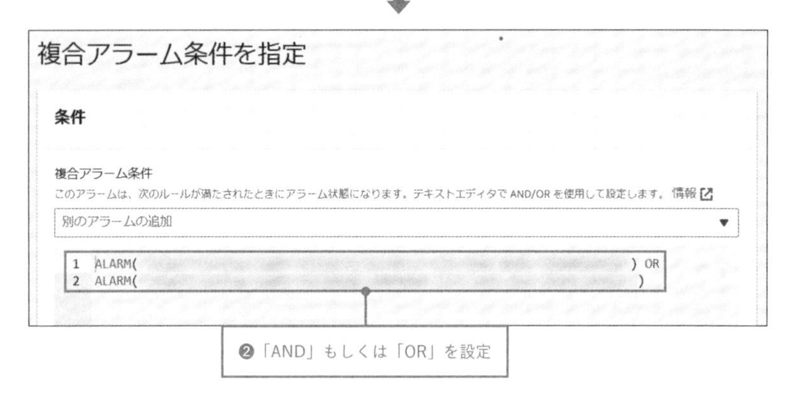

◇ Amazon CloudWatch ダッシュボード

Amazon CloudWatch ダッシュボードは、CloudWatch コンソールにあるカスタマイズ可能なホームページです。

異なるリージョンにまたがっているリソースでも、1つのダッシュボードでモニタリングでき、AWS リソースのメトリクスおよびアラームをカスタマイズした状態で表示することができます。**個別の画面に移動することなく、1つの画面上で必要な情報をまとめて確認できる**のが便利です。

また、Amazon CloudWatch ダッシュボードは、以下の3つの方法で共有することができます。

- ダッシュボードを共有し、ユーザ名とパスワードを要求する
- ダッシュボードをパブリックに共有する
- シングルサインオン（SSO）を使用してアカウントの CloudWatch ダッシュボードをすべて共有する

図8.8：ダッシュボード共有の3つの方法

◇ Amazon CloudWatch Logs Insights

Amazon CloudWatch Logs のログデータを検索し、分析することができる機能です。クエリを実行することで、運用上の問題に効率的かつ効果的に対応できます。

8.2 AWS CloudTrail

重要度 ★★★

概要

AWS CloudTrail（以下、CloudTrail）は、AWS上で行われたアクティビティを記録し、監査等が行えるサービスです。

AWSアカウント内でアクティビティが発生した場合、そのアクティビティはすべてCloudTrailに「イベント」として記録されます。CloudTrailはAWSアカウントの作成時にアクティブになり、手動でのセットアップは必要ありません。CloudTrailにより、アクティビティの監査、セキュリティのモニタリング、運用上の問題のトラブルシューティングを行うことができます。

CloudTrailでは、以下のようなイベントが保存されます。

- CloudTrailによりサポートされているすべてのサービスのAPIイベント
- APIリクエストによって直接トリガーされない一部のイベント（AWSマネジメントコンソールへのログイン試行、AWSフォーラム、およびAWSサポートセンターなど）

AWS Import/ExportやAmazon VPCエンドポイントのポリシー固有のイベントについては、サポートされていません。

メリット/デメリット

コンプライアンスの維持

CloudTrailはコンプライアンスの証明、セキュリティ体制の改善、そしてリージョンやアカウント間のアクティビティレコードの統合に役立ちます。

例えばCloudTrailによってアカウントに対して行われたAPIアクションがすべて記録されるため、ユーザアクティビティを把握しやすくなります。

具体的には、リクエストを実行した日時、実行したユーザ、使用したサービス、実行されたアクション、そのアクションのパラメータ、AWSのサービスによって返されたレスポンス要素など、各アクションの重要な情報が記録されます。この情報は、AWSリソースに加えられた変更を追跡し、操作に関する問題を解決するために役立ちます。

構成要素・オプション等

◇イベント履歴

イベント履歴を確認すると、AWSリージョン内の過去90日間のイベントに関するレコードを表示、検索、ダウンロードできます。このレコードは変更できません。単一の属性でフィルタリングして、イベントを検索できます。90日以上経過したイベントに関するレコードは自動的に排除されるため、**90日以上イベントのレコードを保持したい場合には、証跡を使用します**。

◇AWS CloudTrail Lake

AWS CloudTrail Lakeでは、格納されるイベントに対してSQLベースのクエリを実行することができます。

◇証跡

指定したAmazon S3バケットにイベントを配信できるCloudTrailの設定です。必要に応じて、CloudWatch Logsに配信することもできます。

証跡を使うことで、CloudTrailに記録されたイベントを長期保存することが可能になります。

8.3 AWS CloudFormation

重要度 ★★★

概要

AWS CloudFormation（以下、CloudFormation）は、構築したいインフラストラクチャをコードとして記述することにより、**AWS の各種リソースの構築を自動化できるサービス**です。CloudFormation により、インフラストラクチャをコードとして管理、バージョン管理なども行うことができるようになります。インフラストラクチャをコードとして管理、運用することを一般的に、Infrastructure as code（IaC）と呼びます。

▶ 図8.9：AWS CloudFormation

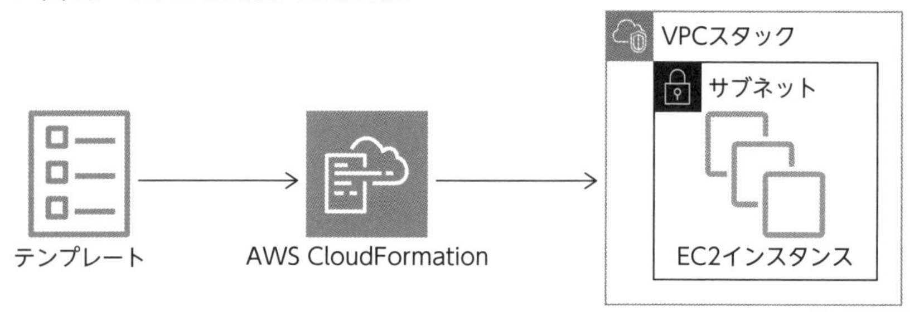

■メリット/デメリット

◇ 手作業によるミスの軽減と作業の効率化

テンプレートを使用して、インフラストラクチャを自動構築できるため、インフラストラクチャに対する深い知見がなかったとしても、簡単に、迅速に、ミスなく同じ環境を何度でも払い出すことができます。

◇ バージョン管理

インフラストラクチャをコードとして管理できるため、ソフトウェアの開発のように、インフラストラクチャのコードをバージョン管理することができます。また、変更点がある場合には、テンプレートを修正し、テンプレートを再適用すれば、一貫性を持ってメンテナンス作業を提供できます。

構成要素・オプション等

テンプレート

テンプレートは、構築したいAWSリソースをJSONまたはYAML形式で記述したテキストファイルです。これらのファイルの拡張子は、.json、.yaml、.template、.txtなどを指定することができます。

リスト8.1：JSONフォーマット

```
"Ec2Instance": {
    "Type": "AWS::EC2::Instance",
    "Properties": {
        "AvailabilityZone": "xx-example-1a",
        "ImageId": "ami-1234567890abcdef0"
    }
}
```

リスト8.2：YAMLフォーマット

```
Ec2Instance:
  Type: AWS::EC2::Instance
  Properties:
    AvailabilityZone: xx-example-1a
    ImageId: ami-1234567890abcdef0
```

スタック

CloudFormationによりテンプレートから、プロビジョニングされたAWSリソースの集合のことです。AWSリソースはスタック単位で管理されます。リソースを構築する順序は、テンプレート内の依存関係からCloudFormationが自動的に判断します。スタックを削除すると、スタックに紐づいているAWSリソースはすべて削除されます。

◇変更セット

スタック内のリソースに変更を加える時、事前にリソースへの影響を確認できる機能です。スタック内のリソースに変更を加える必要がある場合は、変更を適用する前に、変更セットを生成できます。例えば、セキュリティグループのインバウンドルールのポートを変更する場合は、対象となるセキュリティグループに対してポートの変更のみの影響となりますが、Amazon RDS DB インスタンスの名前を変更する場合は、CloudFormation によって新しいデータベースが作成され、古いものは削除されます。そのような影響を、変更セットにより事前に確認することができます。

◇ドリフト検出

スタック内のリソースに対して行われた、CloudFormation 以外からの構成変更を識別できる機能です。その後、スタック内のリソースに対して、テンプレート内の定義と再度同期するように是正措置を行うことができます。

8.4 AWS Systems Manager

重要度 ★★★

概要

AWS Systems Manager（以下、Systems Manager）は、EC2 インスタンス、オンプレミスのサーバ、その他のクラウドのサーバなど、**各種サーバの管理を自動化するマネージドサービス**です。

メリット/デメリット

◇運用管理タスクの自動化

Systems Manager は、管理対象のサーバへのコマンドの一括実行、オペレーティングシステムのパッチ適用、ドライバーの更新、ソフトウェアやパッチのインストールなどのアクションをスケジューリングすることで、運用管理タスクを自動化できます。

◇ ハイブリッド環境のサーバ管理

Systems Managerにはオンプレミスのサーバを対象にした機能があるため、AWSにてオンプレミス側の運用を実施することができ、オンプレミスでの運用管理タスクを大幅に減らすことが可能です。

構成要素・オプション等

◇ Systems Manager エージェント（SSM エージェント）

Systems Managerエージェント（以下、SSMエージェント）を管理対象のサーバにインストールすることで、Systems Managerから管理対象のサーバをリモートで管理することができます。SSMエージェントはLinux、macOS、Raspberry Pi、Windows ServerのOSをサポートしています。

SSMエージェントは、Systems Managerから管理対象のサーバへ接続、コマンド等を実行するのではなく、SSMエージェントがSystems Managerに対してポーリングを行うため、**管理対象のサーバに対するインバウンド接続、またそれに伴う設定は不要**です。

図8.10：SSMエージェント

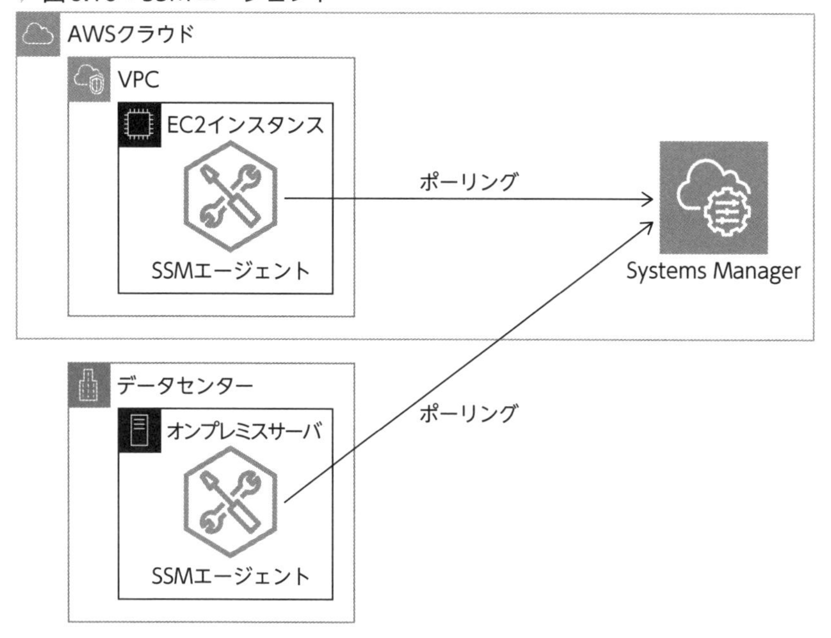

◇ Systems Manager ドキュメント（SSM ドキュメント）

AWS Systems Manager ドキュメント（以下、SSM ドキュメント）により、Systems Manager が管理対象のサーバで実行するアクションを定義します。SSM ドキュメントの形式は JSON もしくは YAML です。一から独自のドキュメント（カスタムドキュメント）を作成することもできますが、100 以上の事前定義済みのドキュメントもあります。

ドキュメントは他の AWS アカウントに共有することができるため、例えば、組織内の複数の AWS アカウントに対して、ベストプラクティスの SSM ドキュメントを共有できます。

SSM ドキュメントタイプには、ステートマネージャや Run Command で使用される Command ドキュメントや、オートメーションで使用される Automation ランブックなどがあります。

▶ 図8.11：SSMドキュメントの共有

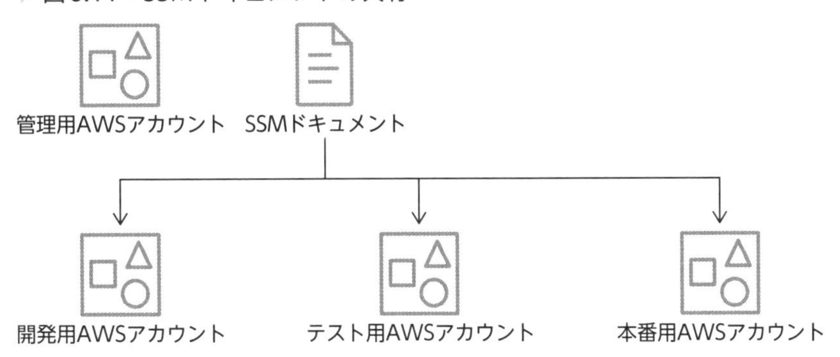

ここからは、Systems Managerの各種機能についてご案内します。

Systems Managerの機能には運用管理、アプリケーション管理、アプリケーションと変更、インスタンスとノードというグループが存在しているため、それぞれのグループごとに各機能を簡単に紹介します。

運用管理の機能

運用管理の機能は、以下の表8.2の通りです。

▶ 表8.2：運用管理の機能

機能	説明
エクスプローラ	管理対象サーバなどAWSリソースに関する情報を表示するためのダッシュボード。エクスプローラにより、現状を可視化できる。
OpsCenter	AWSリソースに関連する運用作業項目（OpsItems）を表示、調査、解決できる一元的なダッシュボードを提供。サマリは、エクスプローラのダッシュボードにも表示される。
Incident Manager	Incident Managerは、AWSがホストするアプリケーションに影響を与えるインシデントを、ユーザが事前に準備された対応計画、ランブック、分析により改善するためのインシデントマネジメントコンソール。

アプリケーション管理の機能

アプリケーション管理における機能は、以下の表8.3の通りです。

▶ 表8.3：アプリケーション管理の機能

機能	説明
アプリケーションマネージャ	個々のAWSリソースだけでなく、コンソールからアプリケーションを管理するための機能。Application Managerでは、アプリケーションはユニットとして動作するAWSリソースの論理グループ。この論理グループは、アプリケーションのさまざまなバージョン、オペレーターの所有権の境界、デベロッパー環境などを表すことができる。
AppConfig	アプリケーションを実行したまま、アプリケーション構成の変更をデプロイできる。AppConfigの機能フラグを使用すると、新機能をすべてのユーザに完全に展開する前にデプロイ戦略を調整し、新しい機能を徐々にユーザにリリースしてそれらの変更の影響を測定することができる。
パラメータストア	設定データ管理と機密管理のための階層型ストレージを提供。パスワード、データベース文字列、Amazon Machine Image（AMI）ID、ライセンスコードなどのデータをパラメータ値として保存できる。値はプレーンテキストまたは暗号化されたデータとして保存可。

▶ 図8.12：AppConfigの例

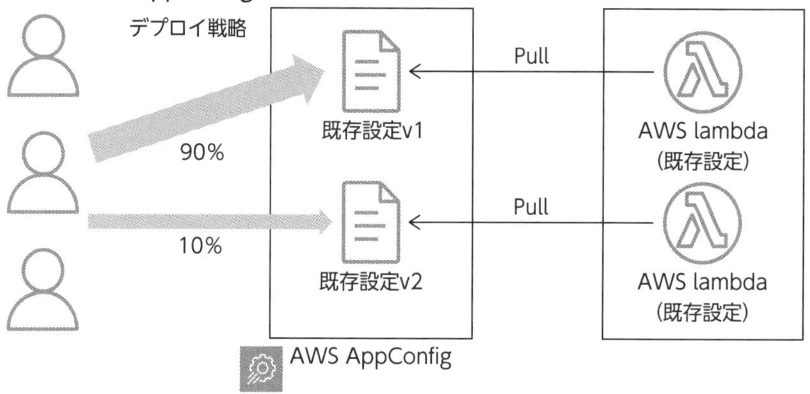

◇ アプリケーションと変更の機能

アプリケーションと変更の機能については、以下の表8.4の通りです。

▶ 表8.4：アプリケーションと変更の機能

機能	説明
Change Manager	変更を安全に行うための承認ワークフローを自動化できる。
オートメーション	AWSのサービスであるAmazon EC2、Amazon EBS、Amazon RDS、Amazon Redshift、Amazon S3などのメンテナンス、デプロイおよび修復に関する一般的なタスクを簡素化するための機能。

機能	説明
Change Calendar	自動処理の実行可否を制御することができるカレンダー。カレンダーイベントを作成し、そのイベント有無で実行を制御できる。
メンテナンスウィンドウ	自動化処理のスケジュールと各タスクの実行順序を制御するための時間枠。複数のタスク登録ができ、優先度に応じて実行順序を制御することができる。

図8.13：Change ManagerとChange Calendar

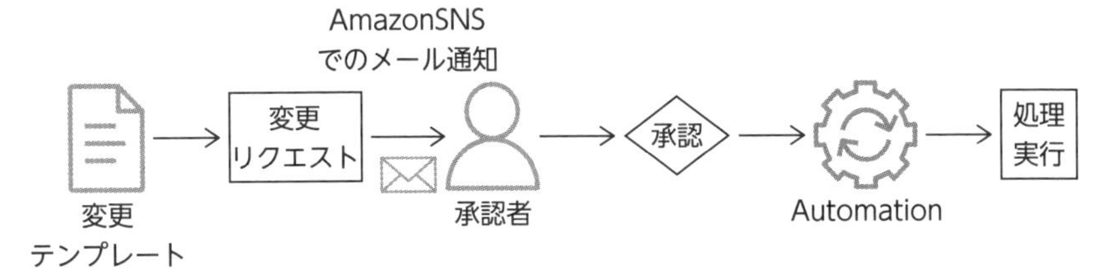

図8.14：メンテナンスウィンドウ

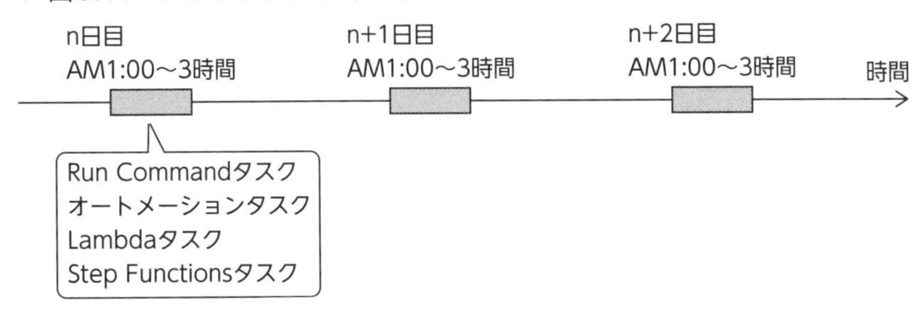

インスタンスとノードの機能

インスタンスとノードの機能については、以下の表8.5の通りです。

▶ 表8.5：インスタンスとノードの機能

機能	説明
コンプライアンス	コンプライアンスに準拠していないリソースを特定することができるダッシュボード。
インベントリ	マネージドノードからメタデータを収集し、OS上のアプリケーション一覧など構成情報を記録し、可視化することができる。
マネージドインスタンス	管理対象のサーバ一覧を表示できる。
ハイブリッドアクティベーション	オンプレミスとAWSのハイブリッド環境、およびマルチクラウド環境での非EC2マシンなどを、マネージドノードとしてセットアップするには、ハイブリッドアクティベーションを使用する。
セッションマネージャ	インバウンドポートを開くことなく、ブラウザからシェルアクセスを行うことができる。ポートフォワーディングでのアクセスも可能。
Run Command	サーバにログインすることなく、「コマンドドキュメント」によりマネージドノードに対してコマンドを一括実行することができる。「コマンドドキュメント」を実行する
ステートマネージャ	マネージドノードおよび他のAWSリソースについて、定義された状態に保つプロセスを自動化することができる。
パッチマネージャ	マネージドノードに対して、パッチを自動スキャンし、自動的にパッチ適用を実行することができる。
ディストリビューター	ソフトウェアのインストール・更新を自動化することができる。

▶ 図8.15：セッションマネージャ・RunCommand

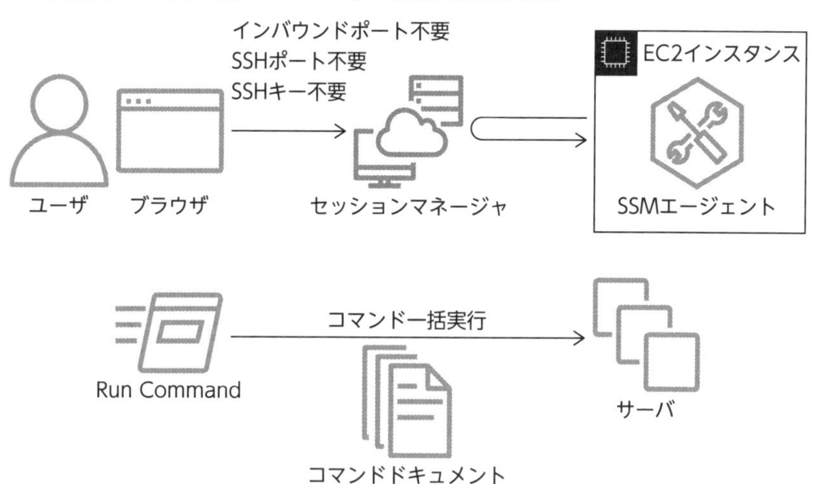

8.5 AWS Organizations

重要度 ★★★

概要

AWS Organizationsは、**組織内の複数のAWSアカウントを1つに統合することで、アカウント管理作業を一括で行うことができるサービスです。**

また、AWS Organizationsにより、個々のAWSアカウントごとにバラバラに行われている請求および支払処理を、一括請求(コンソリデーティッドビリング)にすることができます。これにより、管理アカウントを使用して、すべてのメンバーアカウントの料金を統合して支払うことができます。

メリット/デメリット

◇ AWSアカウントの一元管理

AWS Organizationsを使用すると、複数のAWSアカウントをポリシーベースで管理することができ、新しいAWSアカウントの追加時も、環境を一元管理できます。これにより、AWSアカウント全体の一元管理が可能になります。

◇ AWSアカウントの新規作成の自動化

メンバーアカウントの作成を、マネジメントコンソール、SDK、AWS CLIから行うことができるようになり、AWSアカウントの作成を自動化することができます。

◇ 請求の簡素化・最適化

複数のAWSアカウントのコストについて、簡素化および最適化できます。AWS Organizationsを使用することにより、複数のAWSアカウントの請求を一括請求にすることができます。また、請求をまとめることにより、ボリュームディスカウントも効きやすくなり、コストを最適化できます。

■構成要素・オプション等

◇ AWS アカウント

AWS との契約の単位です。AWS アカウントはメールアドレス、12 桁の ID で識別されます。AWS Organizations で管理する最小単位となります。

◇ 組織（Organization）

AWS Organizations で一元管理する対象の全体を指します。組織内に、管理対象となる複数 AWS アカウントが含まれます。

▶ 図8.16：AWS Organizationsの仕組み

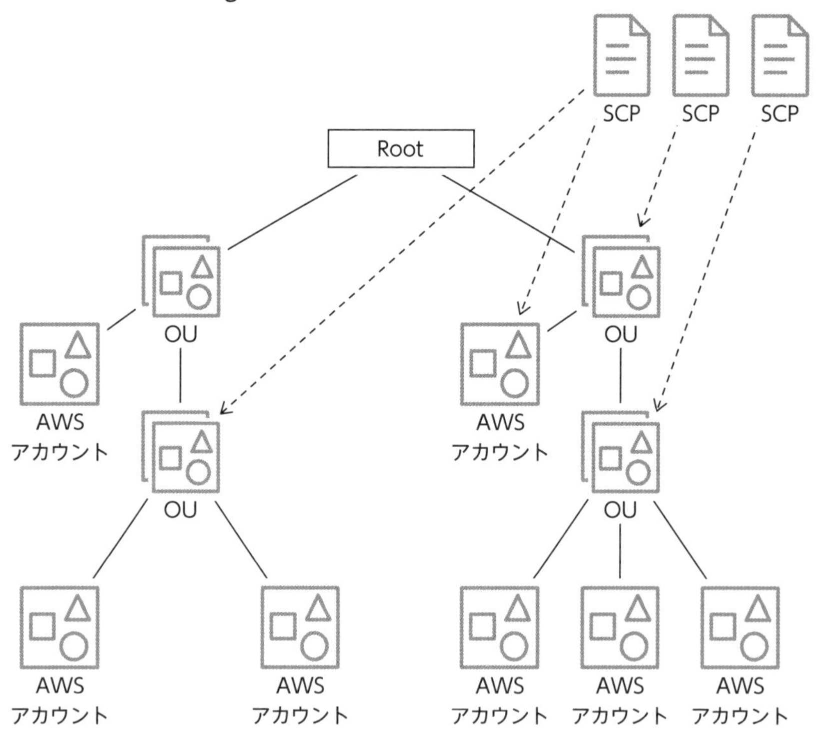

◇ 管理アカウント（旧マスターアカウント）

AWS Organizationsの組織全体を管理する権限を持つAWSアカウントを指します。

◇ メンバーアカウント（旧連結アカウント）

組織内にある管理アカウント以外の管理対象となるAWSアカウントを指します。

◇ 組織単位（OU：Organization Unit）

組織内にあるAWSアカウントの論理的なグループです。

◇ 管理用ルート（root）

組織単位（OU）階層の最上位のコンテナで、AWSアカウントを管理するための開始となります。

◇ サービスコントロールポリシー（SCP）

組織内のAWSアカウントが利用できるAWSサービスや行えるアクションを制御するためのポリシーです。メンバーアカウントのルートユーザであっても、SCPの制御を受けます。

8.6 AWS Trusted Advisor

重要度 ★★

概要

AWS Trusted Advisor（以下、Trusted Advisor）は、ユーザのAWS環境を評価し、コスト最適化、システムの可用性やパフォーマンスの向上、セキュリティの強化などに関する推奨事項を提示するサービスです。

▶ 図8.17：Trusted Advisor

メリット/デメリット

◇ AWS のベストプラクティスの適用

AWS のベストプラクティスから逸脱している項目を特定し、是正するための推奨アクションを提示します。これにより、複数の AWS アカウントを持つ組織においては、すべての AWS アカウントで、同じレベルのセキュリティやコスト効率を維持することができます。

Trusted Advisor のチェック項目は、AWS サポートプランと連動しています。

ベーシックサポートおよびデベロッパーサポートプランの場合は、サービスの制限（サービスのクォータ）のすべてのチェックと、セキュリティカテゴリの次のチェックが行われます。

- Amazon EBS パブリックスナップショット
- Amazon RDS パブリックスナップショット
- Amazon S3 バケット許可
- IAM の使用
- ルートアカウントの MFA
- セキュリティグループの開かれたポート

Business、Enterprise On-Ramp、Enterprise サポートプランの場合は、

Trusted Advisor により、すべてのカテゴリのチェックが行われます。

◇ コスト最適化

活用されていない EBS ボリュームやアイドル状態の RDS DB インスタンス、未使用の Elastic IP アドレスなどを特定してコスト削減に繋がる推奨事項を提示してくれます。

◇ パフォーマンス

EC2 インスタンスのコンピューティング使用量や EBS のスループットを分析し、パフォーマンスを向上させるための推奨事項を提示してくれます。

◇ セキュリティ

AWS セキュリティ機能の有効化や設定のチェックにより、ユーザの AWS 環境のセキュリティ向上に役立つ推奨事項を提示してくれます。

◇ 耐障害性

マルチ AZ、オートスケーリング、ヘルスチェック、バックアップ機能などを使用して、AWS アプリケーションの可用性を高めるための推奨事項を提示してくれます。

◇ サービスの制限

AWS アカウントに作成できるリソースの最大数（サービスのクォータ）を監視し、最大数の 80% 以上に達した場合に、ユーザに通知してくれます。

8.7 AWS Config

重要度★★☆

概要

AWS Configは、AWSリソースの各種構成情報の記録、評価を行うマネージドサービスです。

メリット/デメリット

◇ リソースの設定の管理の簡素化

AWS Configにより、初期費用なしでリソースの設定を追跡できます。データ収集のためのエージェントをインストールしたり、更新したり、大規模なデータベースを管理したりといった複雑な作業が不要です。AWS Configを有効にすると、AWSリソースに関連付けられたすべての設定属性の、継続的に更新された詳細を確認できます。さらに、設定が更新されるたびにAmazon Simple Notification Service（SNS）による通知を送信することができます。

構成要素・オプション等

◇ AWSリソース

AWS Configにより使用、作成および管理の対象となるエンティティです。AWSリソースの例としてEC2インスタンス、セキュリティグループ、VPC、Amazon Elastic Block Store（Amazon EBS）などがあります。

◇ ルール

特定のAWSリソースまたはAWSアカウント全体の望ましい設定を表

します。AWSリソースがルールに準拠していないと、AWS Configは AWSリソースとルールに非準拠のフラグを付け、Amazon SNSを通じて管理者に通知します。例えばAmazon EBSボリュームが暗号化されているかどうか、または特定のタグがリソースに適用されているかどうかの評価を行うことができます。

◇適用パック

適用パックは、ルールと修復アクションの集合体です。YAMLテンプレートとして作成することができます。

◇アグリゲータ

アグリゲータは、複数のアカウントおよびリージョンからAWS Configデータを収集するためのリソースです。

図8.18：AWS Config

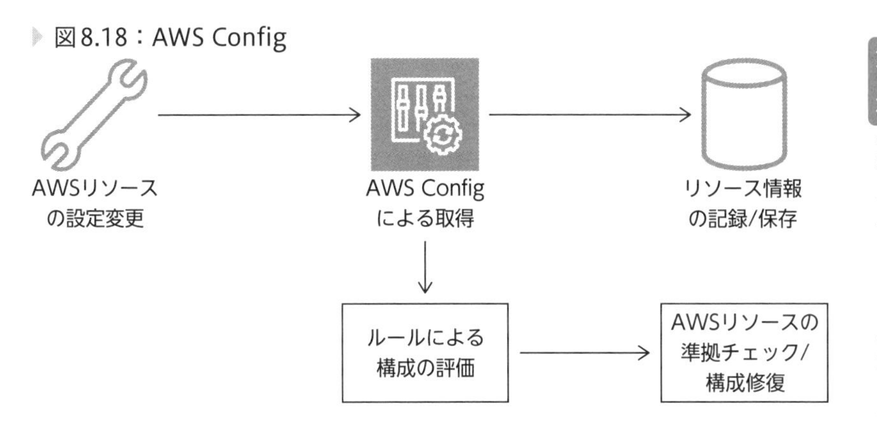

8.8 その他の管理、モニタリング、ガバナンスに関するサービス

重要度 ★

管理、モニタリング、ガバナンスに関するその他のサービスは、以下のものをおさえておくとよいでしょう。

表8.6：管理、モニタリング、ガバナンスに関するその他のサービス

サービス名	特徴
AWS Service Catalog	AWSリソースを定義した複数のAWS CloudFormationテンプレートを取りまとめて管理し、それらを複数のAWSアカウントに対してデプロイを可能にするサービス。
AWS Control Tower	AWS Config、SCP、AWS CloudTrailなどを用いてAWSのベストプラクティスに基づいたAWSのマルチアカウント環境をデプロイできるサービス。
AWS X-Ray	分散アプリケーションが処理するリクエストを一連の流れで把握するためのサービス。アプリケーション全体のパフォーマンスを確認することができ、リソースのレイテンシや障害の特定などに役立つ。
AWS Compute Optimizer	AWSリソースの設定と使用率のメトリクスを分析し、推奨事項を提示するサービス。リソースが最適かどうかを報告し、最適化に関する推奨事項を生成し、コストを削減およびワークロードのパフォーマンスの改善に役立つ情報を提供する。
AWS License Manager	ソフトウェアベンダー（Microsoft、SAP、Oracle、IBMなど）のソフトウェアライセンスについて、AWSとオンプレミス環境との間で一元的に管理することができるサービス。
Amazon Managed Grafana	オープンソースの分析プラットフォームであるGrafana向けのフルマネージドサービス。
Amazon Managed Service for Prometheus	サーバのアクセス状況などシステムの動的な負荷を管理するOSS製品であるPrometheusと互換性のあるコンテナメトリックスのモニタリングを行うサービス。
AWS Personal Health Dashboard	利用しているAWSリソースについて、AWSの障害の影響を受けているものをリアルタイムで確認することができるダッシュボードサービス。
AWS Proton	「コンテナ」と「サーバレス」向けにアプリケーションのプラットフォームを「環境」と「サービス」の2つのレイヤーに分けて管理するサービス。
AWS Well-Architected Tool	AWSのベストプラクティスと突合せて、アーキテクチャを測定するための一貫したプロセスを提供するクラウドサービス。

確認問題

問題❶ ある企業は、自社サービスの本番環境とテスト環境のそれぞれをAmazon EC2インスタンス上に構築しており、各環境はVPCで分離されています。各環境に対してRDPまたはSSHによるアクセスが確立された場合、セキュリティチームに通知する必要があります。どのような設定が必要でしょうか。

A. EC2インスタンスの状態を管理するため、RDPまたはSSHによるアクセスが検出された場合、AWS Systems Manager State Managerを使用します。

B. EC2インスタンスにAmazonRDSReadOnlyAccessポリシーがアタッチされたIAMロールを持つIAMインスタンスプロファイルを設定します。

C. EC2インスタンスのCPU使用率のメトリクスを受信するようにAmazon EventBridgeルールを設定します。セキュリティチームをトピックにサブスクライブします。

D. Amazon CloudWatch Logsに発行するVPCフローログを作成します。必要なメトリクスフィルターを作成し、アラームがALARM状態になった場合の通知アクションを使用し、Amazon CloudWatchメトリクスアラームを作成します。

問題❷ ある組織では、マネージャーがAmazon CloudWatchダッシュボードに表示されるアプリケーションのメトリクスを任意のタイミングで確認しています。このマネージャーはAWSアカウントを保有していないため、あなたはマネージャーに対して最小権限の原則に従ったアクセス方法を提供する必要があります。
これらの要件を満たすソリューションはどれですか。

A. CloudWatchダッシュボードのスナップショットを定期的に生成し、S3バケットに保存する。マネージャーにS3バケットへの読み取り専用アクセスを許可します。
B. AWS WorkSpacesを使用して、マネージャーがダッシュボードにアクセスするための仮想デスクトップ環境を提供します。マネージャーがダッシュボードにアクセスする必要がある場合は、ログインアカウントを共有してWorkspaceを起動します。Workspaceでダッシュボードが表示されるようにアクセス権限を付与し、ブラウザにもダッシュボードのURLを設定します。
C. マネージャー専用のIAMユーザーを作成する。AWSマネージドポリシーである、CloudWatchReadOnlyAccessポリシーをユーザーにアタッチします。新しいログイン情報、および、ダッシュボードのURLをマネージャーと共有します。
D. 従業員用のIAMユーザーを作成し、CloudWatchReadOnlyAccessポリシーをアタッチする。ログイン情報をマネージャーと共有します。マネージャーに依頼し、CloudWatchコンソールの［ダッシュボード］セクションからダッシュボードにアクセスします。

問題❸ ある組織はAWSクラウド上に数百のAmazon EC2 Linuxベースのインスタンスを稼働させています。これらのインスタンスは、共有SSHキーを用いてシステム管理者により管理されています。しかし、社内のセキュリティ監査部門による監査の結果、すべての共有キーを削除するようにとの指示が出されました。そのため、ソリューションアーキテクトは、EC2インスタンスへの安全なアクセス手段を提供するソリューションを設計する必要があります。
管理作業の負担を最小に抑えつつ、この要件を満たす最適なソリューションは何でしょうか。

A. AWS Direct Connectを使用して、オンプレミスのネットワークから安全に接続します。
B. AWS IAMを使用して、各ユーザーに個別のSSHキーを提供します。

C. AWS Systems Manager Session Manager を用いて EC2 インスタンスへ接続します。
D. AWS KMS を使用して、SSH キーを暗号化し、デシリアライズ時に復号化します。

問題❹ あるプロジェクトにおいて、IAM ユーザーが本番環境へのデプロイ中に AWS リソースに計画外の設定変更を施し、その結果、いくつかのセキュリティグループのルールが不適切に設定されていることが発覚しました。ソリューションアーキテクトは、どの IAM ユーザーがこの変更を行ったかを特定したいと考えています。そのために、ソリューションアーキテクトが使用すべきサービスはどれでしょうか。

A. AWS Security Hub
B. Amazon GuardDuty
C. Amazon Macie
D. AWS CloudTrail

問題❺ ある企業が自社のアプリケーションを AWS 上で稼働させています。コンプライアンスの遵守、ガバナンス、監査、そしてセキュリティを確保するため、AWS リソースの設定変更を追跡し、API 呼び出しの履歴をログとして保存する必要があります。これらの要件を満たすために、ソリューションアーキテクトはどのアクションを取るべきでしょうか。

A. AWS Config を使用して設定変更を追跡し、API 呼び出しのログを AWS CloudTrail で取得します。
B. AWS Config を使用して設定変更を追跡し、API 呼び出しのログを Amazon CloudWatch で取得します。
C. AWS CloudTrail を使用して設定変更を追跡し、API 呼び出しのログを Amazon CloudWatch で取得します。
D. AWS Config を使用して設定変更を追跡し、API 呼び出しのログを Amazon S3 で取得します。

確認問題の解答と解説

問題❶ 正解 D

本文参照：「CloudWatch Logs」（p.287）

Dが正解です。VPCフローログをAmazon CloudWatch Logsに発行すると、VPC内のIPトラフィックに関する情報を取得できます。これにより、RDPまたはSSHアクセスが確立されたことを検出できます。そして、CloudWatchのメトリクスフィルタを作成して、特定のパターンに合致するイベント（この場合はRDPまたはSSHアクセス）を検出し、それに基づいてアラームを作成します。アラームがALARM状態になったときに通知アクションを使用すると、セキュリティチームに通知できます。

Aは間違いです。AWS Systems Manager State Managerは、一連の状態を管理するためのサービスであり、RDPまたはSSHによるアクセスの検出には使用できません。

Bは間違いです。AmazonRDSReadOnlyAccessポリシーは、RDSリソースへの読み取り専用アクセスを許可するIAMポリシーであり、EC2インスタンスのRDPまたはSSHアクセスの検出には関連しません。

Cは間違いです。Amazon EventBridgeルールを設定してEC2インスタンスのCPU使用率のメトリクスをリッスンするという設定は、CPU使用率に関連する情報しか把握できません。これにより、RDPまたはSSHによるアクセスが確立されたかどうかを判断することはできません。

問題❷ 正解 C

本文参照：「IAM」（5章）

Cが正解です。マネージャ専用のIAMユーザを作成する、CloudWatchReadOnlyAccessポリシーをユーザにアタッチするという手段は、最小権限の原則に従ってマネージャにCloudWatchダッシュボードへの読み取り専用アクセスを提供するための適切な手段です。

Aは間違いです。CloudWatchダッシュボードのスナップショットを定期的に生成し、S3バケットに保存するという手段は、マネージャが任意のタイミングで最新のメトリクスを確認する要件を満たしません。

Bは間違いです。AWS WorkSpacesを使用するという手段は、一般的には高コストであり、不必要に複雑で運用負荷などが大きくなり適切ではありません。

Dは間違いです。特定のIAMユーザのログイン情報を共有するのは、ベストプラクティスではありません。あとから、だれが行った操作か特定できない等の問題が発生するためです。

問題❸ **正解 C**

本文参照：「インスタンスとノードの機能」（p.301）

Cが正解です。AWS Systems Manager Session Managerを使用して、EC2インスタンスに接続することができます。Session Managerは、SSHキーやRDPパスワードを使用せずに、セキュアな接続を可能にします。これにより、共有SSHキーの使用を削除し、インスタンスへの安全なアクセスを維持することができます。

Aは間違いです。Direct ConnectはオンプレミスネットワークとAWSとの間の専用接続を提供するサービスであり、SSHキーの管理問題を解決するものではありません。

Bは間違いです。IAMはAWSリソースへのアクセスを管理するためのものであり、SSHキーを提供するサービスではありません。

Dは間違いです。KMSはキー管理サービスであり、SSHキーの生成や管理のためのものではありません。

問題❹ 正解 D

本文参照：「AWS CloudTrail」（p.292）

Dが正解です。AWS CloudTrailはAWSアカウントのアクティビティを記録し、追跡するサービスであり、IAMユーザによる設定変更のログを提供します。

Aは間違いです。AWS Security Hubはセキュリティアラートとセキュリティポスチャの総合的なビューを提供するサービスであり、特定のIAMユーザによる変更を追跡するためのサービスではありません。

Bは間違いです。Amazon GuardDutyは脅威検出サービスであり、特定のIAMユーザによる変更を追跡するためのサービスではありません。

Cは間違いです。Amazon Macieはデータのプライバシーとセキュリティリスクを特定し、これらのリスクから保護するためのサービスであり、特定のIAMユーザによる変更を追跡するためのサービスではありません。

問題❺ 正解 A

本文参照：「AWS Config」（p.308）

Aが正解です。AWS ConfigはAWSリソースの設定変更を追跡し、設定履歴を提供します。一方、AWS CloudTrailはAWSアカウントのアクティビティを記録し、追跡するサービスであり、API呼び出しの履歴を提供します。これにより、設定変更の追跡とAPI呼び出しの履歴のログを保存することが可能です。

Bは間違いです。Amazon CloudWatchは主にアプリケーションの監視やログの集約に使用されますが、API呼び出しの詳細な履歴を提供するためのサービスではありません。この目的にはAWS CloudTrailを使用します。

Cは間違いです。AWS CloudTrailはAPI呼び出しのログを提供するサービスであり、設定変更の追跡にはAWS Configを使用します。

Dは間違いです。API呼び出しのログを取得するためには、AWS CloudTrailを使用します。

第9章

コンテナ

本章では、コンテナに関連したAWSのサービスについて紹介します。紹介するサービスは、Amazon ECS、Amazon EKS、AWS Fargate、Amazon ECRです。
サービスの理解に必須となる基礎知識として、コンテナの概要やコンテナに必要なコンポーネント（構成要素）についても、ご紹介します。
クラウドサービスの実務経験がある人やコンテナの基礎知識がある人は、「9.1 Amazon Elastic Container Service (Amazon ECS)」から始めていただいても問題ありません。

アクセスキー：w（小文字のダブリュー）

各サービスの紹介をする前に、まずはコンテナの概要や、コンテナに必要なコンポーネントについて簡単に紹介します。

コンテナは、OS上に隔離されたアプリケーションの実行環境です。仮想サーバとコンテナを比較した図9.1を以下に記載します。

図9.1：コンテナと仮想サーバの比較

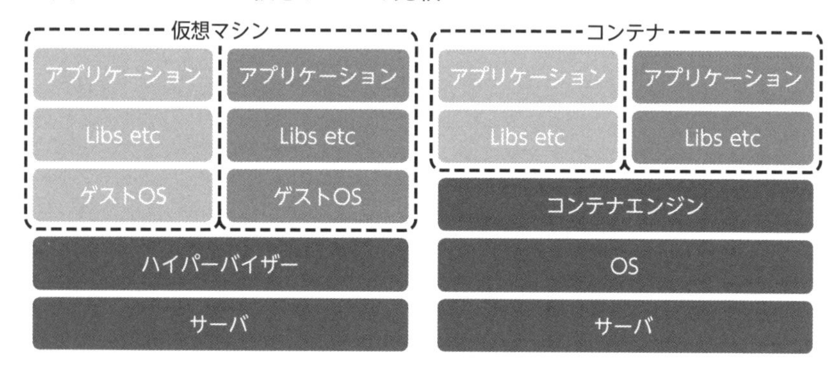

仮想サーバが各々独立したOSやカーネルを持つのに対して、コンテナはホスト側のOSやカーネルを共有します。これによって、表9.1に示した通りの特徴やメリットを持ちます。

表9.1：コンテナの特徴とメリット

コンテナの特徴	背景	メリット
軽量	ゲストOSが動作せずリソース消費量が少ないため	・リリースサイクルの高速化 ・モビリティ（可搬性）の向上 ・一貫した運用 ・TCOの削減 ・他
迅速な起動停止	ゲストOSの起動停止にかかる時間が削減されるため	
自己完結	アプリケーションに必要なライブラリ等がコンテナ内に含まれているため	

また、コンテナを作成する時は、コンテナイメージというコンテナのひな形を使用します。イメージには、EC2におけるAMIのように、コンテナとして動作させるアプリケーションやその依存関係が含まれています。このイメージは、通常コンテナレジストリと呼ばれる格納庫に格納され、そこからサーバにダウンロードされてコンテナの作成に使用されます。

図9.2：コンテナ利用時の概略

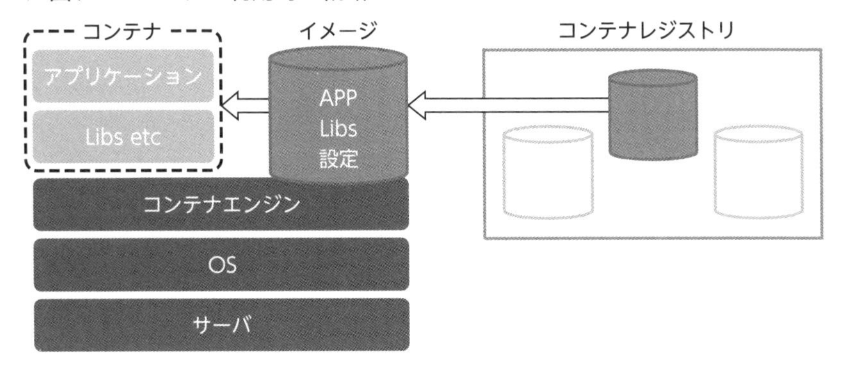

コンテナは、コンテナエンジンのコマンド等を使用して作成することができます。ただし、コンテナが数十台、数百台存在するような大規模環境では、この作成方法だと時間がかかったり操作ミスを誘発したりするため、最適とは言えません。そこで、コンテナの運用管理を自動化するためのコンポーネントが求められます。

そのコンポーネントが、コンテナオーケストレーションツールです。コンテナオーケストレーションツールは、コンテナのデプロイやAuto Scalingといった各種の運用管理を自動化します。

今までご紹介したコンテナレジストリとコンテナオーケストレーションツールのほかに、コンテナが動作するためのリソースを提供するコンテナホストも、コンテナを動作させるのに必要なコンポーネントと言えます。

これらのコンポーネントにAWSサービスを当てはめると、以下の通りになります。

・コンテナオーケストレーションツール：ECS、EKS
・コンテナホスト：EC2、Fargate
・コンテナレジストリ：ECR

図9.3：コンテナに必要なコンポーネント

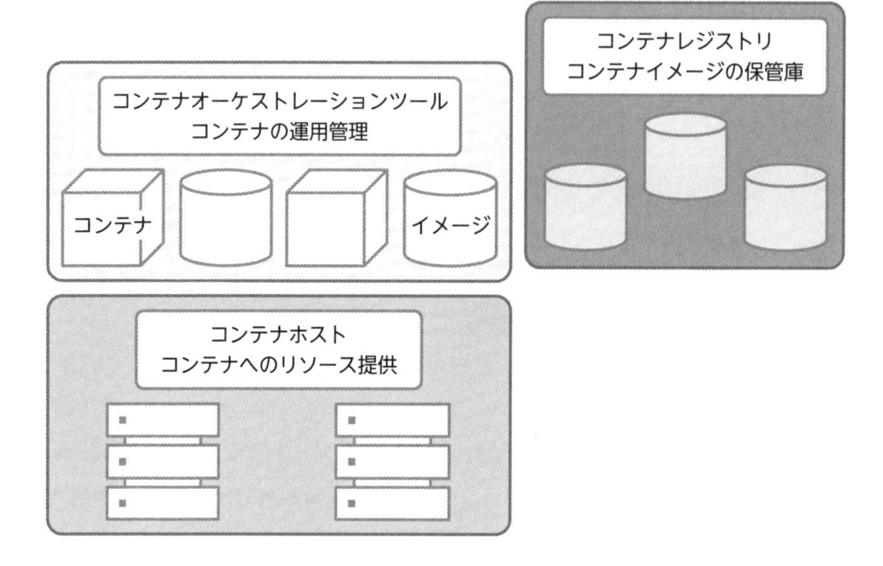

9.1 Amazon Elastic Container Service（Amazon ECS）

重要度 ★★★

概要

Amazon Elastic Container Service（以下、Amazon ECS）は、**コンテナ化されたアプリケーションをデプロイ、管理、スケーリングすることができる、フルマネージド型のコンテナオーケストレーションサービス**です。Amazon ECSにより、独自のクラスタ管理インフラストラクチャを運用しなくても、コンテナを使用したアプリケーションを簡単にデプロイ・管理できます。

メリット/デメリット

◇ リソース効率

Amazon ECSは、コンテナをタスクという単位で管理し、リソースの効率的な配分をサポートします。これにより、アプリケーションの実行に必要なリソースを最適化できます。また、アプリケーションの可用性を維持し、アプリケーションの容量要件を満たすようにコンテナをスケールアップまたはスケールダウンできます。

◇ 自動復旧

サービススケジューラと呼ばれる機能により、基盤となるインフラストラクチャに障害が発生した場合、タスクを再スケジュールできます。また、コンテナのヘルスチェックまたはロードバランサのターゲットグループのヘルスチェックが失敗すると、サービススケジューラによって、異常であると判断されたタスクが置き換えられます。

構成要素・オプション等

◇ タスク定義

Amazon ECSにおけるタスク定義は、**タスクを構成するための設定ファイル**です。タスク定義には、各タスクで使用するDockerイメージや、各タスクの各コンテナで使用するCPUとメモリの量、タスクに割り当てるIAMロールなど、アプリケーションを構成するパラメータやコンテナの情報が含まれています。

図9.4：Amazon ECSのタスク定義

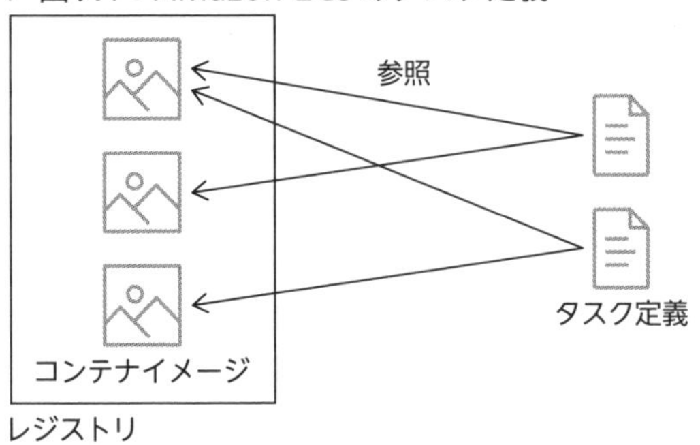

タスク

Amazon ECSにおけるタスクは、**タスク定義に基づき起動されるコンテナ群**です。タスク内のコンテナは、同一のノード上で実行されます。タスクを実行するノードとして、Amazon EC2インスタンスもしくはAWS Fargateを使用することが可能です。Amazon EC2インスタンスの場合は、ECSエージェントが起動している必要があります。

タスクは単独のコンテナでも、複数のコンテナでも構成が可能です。複数のコンテナで構成する場合は、アプリケーションのコンテナとログ収集用のコンテナという構成にすることができます。

図9.5：Amazon ECSのタスク

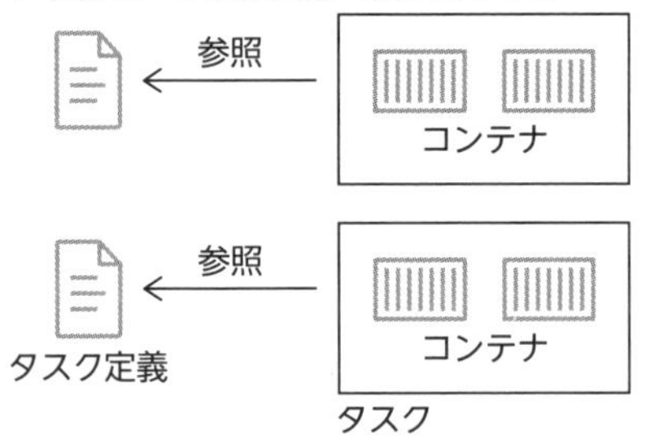

サービス

Amazon ECSにおけるサービスは、**Amazon ECSクラスタ内で実行されるタスクの必要数を定義するもの**です。また、サービスの起動後は、タスクの数を維持します。タスクの1つが失敗または停止した場合、タスクを自動的に再作成します。これにより、サービスで必要な数のタスクを維持するのに役立ちます。

◇ クラスタ

Amazon ECS におけるクラスタは、タスクまたはサービスの論理グループです。

▶ 図9.6：Amazon ECSの動作イメージ(Amazon EC2を使用)

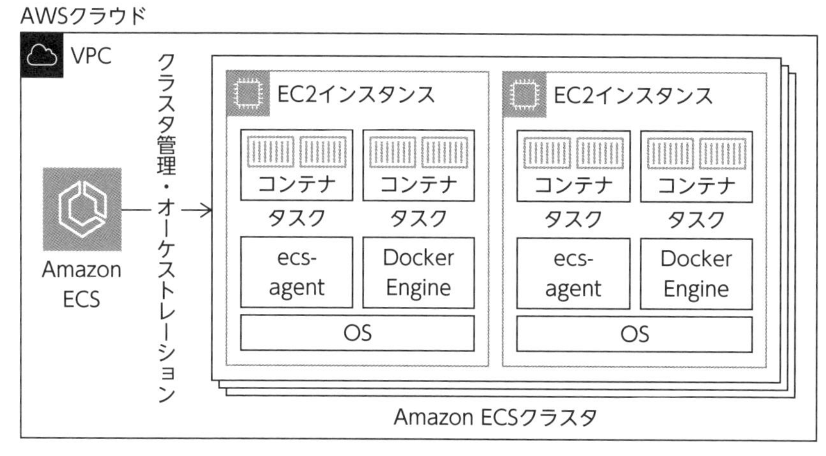

▶ 図9.7：Amazon ECSの動作イメージ(AWS Fargateを使用)

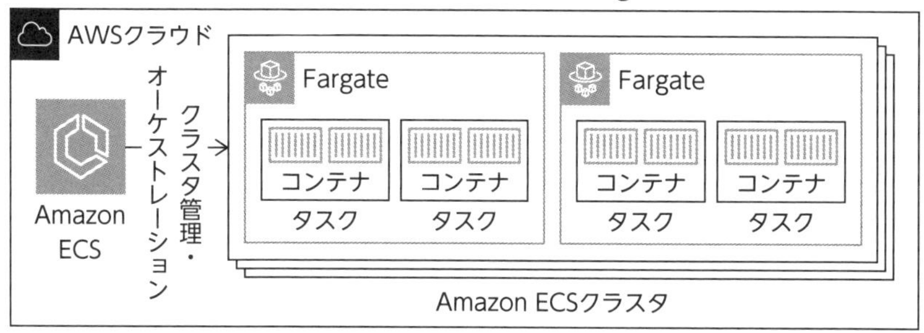

◇ Amazon ECS Anywhere

独自の仮想マシンやベアメタルサーバなど、オンプレミス環境でコンテナベースのアプリケーションを実行および管理できる Amazon ECS の機能です。ECS Anywhere を使用すると、オンプレミス環境でコンテナオーケストレーションソフトウェアをインストールまたは操作する必要がないため、運用管理タスクが削減されます。

9.2 Amazon Elastic Kubernetes Service (Amazon EKS)

重要度 ★★★

概要

Amazon Elastic Kubernetes Service（以下、Amazon EKS）は、Amazon ECS同様**AWSで利用できるマネージド型のコンテナオーケストレーションサービス**です。Amazon ECSとの違いは、オーケストレーションのエンジンとして、**オープンソースのコンテナオーケストレーションツールであるKubernetesを使用している**ことです。Amazon EKSを利用することで、独自のKubernetesコントロールプレーンやワーカノードをインストールすることなく、クラウド上でKubernetesを実行できます。

■メリット/デメリット

◇高可用性、耐障害性

Amazon EKSは、Kubernetesコントロールプレーンを、複数のAWSアベイラビリティゾーン（AZ）をまたいでプロビジョンおよびスケールさせるため、高い可用性と耐障害性を実現します。Amazon EKSは異常なコントロールプレーンノードを自動的に検出して置き換えます。

◇コスト効率

Amazon EKSとコンテナの実行基盤となるサーバレスコンピューティングを提供するAWS Fargateを組み合わせて利用することができます。AWS Fargateはサーバのプロビジョンと管理が不要で、アプリケーションごとにリソースを指定し、その分のみ料金を支払うことができます。

構成要素・オプション等

◇ クラスタ

Amazon EKSクラスタは、コントロールプレーンとワーカノードで構成されます。

図9.8：Amazon EKSの動作イメージ

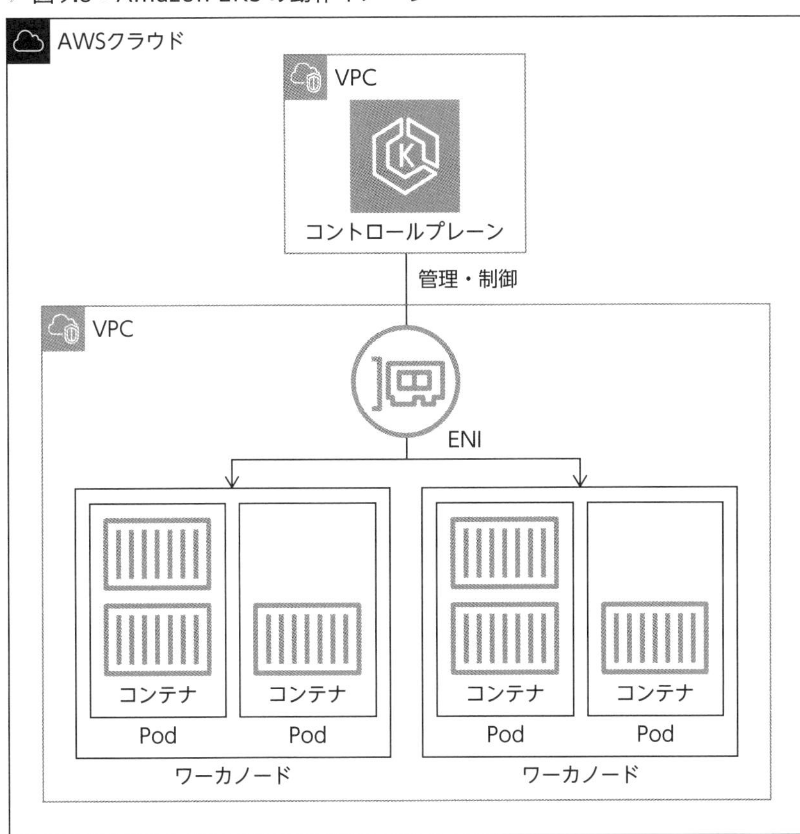

◇ コントロールプレーン

コントロールプレーンは、クラスタ情報の保持、PodおよびPodを実行するワーカノードの制御、API機能の提供などを行います。

◇ ワーカノード

ワーカノードは、**コンテナ化されたアプリケーションを実行するコンピューティングリソース**です。Amazon EC2 インスタンスもしくは AWS Fargate を、ワーカノードとして使用することが可能です。

◇ Pod

Pod は、**Kubernetes で実行できるアプリケーションの最小単位**です。基本的に Pod は 1 つのコンテナから構成されますが、複数のコンテナを共存させることもできます。Pod はワーカノード上で動作します。ECS におけるタスクに該当します。

◇ Amazon EKS Anywhere

Amazon EKS Anywhere は、コンテナ管理ソフトウェアであり、オンプレミスで Kubernetes クラスタの実行と管理を行うサービスです。Amazon EKS Anywhere は、Amazon EKS Distro 上に構築されています。Amazon EKS Distro は、オープンソースの Kubernetes ディストリビューションであり、AWS クラウドで Amazon EKS によって使用されているのと同じものです。

▶ 図9.9：Amazon EKS Anywhere

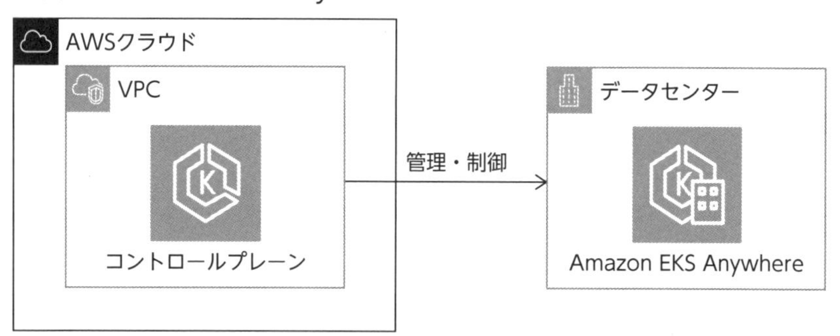

9.3 AWS Fargate

重要度 ★★★

概要

AWS Fargate は、**Amazon ECS と Amazon EKS の両方と連携する、コンテナを実行するためのサーバレスコンピューティング**です。AWS Fargate によりサーバのプロビジョニングと管理が不要になるため、アプリケーションの構築に集中しやすくなります。

メリット/デメリット

◇ メンテナンス不要

コンテナホストとして EC2 を使うのに比べて、AWS Fargate はスケーリングやパッチ適用などの運用管理を行う必要が無いため、アプリケーションの構築に集中できます。また、AWS Fargate は、コンピューティングリソースの使用分のみで支払いが行われるため、コストを最適化できます。

構成要素・オプション等

◇ コンテナサービスの選択

コンテナ利用時には、コンテナオーケストレーションツールとコンテナホストを選択することになるため、それぞれの比較を行います。

コンテナオーケストレーションツールは、すでに Kubernetes の運用経験があれば、EKS はほぼ同じ方法で使用ができるため EKS の利用から検討します。一方、これからコンテナを導入するというケースであれば、ECS の方がシンプルで他の AWS サービスとの連携も取りやすいため、ECS の利用から検討します。

コンテナホストは、Fargateを使用したほうが運用管理のコストを削減できるため、こちらの利用から検討します。一方、EC2は独自のエージェントやツールのインストール等ができ、ハードウェアの選択肢も豊富なため、それらのカスタマイズが必要な場合はEC2を利用します。

▶ 図9.10：ECS、EKS、Fargate、EC2の組み合わせ

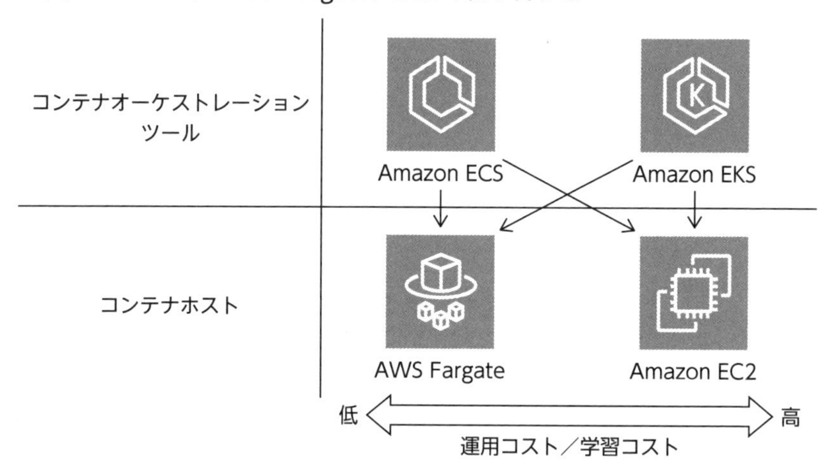

▶ 図9.11：EC2とFargateの違い

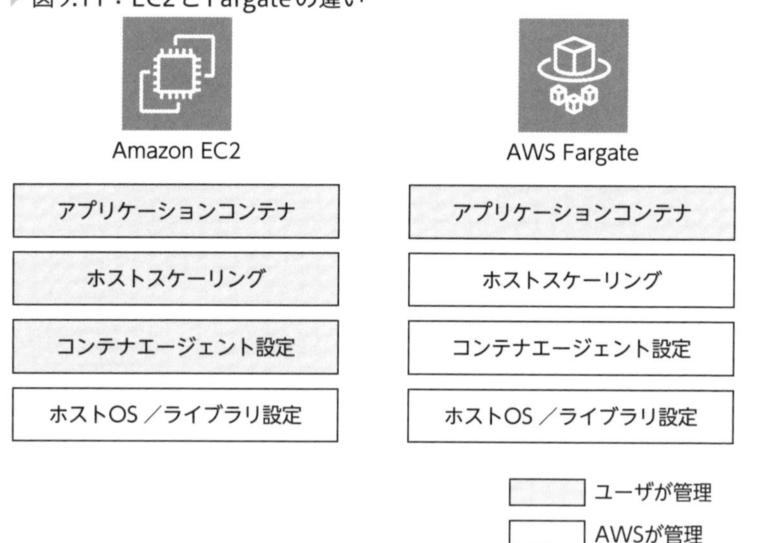

9.4 Amazon Elastic Container Registry（Amazon ECR）

重要度 ★

概要

Amazon Elastic Container Registry（以下、Amazon ECR）は、**フルマネージド型のコンテナレジストリ**です。

メリット/デメリット

◇ 運用管理削減

Amazon ECRにより、コンテナレジストリを動かすためのインフラストラクチャの運用やスケーリングが不要になります。

◇ 高い耐久性

Amazon ECRではストレージとしてAmazon S3が使用されています。そのため、コンテナイメージの可用性と耐久性が高くなるため、アプリケーションに新しいコンテナを確実にデプロイすることができます。

◇ セキュリティ

Amazon ECRにより、コンテナイメージはHTTPS経由で転送され、保管時にはイメージが自動的に暗号化されます。また、各リポジトリへのアクセス許可を管理するポリシーを設定し、IAMユーザ、IAMロール、または他のAWSアカウントへのアクセスを制限することができます。

■構成要素・オプション等

◇レジストリ

1つ以上のレポジトリのコンテナです。レジストリには、保存したコンテナイメージを世界中に公開可能なパブリックレジストリと、プライベートな範囲で公開可能なプライベートレジストリの2種類があります。

◇リポジトリ

レジストリ内部に作成された、コンテナイメージ等の保存領域です。Amazon ECRのリポジトリには、Dockerイメージ、Open Container Initiative（OCI）イメージ、OCI対応アーティファクトを保存することができます。リポジトリには、コンテンツが誰でも取得できるパブリックリポジトリと、IAMポリシーまたはリポジトリポリシーを通じて明示的なアクセス権限を持つユーザのみがアクセスできるプライベートリポジトリの2種類があります。

▶ 図9.12：Amazon ECR

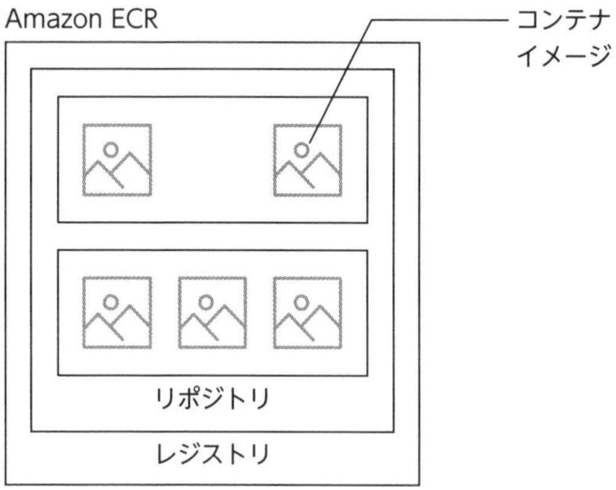

確認問題

問題❶ ある企業は主要なアプリケーションのスケーラビリティと高可用性を達成するために、アプリケーションのコンテナ化を計画しています。企業は、インフラストラクチャの設定や管理等の運用タスクよりも、アプリケーションの開発と保守にリソースを割り当てたいと考えています。これらのニーズを満たす最も適した解決策は何でしょうか。

A. Amazon Elastic Container Service（Amazon ECS）optimized Amazon Machine Image（AMI）を用いて Amazon EC2 インスタンスを活用します。
B. Amazon EC2 インスタンスを導入し、そのインスタンスに Docker をセットアップします。
C. AWS Fargate を用いて Amazon ECS を活用します。
D. Amazon EC2 ワーカノード上で Amazon ECS を導入します。

**問題❷ ある会社は、オンプレミスのモノリシックアプリケーションを保有しており、このアプリケーションを AWS に移行することを計画しています。同社は、フロントエンドとバックエンドのコードを可能な限り流用しつつ、アプリケーションをコンテナ化してマイクロサービスとして分割したいと考えています。フロントエンドとバックエンドは異なるチームが管理します。同社は、運用上の負荷を最小化する高いスケーラビリティを持つソリューションが必要です。
これらの要件を満たす最適なソリューションは何でしょうか。**

A. Amazon EC2 インスタンスでアプリケーションをホストし、Auto Scaling グループ内の EC2 インスタンスを対象とした Application Load Balancer を設定します。
B. AWS Lambda を用いてアプリケーションをホストし、アプリケーションを Amazon API Gateway と統合します。

C. Amazon CodeCatalystを使用してアプリケーションをホストし、フロントエンドとバックエンドを独立したプロジェクトとして管理します。
D. Amazon ECSを使用してアプリケーションをホストし、Amazon ECSを対象としたApplication Load Balancerを設定します。

問題❸ **ある企業は、自社のオンプレミスのサーバーで、コンテナ化されたWebアプリケーションをホストしています。最近リクエスト数が急速に増加していますが、オンプレミスのサーバーは増加した要求数を処理できていません。同社は、開発に関するリソースをできるだけ少なく、また、コードの変更も最小限にしてアプリケーションをAWSに移行したいと考えています。運用上のオーバーヘッドが最も少なく、これらの要件を満たすソリューションはどれですか。**

A. Amazon ECSでAWS Fargateを使用し、Service Auto Scalingでコンテナ化されたWebアプリケーションを実行します。Application Load Balancerを使用してリクエストを分散します。
B. Amazon EKSでKubernetesクラスタを設定し、その上でコンテナ化されたWebアプリケーションをホストします。
C. Amazon S3を使用して、Webアプリケーションを静的ウェブサイトとしてホストします。
D. 2つのAmazon EC2インスタンスを使用して、コンテナ化されたWebアプリケーションをホストします。Application Load Balancerを使用して受信リクエストを分散します。

問題❹ **ある企業は、オンプレミスのデータセンターにあるKubernetesクラスターで、コンテナ化されたアプリケーションを運用しています。同社は、データストレージにMongoDBデータベースを活用しています。現在、一部の環境をAWSに移行したいと考えていますが、コードの改変やデプロイ方法の変更は避けたいと考えており、また、運用上の負担を最小限におさえるソリューションを必要としています。これらの要件を満たす最適なソリューションは何でしょうか。**

A. Amazon ECS を Amazon EC2 ワーカノードと共に使用してコンピューティングを行い、EC2 上の MongoDB をデータストレージとして使用します。
B. Amazon Elastic Kubernetes Service（Amazon EKS）を AWS Fargate でコンピューティングに使用し、Amazon DocumentDB（MongoDB 互換）をデータストレージに使用します。
C. Amazon Elastic Beanstalk を使用してアプリケーションをホストし、Amazon RDS をデータストレージとして使用します。
D. Amazon EC2 インスタンスを使用してアプリケーションをホストし、Amazon S3 をデータストレージとして使用します。

問題❺ ある組織が、いくつかのマイクロサービスで構成されるアプリケーションを開発しています。組織は、コンテナ技術を利用して自組織のアプリケーションを AWS にデプロイすることを決定しました。組織は、維持管理とスケーリングに関する継続的な作業を最小限におさえるソリューションが必要であり、追加のインフラストラクチャの管理は避けたいと考えています。これらの要件を満たすために、ソリューションアーキテクトはどのアクションを組み合わせて実行する必要がありますか。2 つ選んでください。

A. 複数のアベイラビリティゾーンにわたる Amazon EC2 インスタンスに Kubernetes ワーカノードをデプロイします。それぞれのマイクロサービスに対して 2 つ以上のレプリカを指定するデプロイを作成します。
B. Amazon ECS クラスターをデプロイします。
C. Fargate 起動タイプで Amazon ECS サービスをデプロイします。2 以上の必要なタスク番号レベルを指定します。
D. Amazon EC2 起動タイプで Amazon ECS サービスをデプロイします。2 以上の必要なタスク番号レベルを指定します。
E. AWS Fargate を使用して、マイクロサービスごとに分離された環境を作成します。

確認問題の解答と解説

問題❶ 正解 C

本文参照：「AWS Fargate」（p.327）

C が正解です。AWS Fargate は、サーバのプロビジョニング、クラスタのスケーリング、パッチ管理などのインフラストラクチャ管理を AWS が行う、サーバレスのコンテナ実行エンジンです。Amazon ECS と組み合わせることで、企業はアプリケーションの開発と保守にリソースを集中させることができます。

A は間違いです。Amazon EC2 インスタンスの運用タスクをユーザが行う必要があります。

B は間違いです。Amazon EC2 インスタンスに Docker をセットアップすると、より多くの運用タスクが必要となり、企業の要件を満たすことができません。

D は間違いです。Amazon EC2 ワーカノード上で Amazon ECS を導入すると、運用タスクをユーザが行う必要があります。

問題❷ 正解 D

本文参照：「Amazon ECS」（p.320）

D が正解です。Amazon ECS はモノリシックアプリケーションをコンテナ化してマイクロサービスに分割するのに適したサービスです。それぞれのマイクロサービスは独立したコンテナとしてデプロイされ、異なるチームによって管理することが可能です。また、ECS はスケーラブルなサービスであり、Application Load Balancer（ALB）を使ってトラフィックを適切にルーティングすることが可能です。これにより、運用上のオーバーヘッドを最小限におさえることができます。

Aは間違いです。Amazon EC2とAuto Scalingを用いるとインフラストラクチャの設定や管理には手間がかかります。

Bは間違いです。AWS LambdaとAmazon API Gatewayはサーバレスのマイクロサービスアーキテクチャの設計に適していますが、問題文のアプリケーションのコンテナ化には適していません。

Cは間違いです。Amazon CodeCatalystは、ソフトウェア開発チーム向けのクラウドベースの統合ソフトウェア開発サービスであり、要件を満たすことはできません。

問題❸ 正解 A

本文参照：「Amazon ECS」（p.320）

Aが正解です。Amazon ECSをAWS Fargateと共に使用すると、サーバのプロビジョニング、クラスター管理、パッチ管理などの運用業務を軽減することができます。また、コンテナのスケーリングも自動化できるため、増加したリクエストに対応できます。ALBを使用すると、受信リクエストを複数のタスクまたはコンテナに効率的に分散することができます。

Bは間違いです。Amazon EKSはKubernetesを実行するためのマネージドサービスですが、ユーザが管理する必要があり、運用上の負荷を最小限におさえるという要件には合致しません。

Cは間違いです。Amazon S3は、コンテナ化されたWebアプリケーションのホスティングには適していません。

Dは間違いです。Amazon EC2は、運用上の負荷を最小限におさえるという要件には合致しません。

問題❹ 正解 B

本文参照：「Amazon EKS」（p.324）

Bが正解です。同社は現在Kubernetesを使用しており、Amazon EKSはAWSが提供するマネージドKubernetesサービスのため、コードの変更やデプロイ方法の変更をせずに移行することが可能です。また、AWS

Fargateはサーバを管理する必要がないため、運用の負担を最小限におさえられます。また、MongoDBを使用しているため、MongoDBと互換性のあるAmazon DocumentDBをデータストレージとして使用することにより、データベースの移行もスムーズに行えます。

Aは間違いです。Amazon ECSはKubernetesとは異なるコンテナオーケストレーションサービスで、コードの変更が必要になる可能性があります。また、EC2上のMongoDBを使用すると運用負担が増えます。

Cは間違いです。Amazon Elastic Beanstalkは、アプリケーション開発のプラットフォームを提供するPaaSサービスであり、Kubernetesとは異なるため、コードの変更が必要になる可能性があります。また、RDSはリレーショナルデータベースサービスで、MongoDBとは異なります。

Dは間違いです。Amazon EC2インスタンスを使用してアプリケーションをホストすることは可能ですが、運用負担が増えます。また、Amazon S3はデータベースとして使用することはできません。

問題❺ 正解 B・C

本文参照：「Amazon ECS」（p.320）

B、Cが正解です。Amazon ECSはマイクロサービスのデプロイと運用を管理するためのフルマネージドサービスであり、Fargate起動タイプを使用することで、サーバやクラスタの管理を気にすることなく、アプリケーションを実行できます。また、必要なタスク数を2以上に指定することで、高可用性とスケーラビリティを確保できます。

Aは間違いです。Kubernetesはマネージドなコンテナオーケストレーションサービスですが、ユーザ自身で管理を行う必要があります。

Dは間違いです。Amazon ECSをEC2起動タイプで使用すると、EC2インスタンスの管理とスケーリングが必要となるため、要件を満たしません。

Eは間違いです。AWS Fargate自体はコンテナを実行するためのサービスであり、マイクロサービスごとに分離された環境を作成する機能を提供していません。

第 10 章

その他の AWSサービス

本章では、ウェブとモバイルのフロントエンド、機械学習、コスト管理、移行と転送、メディアサービスに関する AWS のサービスについて学習します。

アクセスキー：9（数字のきゅう）

ウェブとモバイルのフロントエンド

AWSには、ウェブアプリやモバイルアプリの「フロントエンド」の開発・運用に役立つサービスが多数用意されています。その中で、APIの作成、配布、保守、監視、モニタリングなどを簡単に行えるフルマネージドなサービスであるAmazon API Gatewayを中心に学習しましょう（10.1 ~ 10.2)。

10.1 Amazon API Gateway

重要度 ★★★

概要

Amazon API Gateway（以下、API Gateway）は**APIの作成、公開、維持、モニタリングを行うためのフルマネージドサービス**です。Amazon EC2、Amazon ECS、AWS Elastic Beanstalk上で稼働するアプリケーション、AWS Lambda関数、任意のウェブアプリケーションといったさまざまなバックエンドサービスにアクセスするためのAPIを作成できます。

API Gatewayでは、REST API、HTTP API、WebSocket APIをサポートしています。

メリット/デメリット

◇ 効率的なAPI開発

API Gatewayでは、認証と認可のアクセス制御、1秒当たりのリクエストの上限を制御するためのスロットリング制御、APIの設定やデプロイなどのAPIの管理を行ってくれます。そのため、開発者は、バックエンドのサービスやロジックに集中することができます。

▶ 図10.1：API Gatewayの概要

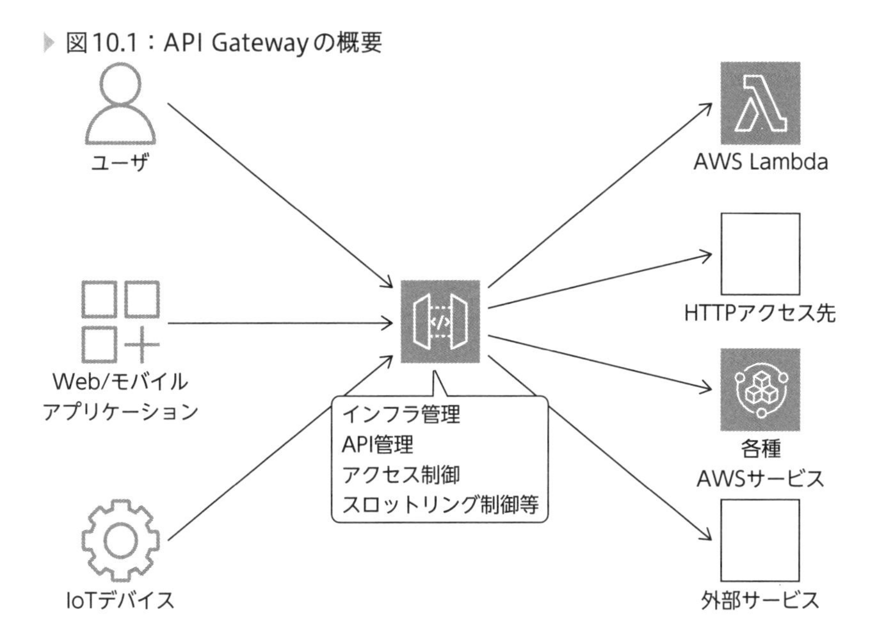

◇ 運用管理・コストの削減

API Gatewayは可用性やスケーラビリティを含め、サーバやインフラの管理を行う必要がありません。そのため、構築、運用にかかるコストを削減できます。また、APIコール数、キャッシュメモリ量、メッセージ要求数、接続時間など、実際に使用した分だけ課金されるので、待機している際の無駄なコストをおさえることができます。

◇ ライフサイクル管理

API Gatewayで、複数バージョンのAPIを異なるステージとして動作させることができます。

具体的にはAPIを公開した後に、機能追加を実施した場合に既存アプリケーションと並行して新しいバージョンも使用することができます。開発ステージと本番ステージを切り分けて開発を進めたい場合にも活用できます。

◇ モニタリング

API Gatewayはマネージドサービスで、Amazon CloudWatchと統合されているため、APIが公開されると自動的にモニタリングが開始されます。

APIの呼び出し、レイテンシ、エラーなどの各種メトリクスを収集しダッシュボードからAPIごとに確認できます。またAmazon CloudWatchのメトリクス画面から確認することも可能です。

■構成要素・オプション等

◇API Gateway REST API

API GatewayのREST APIは、AWS Lambda関数、HTTPエンドポイント、その他のAWSのサービスにリスエストを送信できます。APIのプロキシ機能と管理機能を実装したい場合には、REST APIが適しています。

◇API Gateway HTTP API

API GatewayのHTTP APIにより、AWS Lambda関数、HTTPエンドポイントにリクエストを送信できます。HTTP APIは、APIプロキシ機能のみを必要とするAPIを構築する際に適しています。

◇API GatewayにおけるREST APIとHTTP APIの違い

REST APIとHTTP APIは、いずれもRESTful APIです。**REST APIはHTTP APIよりも多くの機能をサポートしています。HTTP APIは低価格で提供できるように最小限の機能をサポートしています。**

◇API Gateway WebSocket API

AWS Lambda関数、HTTPエンドポイント、その他のAWSのサービスにリクエストを送信できます。リクエストを受け取って応答するREST APIとは異なり、クライアントの間にステートフルで永続的な接続が確立されるため、双方向での通信が可能となります。クライアントはサービスにメッセージを送信し、サービスは個別にクライアントにメッセージを送信できます。この双方向の通信により、クライアントが明示的な要求を行わなくても、サービスがクライアントにデータをプッシュできます。そのため、WebSocket APIにより、チャットアプリケーション、コラボレーションプラットフォーム、マルチプレイヤーゲーム、金融取引プラットフォームなどのリアルタイムアプリケーションを構築することが可能です。

▶ 図10.2：API Gateway WebSocket API

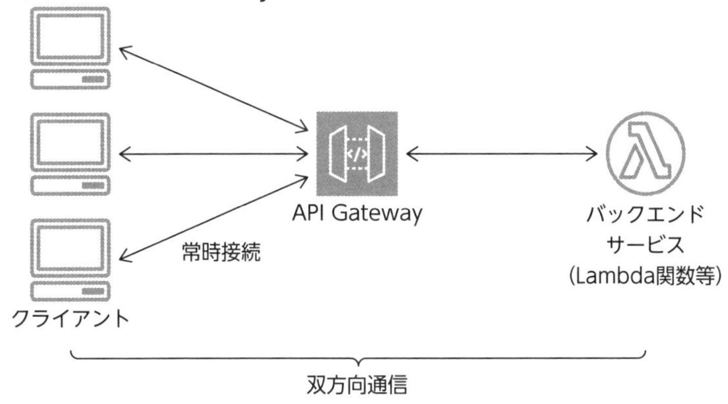

◇ API エンドポイント

API エンドポイントは、クライアントから見たアクセス先となり、以下のような形式となります。

◉ **API エンドポイントの書式の例：**

https://<api-id>.execute-api.<region-id>.amazonaws.com

Amazon API Gateway の REST API において、API エンドポイントのタイプとして、以下の 3 つをサポートしています。

◉ **エッジ最適化：**

エッジ最適化 API エンドポイントは、クライアントからのリクエストを最寄りのエッジロケーション（CloudFront Point of Presence）にルーティングします。クライアントが地理的に分散されている場合に接続時間が改善します。

◉ **リージョン：**

リージョン API エンドポイントにより、API リクエストは、エッジロケーションを経由せず、リージョンに直接ルーティングされます。リージョン API エンドポイントにより、同一リージョン内にある Amazon EC2 インスタンスなどのクライアントからの API リクエストの場合、

CloudFront を経由しないのでレイテンシを削減することができます。

◉**プライベート：**

プライベート API エンドポイントにより、インターフェイスタイプの VPC エンドポイントを介して公開されます。プライベート API エンドポイントはパブリックインターネットからはアクセスできず、アクセス権限を付与されている API Gateway の VPC エンドポイントを経由してのみアクセスできます。

◇ステージ

ステージにより、各 API に対して、「dev」、「test」、「prod」など API のライフサイクル状態などを設定することができます。各 API は、API ID とステージ名により識別されます。

▶ 図10.3：ステージの例

◇ステージ変数

ステージ変数は、REST API をデプロイする際のステージと関連付けることのできる名前と値のペアとなります。さまざまな HTTP、Lambda のバックエンドにアクセスできるようになります（図 10.4）。

▶ 図10.4：ステージ変数の例

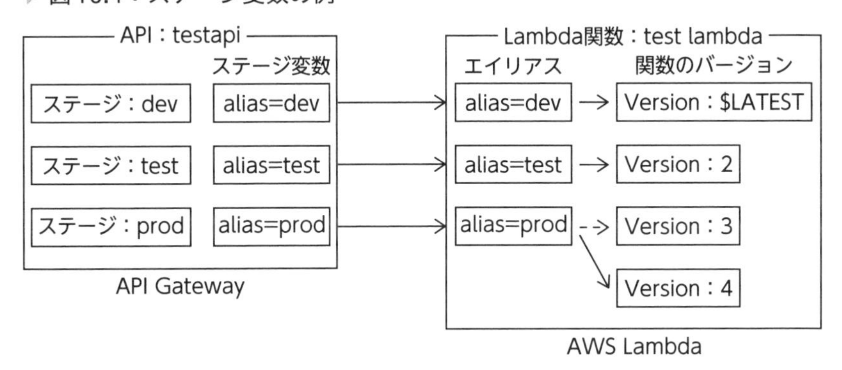

◇ 使用量プラン

REST APIまたはWebSocket APIへのアクセスを制限する機能です。**使用量プランを使用して、1秒当たりのリクエストの上限を制御するための「スロットリング」とリクエスト数の上限値などを制御するための「クォータ」を設定できます。**

▶ 図10.5：使用量プランとAPIキー

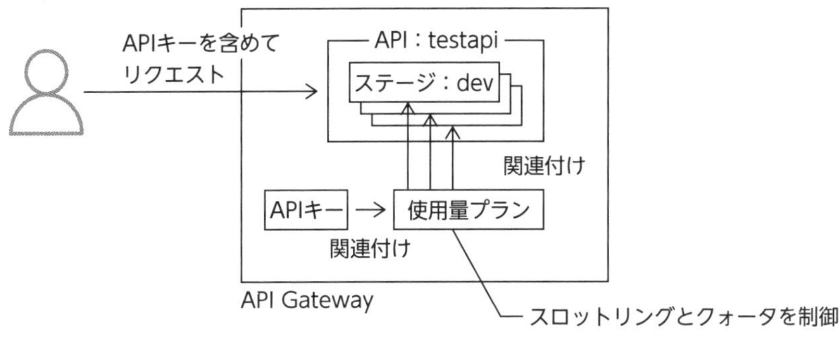

エンドポイントに対するリクエスト数が多すぎる場合、スロットリングにより制限をかけることで、トラフィックの急増に対して、バックエンドサービスを保護することができます。

スロットリングについては、トークンバケットアルゴリズムに基づいて行われます。スロットリングは、1秒当たりにトークンが補充される量を示す「スロットルレート」とバケットの最大サイズを示す「バースト」によって制御されます。

図10.6：トークンバケットアルゴリズム

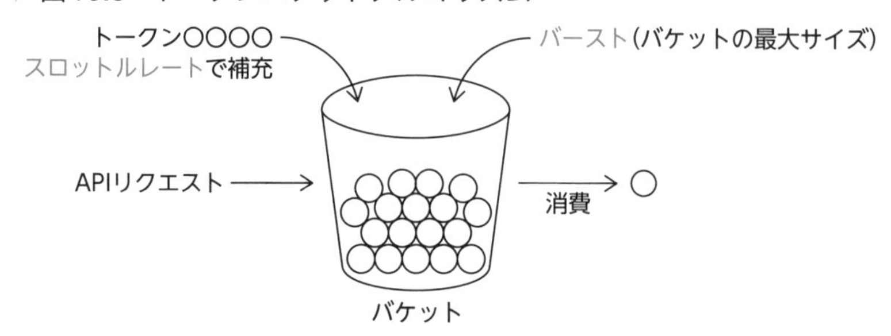

スロットリングまたはクォータを超過すると、「429 Too Many Requests」（429 リクエストが多すぎます）または「Limit Exceeded」（制限を超過しました）というエラー応答が返されます。

◇ API キー

API にアクセスする際の認証情報です。API キーをあらかじめ作成しておき、API を呼び出す際に、ヘッダー情報（X-API-Key）に API キーを含めます。適切な API キーが指定されていればアクセスが許可され、そうでなければアクセスが拒否されます。

◇ AWS WAF による REST API の保護

AWS WAF のリージョナルウェブ ACL と API Gateway REST API のステージを関連付けることにより、SQL インジェクションやクロスサイトスクリプティング（XSS）攻撃などから、API Gateway REST API を保護することができます。

◇ API キャッシュ

Amazon API Gateway での REST API において、エンドポイントのレスポンスをキャッシュする機能です。API キャッシュは REST API のステージ毎にキャッシュを定義し、バックエンドへのトラフィック削減と低レイテンシを可能とします。API キャッシュ内のデータは、LRU（Least Recently Used）により制御されます。

図10.7：APIキャッシュ

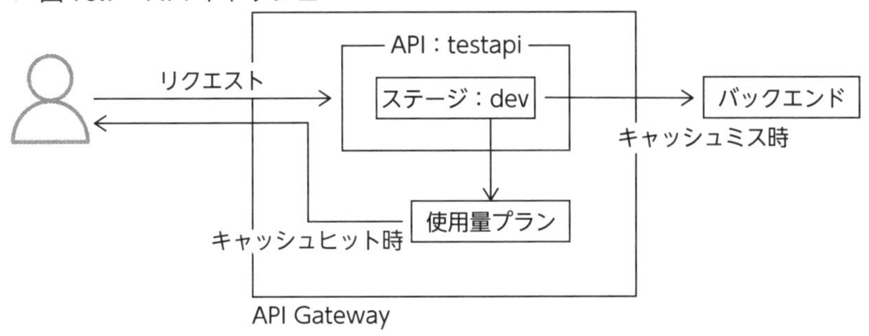

10.2 ウェブとモバイルのフロントエンドに関するその他のサービス

重要度★☆☆

ウェブとモバイルのフロントエンドに関するその他のサービスは、以下のものをおさえておくとよいでしょう。

表10.1：ウェブとモバイルのフロントエンドに関するその他のサービス

サービス名	特徴
Amazon Pinpoint	メール、SMS、モバイルプッシュなど、複数のメッセージングチャンネルをまたがって、ユーザにメッセージを送信することができ、キャンペーンメッセージ送信後にユーザの行動分析などを行うこともできるサービス。
AWS AppSync	Web API用のクエリ言語であるGraphQLを使用し複数、データソースへアクセスし、データを取得することができるマネージドサービス。
AWS Amplify	モバイルアプリケーションやウェブアプリケーションなどを構築できる開発プラットフォーム。アプリケーション用のバックエンドの作成、フロントエンドのUIの構築、アプリケーションのホストを行うことができるサービス。
AWS Device Farm	AWSにホスティングされている数多くの物理的なスマートフォン、タブレット、Android、iOSおよびウェブアプリケーションをテストしてやり取りできるアプリケーションテストサービス。
Amazon Simple Email Service (SES)	独自の電子メールアドレスとドメインを使用して電子メールを送受信するための、簡単でコスト効率の高い電子メールプラットフォームサービス。

機械学習

次に機械学習に関するAWSのサービスを紹介します（10.3 ~ 10.8）。

10.3 Amazon Comprehend

重要度 ★★☆

概要

Amazon Comprehendは、機械学習を使用して、テキストから、テキストを理解する上で重要なテキスト内のキーフレーズ、感情など、構文や個人識別情報などをリアルタイムに検出する自然言語処理（NLP）サービスです。Amazon Comprehendにより、機械学習の経験は必要なく、テキスト内でインサイトや関係性を検出することができます。

図10.8：Amazon Comprehend

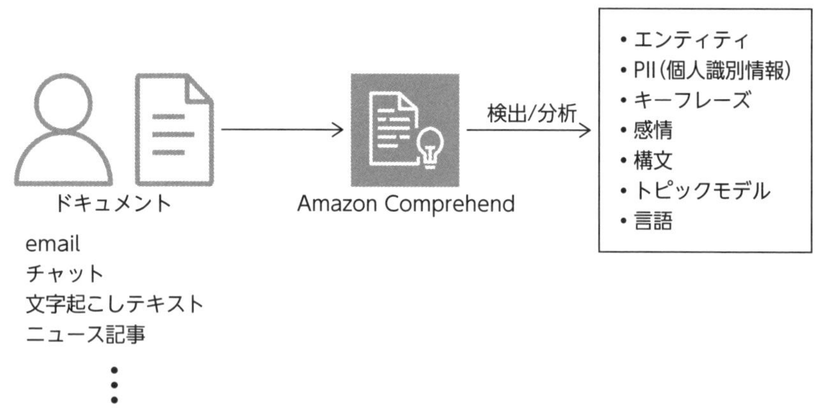

メリット/デメリット

◇ テキスト分析組み込みの複雑さの軽減

テキスト分析の専門知識が不要で、自然言語処理をシンプルなAPIで利用できるようになるため、アプリケーションにテキスト分析機能を組み込む時の複雑さを軽減できます。

構成要素・オプション等

◇ インサイト

Amazon Comprehendでは、ドキュメントを分析することにより、図10.9のようなインサイトを収集することができます。

▶ 図10.9：収集されるインサイト

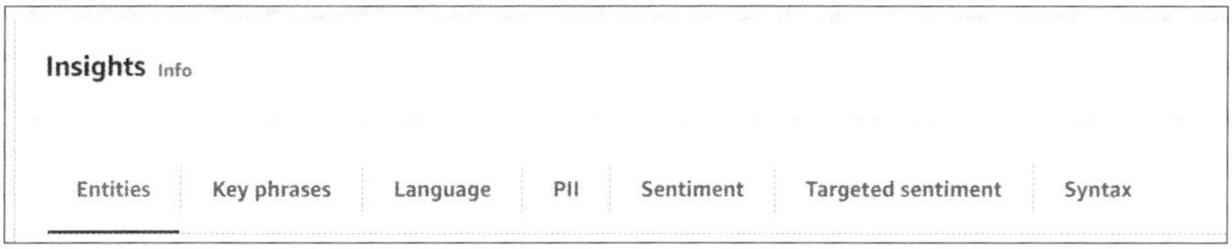

Insights Info						
Entities	Key phrases	Language	PII	Sentiment	Targeted sentiment	Syntax

エンティティ：ドキュメント内で識別される人、場所など
キーフレーズ：ドキュメント内に出現するキーフレーズ
個人識別情報（PII）：住所、銀行口座番号、電話番号などの個人を特定する個人データ
主要な言語：ドキュメント内の主要な言語
センチメント：ドキュメントの主要なセンチメント（感情）の決定。センチメントには、肯定的なもの、中立的なもの、否定的なもの、または混合的なものがある
対象となる感情：ドキュメント内で言及されている特定のエンティティのセンチメント（感情）を判断。それぞれの感情は、肯定的なもの、中立的なもの、否定的なもの、または混合的なものになる可能性がある
構文分析：ドキュメント内の各単語を解析し、単語の品詞を判断

◇ リアルタイム分析

マネジメントコンソールを使用して、UTF-8でエンコードされたテキストドキュメントのリアルタイム分析を実行することができます。ドキュメントは英語でも、Amazon Comprehendがサポートする他の言語でもかまいません。分析結果は、図10.10のように結果がコンソールに表示されます。

▶ 図10.10：リアルタイム分析

◇ 分析ジョブ

Amazon Comprehendコンソールを使用して、非同期分析ジョブを作成および管理することができます。分析ジョブにより、Amazon S3に保存されているドキュメントを分析して、イベント、フレーズ、主要言語、センチメント、個人を特定できる情報（PII）などのエンティティを見つけることができます。

10.4 Amazon Comprehend Medical

重要度 ★★☆

概要

Amazon Comprehend Medicalは、**Amazon Comprehend上で動作し、内部では機械学習を使用して、非構造化テキストから関連する医療情報を簡単に抽出できるようにする自然言語処理サービス**です。医師の記録、臨床試験報告書、患者の健康記録などのさまざまな情報源から、患者の病状、投薬、投与量、強度、頻度、また患者の住所、氏名、電話番号などの保護対象保健情報（Protected Health Information：PHI）を収集できます。

注　意

2024年1月現在、Amazon Comprehend Medicalは東京リージョンではサポートされていません。また、2024年1月現在、Amazon Comprehend Medicalは英語（US-EN）テキストの医療エンティティのみを検出します。

メリット/デメリット

◇ HIPAA準拠

Amazon Comprehend Medicalは日本の医療業界においても国際的な標準として認識されているHIPAAに準拠しており、名前、年齢、医療記録番号などの保護された医療情報（PHI）を迅速に識別できるため、PHIを安全に処理、維持、送信するアプリケーションの作成にも使用できます。

構成要素・オプション等

◇ インサイト

Amazon Comprehend Medicalはドキュメントを分析して、Amazon Comprehendと同様「エンティティ」として医療に関連するテキスト内のエンティティを検出します（図10.11）。また、検出したエンティティの関連性もあわせて示します。

▶ 図10.11：インサイトのサンプル

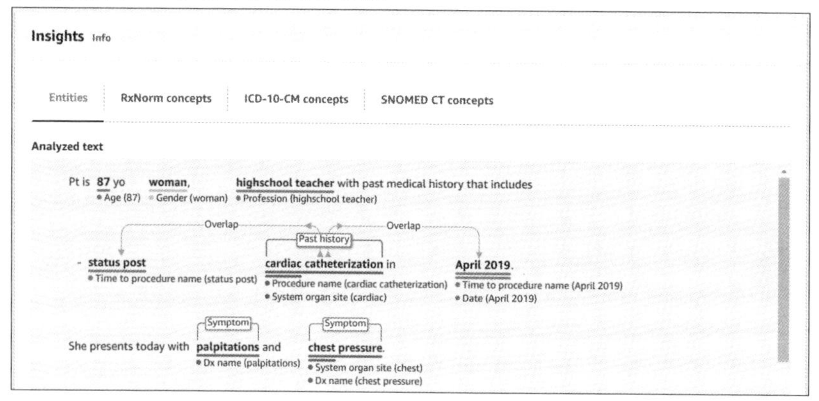

10.5 Amazon Textract

重要度 ★★☆

概要

Amazon Textractは**PDFファイルや画像ファイルなどの各種ファイルからテキストを抽出するフルマネージドの機械学習サービス**です。マネジメントコンソールで操作した場合、抽出されたすべてのデータは、識別されたデータの各要素を囲む四角いフレームと共に返されるため、ドキュメントで単語や数字が表示される場所をすばやく識別できます。

図10.12は、PNG形式の画像データから文字認識を行ったサンプルです。

▶ 図10.12：Amazon Textractのサンプル

パソコン上で入力された文字だけではなく手書きの文字も認識します。

注　意

2024年1月現在、Amazon Textractは東京リージョンではサポートされていません。

2024年1月現在、日本語はサポートされていません。

メリット／デメリット

◇ 迅速な利用

一般的なOCR製品を使用し、文字認識を行う場合は、事前にフォーマットの定義等が必要となるため利用までに時間がかかります。

Amazon Textractは事前設定なしに電子化されたドキュメントなどから、フォームなども考慮した上で自動的に文字抽出することができるため、迅速に利用を開始することができます。

構成要素・オプション等

◇ 各種オペレーション

Amazon Textract は、以下のオペレーションに対応しています。

ドキュメントの分析：テキストを検出し、テキスト間の関係を検出および分析する
請求書と領収書の分析：請求書と領収書のテキストを検出および分析する
ID ドキュメントの分析：政府の身分証明書内のテキストを検出および分析する
Analyze Lending を使用したドキュメントの分類と抽出：住宅ローン用書類内のテキストを検出および分析する

10.6 Amazon Transcribe

重要度 ★★☆

概要

音声をテキストに変換（文字起こし）することができるサービスです。あらかじめ Amazon S3 バケットにアップロードされたメディアファイルをバッチジョブとして文字起こししたり、メディアストリームをリアルタイムで文字起こししたりすることができます。結果は JSON 形式でダウンロードすることができます。結果には変換したテキストだけではなく、単語の信頼スコア（confidence）や、音声内の複数の話者を識別（speaker_label）も記載されます。

メリット/デメリット

◇ 多言語対応

日本語以外にも、米国英語、英国英語、オーストラリア英語、米国スペイン語、スペイン語、現代的標準アラビア語（MSA）、ブラジルポルトガル語、韓国語、ドイツ語、フランス語、カナダフランス語、インドヒンディー語、インド英語、中国標準語、ロシア語、イタリア語などの多言語に対応しています。

構成要素・オプション等

◇ バッチ Transcribe

Amazon S3 バケットにアップロードされたメディアファイルを文字起こしします。AWS CLI、AWS マネジメントコンソール、AWS SDK を使用してバッチ文字起こしを行うことができます。

◇ ストリーミング Transcribe

メディアストリームをリアルタイムで文字起こしします。ストリーミング文字起こしには、AWS マネジメントコンソール、HTTP/2、WebSocket、AWS SDK を使用できます。

10.7 Amazon Rekognition

重要度 ★★☆

概要

Amazon Rekognition は**深層学習に基づいた、フルマネージド型の画像・動画分析サービス**です。静止画やビデオを分析し、画像に一緒に写っている車や猫などの一般的な物体の検出、顔の分析、顔認識、有名人の認識、画像中のテキスト検出などを行うことができます。また、安全でないコンテンツも検出できます。

▶ 図10.13：Amazon Rekognition

メリット/デメリット

◇ 迅速な利用

Amazon Rekognition はフルマネージド型であり、画像および動画に対する事前トレーニングは完了しています。そのため、深層学習のパイプライン作成に時間とリソースの投資を行うことなく、迅速に利用を開始できます。

構成要素・オプション等

◇ 分析の種類

主に「画像分析」と「動画分析」があります。

画像分析（Rekognition Image）は、画像認識サービスです。物体とシーンの検出、顔の検出と比較、コレクション内の顔を検索する、有名人の知名度、画像のモデレーション、画像内のテキスト検出などを行うことができます。

動画分析（Rekognition Video）は、ビデオ認識サービスです。ビデオのセグメント、ラベル検出、不適切 / 望ましくない / 攻撃的なコンテンツ検出、テキスト検出、有名人検出、顔検出、人々の検出などを行うことができます。

10.8 その他の機械学習のサービス

重要度 ★☆☆

機械学習に関するその他のサービスは、以下のものをおさえておくとよいでしょう。

▶ 表10.2：機械学習に関するその他のサービス

サービス名	特徴
Amazon SageMaker	機械学習（ML）モデルの構築、トレーニング、デプロイを行うフルマネージドサービスです。
Amazon Translate	高度な機械学習を使用して、テキスト翻訳をオンデマンドで提供するサービスです。Amazon Translateにより、非構造化テキストドキュメントの翻訳や、複数の言語で動作するアプリケーションの構築が可能です。
Amazon Forecast	時系列予測を行うフルマネージドサービスです。内部的には、統計アルゴリズムと機械学習アルゴリズムを使用し、Amazon.comでの時系列予測に使用されているのと同じテクノロジを使用し、履歴データに基づいて将来の時系列データを予測するためのアルゴリズムを提供します。機械学習の経験は必要ありません。
Amazon Fraud Detector	オンライン支払い詐欺や偽アカウントの作成など、不正の可能性があるオンラインアクティビティを識別するためのフルマネージドサービスです。
Amazon Kendra	自然言語処理と機械学習を使用して、データから検索質問に対する具体的な回答を返す検索サービスです。

サービス名	特徴
Amazon Lex	チャットボットを構築することができるサービスです。Amazon Lexでは、深層学習の専門知識は必要なく、Amazon Lexコンソールでベーシックな会話の流れを指定するだけでボットを作成することができます。
Amazon Polly	テキスト読み上げを行うサービスです。Amazon Pollyでは多様な言語がサポートされており、辞書やSpeech Synthesis Markup Language (SSML)タグをサポートするため、音声出力をカスタマイズ、管理することができます。

コスト管理

続いては、コスト管理に関するサービスを紹介します。AWSの利用料金は従量課金制であるため、利用した分だけ課金が行われます。初期費用が不要です。そのため、**不要なAWSリソースは停止もしくは削除し、必要なAWSリソースでのみ運用することにより、最終的にコストを最適化することができます。**

そのためには、まずしっかりと現状のコストおよび将来的なコストなどを見える化しておく必要があります。また、もし予期せぬコストが発生している場合には、調査、分析する必要もあるでしょう。

AWSには、コストを把握、分析するためのサービスがさまざま用意されていますが、そのうち3つのサービスを紹介します。

10.9 AWS Cost Explorer

重要度★★☆

概要

AWS Cost Explorerは、**コストと使用状況を表示し、さまざまな角度からコストを分析し、レポートを作成することができるツール**です。

図10.14：AWS Cost Explorer

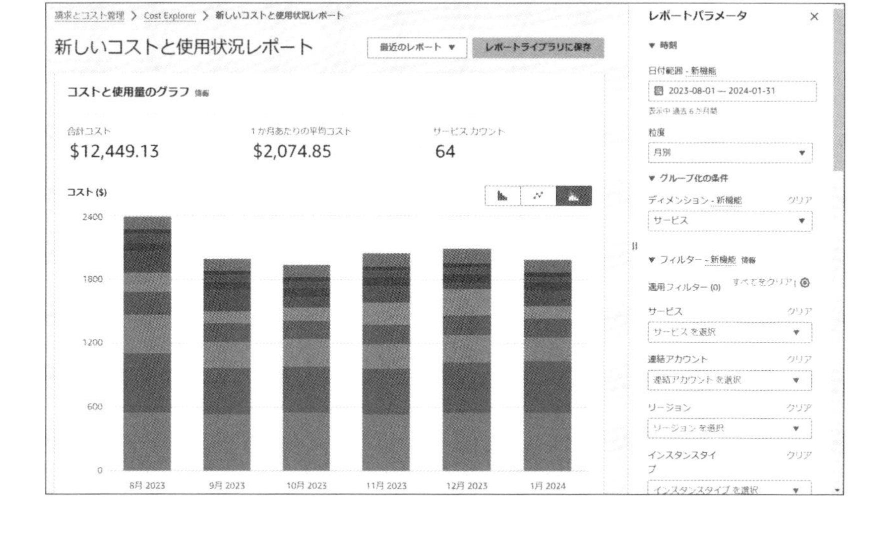

注　意

AWS Cost Explorerは、「**Billing and Cost Management（請求とコスト管理）」サービスの1つの機能**です。そのため、「請求とコスト管理」コンソールにおいて、「Cost Explorer」にアクセスし、「Cost Explorerの起動」を選択すると、そのAWSアカウント内でAWS Cost Explorerの機能が有効化されます。

メリット/デメリット

◇ コストの詳細分析

AWSのコストと使用状況を、月別AWSアカウント別の全体的なレベルのコストから、日別、インスタンスタイプ別の詳細なレベルのコストまで、さまざまな粒度で分析を行うことができます。

図10.15：コストの詳細分析

例えば粒度を日別、グループの条件をインスタンスタイプ、サービスをEC2 インスタンスに設定することによりインスタンスタイプに基づいたEC2 インスタンスのコストの詳細を確認することができます。

構成要素・オプション等

レポート

AWS Cost Explorer のレポートでは、多数のフィルタリングとさまざまなグループ（AWS サービス、リージョン、メンバーアカウントなど）での集計を使用し、コストを詳細に分析することができます。CSV 形式で分析結果をダウンロードすることもできます。

独自の分析の設定について、カスタムレポートとして保存しておくこともできます。この機能により、いつでも同じ設定のレポートを利用することができるようになります。レポートについては、いくつかのデフォルトのレポートも用意されています。これらのレポートを変更することはできません（図10.16のレポート）。しかし、デフォルトのレポートを使用して独自のカスタムレポートを作成することができます。

▶ 図10.16：レポートでの予測機能のサンプル

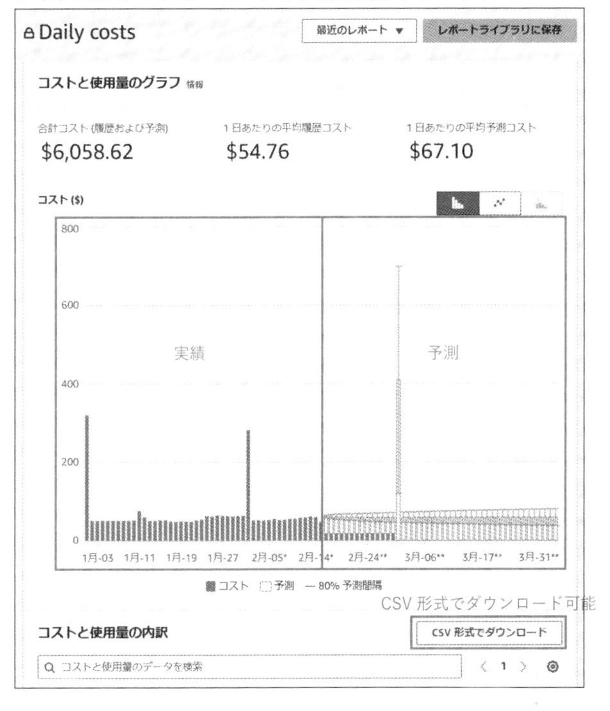

鍵マークがついているレポートはAWSが管理するレポートであり、ユーザが削除や変更を行うことはできません（図10.17）。

図10.17：デフォルトのレポート一覧

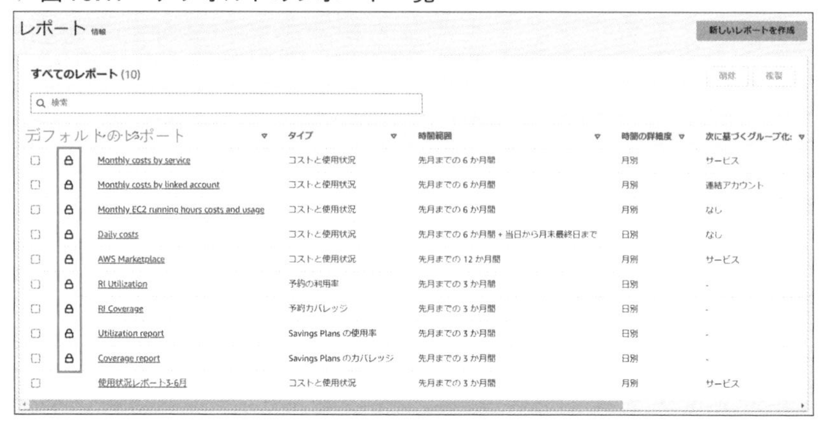

AWS Organizationsによって管理される複数のAWSアカウントの請求情報も確認することができます（図10.18）。

図10.18：連結アカウントごとの月額費用

◇ コスト異常検出

AWS コスト異常検出は、AWS Cost Explorer 内の 1 つの機能です。コスト異常検出により、**機械学習モデルを使用して、デプロイされている AWS のサービス内の異常な支出パターンを検出および警告してくれます。**

異常をモニタリングする方法として、「AWS サービス」で小さなコストの異常を検出したり、「連結アカウント」で個々の AWS アカウントの総支出での異常を検出したりするなど、いくつかの方法が用意されています。異常を検出した際には、Amazon SNS を使用して、日次や週次で管理者は通知を受け取ることができます。

10.10 AWS Budgets

重要度 ★★

概要

AWS Budgets は、**コストと使用状況をモニタリングし、アラートに設定した金額や使用状況に近づいたり超えたりした時に、通知およびアクションを実行することができるサービス**です。

メリット/デメリット

◇ コストの正確な把握

ユーザは現状もしくは将来のコストを正確に把握することができるようになります。

AWS Budgets を使用して予算（Budget）を立てることで、サービスの使用計画を明確にすることができます。そして、**設定した予算に対して、「予測金額」または「使用済みの金額」が、超過した（または超過すると予測された）場合にアラートを受け取ることができます。**予算期間を日次、月次、四半期ごと、または年次に設定し、特定の予算期間におけるコストの使用状況を確認することができます。

構成要素・オプション等

◇予算テンプレート

一から予算を作るのではなく、推奨設定のテンプレートを使用して予算を作成できます。予算テンプレートは、単一ページのワークフローで AWS Budgets の使用を開始できます。

表10.3：予算テンプレート

テンプレート名	説明
ゼロ支出予算	支出がAWS無料利用枠の制限を超えると通知されます。
月次コスト予算	毎月の予算で、予算額を超過した場合、または超えることが予測される場合に通知されます。
日次のSavings Plansのカバレッジ予算	設定した目標を下回ると通知されるSavings Plansのカバレッジ予算となります。
1日の予約使用率予算	定義された目標を下回ると通知されるリザーブドインスタンス（RI）の使用率予算となります。

◇予算タイプ

予算のテンプレートではなく、予算をカスタマイズし、より細かな予算管理を行いたい場合は、表10.4の通り予算タイプを設定することができます。

なお、「使用率（%）」とは、購入した予約もしくはSaving Plansの量に対して、使用率のしきい値を指定し、利用率がしきい値を下回った（＝十分に活用されていない）場合に発報します。「カバレッジ（%）」とは、購入した予約もしくはSaving Plansの量に対して、カバレッジのしきい値を指定し、カバー率がしきい値を下回った（＝十分にカバーされていない）場合に発報します。

これにより、購入した予約もしくはSaving Plansの量が、適用対象のサービス全体の利用量において、どの程度カバーできているかを確認できます。

表10.4：予算タイプ

予算タイプ	説明
コスト予算	予算金額を指定してコストを監視します。しきい値に達したときにアラートを発報することができます。
使用量予算	1つ以上のサービスの使用量を監視します。例えば、Amazon EC2やAmazon S3などの特定のサービスの使用量を監視できます。しきい値に達したときにアラートを発報ことができます。
Savings Plansの予算	Savings Plansに関連付けられている「使用率」または「カバレッジ」を追跡できます。しきい値に達したときにアラートを発報することができます。Savings Plansの活用状況を把握することができます。
予約の予算	予約（リザーブドインスタンス）に関連付けられている「使用率」または「カバレッジ」を追跡できます。しきい値に達したときにアラートを発報することができます。これにより、管理者は、予約の活用状況を把握することができます。

10.11 AWS Cost and Usage Reports（CUR）

重要度 ★★

概要

AWS上で使用しているAWSリソースの使用量・使用料金を時間または月単位で、詳細に確認できるテキストレポートサービスです。料金、リザーブドインスタンス、Savings Plansなど各種リソースの使用状況に関する詳細情報を、所有しているAmazon Simple Storage Service（Amazon S3）バケットへCSV形式で出力することができます。CSV形式でコストの情報を見ることができるため、Cost Explorerなどでは見落としがちな少額なサービスの詳細情報を確認することが可能です。CSV形式のデータにより、製品リソース別、またはユーザが定義したタグ別に分類したレポートを受け取ることもできます。

メリット/デメリット

詳細コストの把握

AWS Cost and Usage Reportsにより、Amazon S3バケットへCSV形式で出力することができます。CSV形式でコストの詳細情報を確認することができるため、AWS Cost Explorerでは見落としがちな少額なサービスの詳細情報を確認することができます。

詳細な情報が含まれている分、CSV形式のファイルのサイズは大きくなる傾向にあります。例えば、毎月30万円程度の利用料となるAWSアカウントのCSVファイルのデータは、ファイルサイズとして200MB以上、行数として数十万行程度となっています。そのため、ローカルPCにダウンロードしてファイルを分析しようとしても、行数も多く、処理が重くなることがあります。

分析ツールとの統合

AWS Cost and Usage Reportsは、CSV形式のファイルをRedshift、QuickSight、Athenaへ読み込ませ、分析することができます。そのため、CSV形式のファイルを、ローカルPCにダウンロードしなくても、AWSクラウド上でデータの可視化および分析を行うことができます。

構成要素・オプション等

レポートファイル

Amazon S3バケットに保存される1つの.csvファイルまたは複数の.csvファイルです。レポートが生成するファイルの数は、レポートのバージョニングの選択とレポートのサイズによって異なります。AWSの利用状況により、各レポートのサイズが1ギガバイトを超える場合もあります。

レポート列

レポート内に定義されている列のことです。各レポートには、AWSコストと使用状況に関する詳細が記載された複数のレポート列が含まれています。各レポートのレポート列は、固定ではなく、その月の利用状況によって異なります。

◇ コストを管理するツールの比較

最後に、AWS Cost and Usage ReportsとAWS Cost Explorerの違いについて整理しましょう。

▶ 表10.5：コスト管理サービスの比較

	AWS Cost and Usage Reports	AWS Cost Explorer
概要	AWSリソースの使用量、使用料金の詳細なデータが含まれるテキストレポート	AWSリソースの使用量、使用料金の可視化・分析できるツール
分析内容	Amazon Redshift、Amazon QuickSight、Amazon Athenaにデータを連携し、分析可能	事前定義されたレポートでサービス別、連結アカウント別などのコストを分析可能
特徴	ユーザが各サービスの利用状況を時間単位・日単位で確認することができる	過去の使用状況から、今後3か月間のコストの予測ができる

注　意

AWS Cost and Usage Reportsは、「コストと使用状況レポート」と記載されていることがあります。

移行と転送

次に、AWSの移行と転送に関するサービスについて紹介します。オンプレミスからAWSへの移行時に使用したり、ハイブリッドクラウド構成時の継続的にデータを転送したりするサービス群です。

10.12 AWS Snow Family

重要度 ★★☆

概要

AWS Snow Family（以下、Snow Family）は、**物理アプライアンスを用いて、ローカル環境に存在する大量のデータを、Amazon S3 バケットへオフライン移行するためのサービス**です。また、データ転送だけではなく、データを収集および処理するためのコンピューティングリソースがあるため、ネットワークと繋がらない場所でのデータ収集や、エッジコンピューティングとして使用することもできます。

メリット/デメリット

◇ オフラインのデータ転送

オフラインでのデータ転送を安全かつコスト効率の良い方法で迅速に行うことができます。

◇ 堅牢性

Snow Family のデバイスは、過酷な環境でも耐えられ、改ざん防止が施され、高度な安全性が保たれています。

◇ 柔軟性

Snow Family の複数のデバイスオプションにより、スペースまたは重量に制約のある環境などにおいて、最適なオプションを選択することができます。

構成要素・オプション等

Snow Family は、要件に応じて、以下の 3 種類のデバイスオプションから選択することが可能です。

◇ AWS Snowcone

オフラインデータ転送を行う以外に、NASストレージとして使用しAmazon S3にオンライン転送したり、AWS DataSync Agentとして使用しAWS上のストレージにオンライン転送したりすることができます。

◇ AWS Snowball Edge

オンボードのストレージと処理能力を備えたSnowballデバイスのことで、ペタバイト規模のデータを移行することができます。AWS Snowball Edgeに書き込みを行う際、AWS Lambdaをトリガーすることにより、データ処理も可能です。また、用途に合わせて、ストレージ最適化、コンピュート最適化を選択することができます。

◇ AWS Snowmobile

1台あたり最大100ペタバイトのデータを数週間で迅速かつ安全に転送できます。

AWS Snow Familyのそれぞれの違いは以下の通りです。

▶ 表10.6：AWS Snow Familyのデバイスオプションの違い

	AWS Snowcone	AWS Snowball Edgeストレージ最適化（データ移行用）	AWS Snowball Edgeストレージ最適化（210TB）	AWS Snowmobile
HDD	8TB	80TB	—	100PB
SSD	14TB	1TB	210TB NVMe	–
vCPU	2 vCPU	40 vCPU	104vCPU	—
メモリ	4GB	80GB	416GB	—
大きさ	227mm×148.6mm×82.65mm	548mm×320mm×501mm	548mm×320mm×501mm	45フィートの輸送用コンテナ
重量	2.1kg	22.54kg	22.5kg	—
ネットワークインタフェイス	2×1/10Gbit–RJ45	2×10Gbit–RJ45 1×25Gbit–SFP28 1×100Gbit–QSFP28	2×10Gbit–RJ45 1×25Gbit–SFP28 1×100Gbit–QSFP28	複数40 Gbit（全体で最大1T bit）

AWS Snow Familyの選択可否を決定する上で、各デバイスオプションでの対応可能なサイズと、転送完了までの期間も重要な要素です。AWS Snow Familyは、AWS Snow Familyデバイスに対する設定および配送と返送という名目で、AWS側による作業日数が数日ずつかかります。また、例えば50TB程度のデータで1 Gbpsネットワークを利用して転送する場合、デバイスの設置から転送完了まで、ユーザ側で作業日数が1～2日程度かかります。そのため、AWS Snow Familyでの転送完了までの期間として、少なくとも2～3週間程度を見積る必要があります。

AWS SnowconeとAWS Snowball Edgeのユースケースの違いは以下の通りです。

表10.7：ユースケースの違い

ユースケース	Snowcone	Snowball Edge
データをAmazon S3にインポート	○	○
Amazon S3からエクスポート		○
耐久性のあるローカルストレージ		○
AWS Lambdaでのローカルコンピューティング	○	○
ローカルコンピューティングインスタンス	○	○
デバイスのクラスタ内の耐久性のあるAmazon S3ストレージ		○
AWS IoT Greengrass (IoT)での使用	○	○
NFSを介してのGUIによるファイル転送	○	○
GPUワークロード		○

10.13 AWS Database Migration Service

重要度 ★★

概要

AWS Database Migration Service（以下、AWS DMS）は、**リレーショナルデータベース、NoSQL データベース、またはその他のタイプのデータストアを移行するためのサービス**です。AWS DMS により、ソースデータストアの検出、ソーススキーマの変換、データの移行を行うことができます。

図10.19：AWS DMS

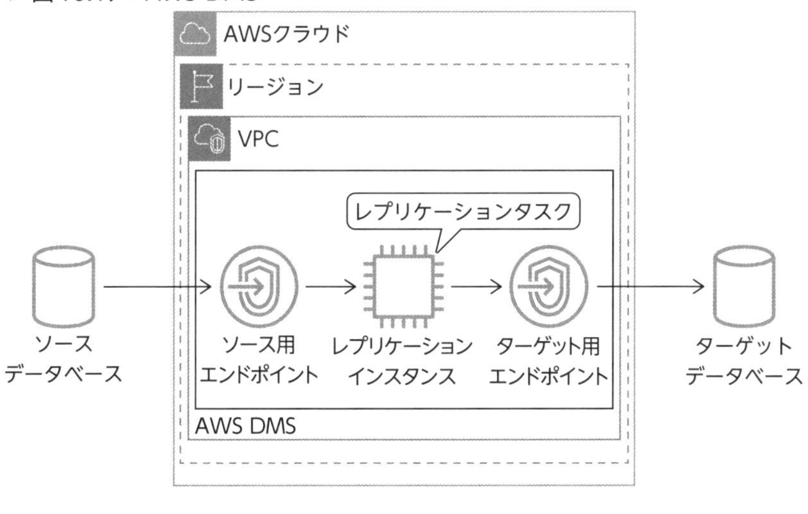

メリット／デメリット

最小限のダウンタイム

移行時のダウンタイムを最小限におさえることができます。データ移行中にソースデータベースで行われるすべての変更はターゲットに継続的にレプリケートされるため、移行プロセスの間もソースデータベースは完全に利用可能な状態に保つことができます。

◇ 継続的なレプリケーション

DMS タスクは、**1 回限りの移行または継続的なレプリケーションのいずれかに設定できます**。進行中のレプリケーションタスクにより、ソースデータベースとターゲットデータベースのレプリケーションが維持されます。セットアップが完了すると、進行中のレプリケーションタスクは、レイテンシを最小限に抑えながら、ソースの変更をターゲットに継続的に適用します。

◇ データベースの統合

複数のソースデータベースを単一のターゲットデータベースに統合できます。また、データベースの統合は、同種間および異種間の移行で利用可能です。また、データベースだけではなく、Amazon S3 などのデータストアもソースおよびターゲットとして指定することも可能です。

構成要素・オプション等

◇ ソースデータベース

ソースデータベースとして、Oracle Database、Microsoft SQL Server、MySQL、MariaDB、PostgreSQL、MongoDB などの各データベースと、Amazon S3 のストレージサービスに対応しています。

◇ ターゲットデータベース

ターゲットデータベースとして、オンプレミスおよび Amazon EC2 インスタンスデータベース、Amazon RDS、Amazon Redshift などの各種データベースと、Amazon S3 のストレージサービスや Amazon Kinesis Data Streams の分析サービスに対応しています。

◇ レプリケーションインスタンス

レプリケーションインスタンスは、レプリケーションタスクをホストするためのマネージドの Amazon EC2 インスタンスです。要件に合わせて、CPU

コア数、メモリ、ストレージサイズなどを柔軟に変更することが可能です。

◇ エンドポイント

エンドポイントにより、AWS DMSは、ソースまたはターゲットのデータストアにアクセスします。エンドポイントを作成する際には、以下のような内容を設定します。

▶ 表10.8：エンドポイント作成時の設定

設定内容	説明
エンドポイントタイプ	ソースまたはターゲット
エンジンタイプ	OracleやPostgreSQLなどのデータベースエンジンのタイプ
サーバ名	AWS DMSが到達可能なサーバ名またはIPアドレス。
ポート	データベースサーバ接続に使用されるポート番号
暗号化	Secure Sockets Layer (SSL) モード（SSLを使用して接続を暗号化する場合）。
認証情報	必要なアクセス権限を持つアカウントのユーザ名とパスワード

◇ レプリケーションタスク

一連のデータをソースエンドポイントからターゲットエンドポイントに移動するためのタスクです。エンドポイントやレプリケーションインスタンス、移行タイプ（継続的な移行をするのか、一回限りのデータ移行をするのかなどを決定）といった項目を指定します。具体的には、以下の表の通りです。

▶ 表10.9：レプリケーションタスクの設定項目

設定内容	説明
レプリケーションインスタンス	レプリケーションタスクを実行するインスタンス
ソースエンドポイント	移行元のデータソース
ターゲットエンドポイント	移行先のデータソース
移行タイプ	移行する際の方式について設定する ・既存データを移行する（全ロード） ・既存データを移行して、継続的な変更をレプリケートする（全ロード+変更データキャプチャ（CDC）を使用して、変更を継続的に移行する） ・変更データのみをレプリケートする（CDCにより、更新が行われた際の差分データのみを連携する）

設定内容	説明
ターゲットテーブル準備モード	移行先のテーブルの状態を設定する ・何もしない（ターゲットテーブルが存在する前提） ・ターゲット上のテーブルを削除（AWS DMSにより、ターゲットテーブルを削除後、再削除） ・切り捨て（移行開始前にターゲットテーブルを切り捨てる。もし存在しない場合には、作成する）
LOBモードオプション	ラージオブジェクト（LOB）の取り扱いを指定する ・LOB列を含めない ・完全LOBモード（LOB全体を移行する） ・制限付きLOBモード（LOBを指定されたサイズまで切り詰める）
テーブルマッピング	テーブルマッピングでは、タスク実行中に必要なすべての変換を指定するためのルールタイプを指定する。テーブルマッピングを使用して、データベースで移行する個々のテーブルや、移行に使用するスキーマを指定できる

◇ AWS Schema Conversion Tool

異種データベースの移行の際に、ソースおよびターゲットの2つのスキーマ変換を行うことができるツールです。自分のコンピュータのローカルドライブにソフトウェアをダウンロードおよびインストールをすることで、使用できます。

また、ソースデータベースのスキーマと、ビュー、ストアドプロシージャ、関数などのデータベースコードオブジェクトの大部分を自動的に評価し、ターゲットデータベースと互換性のある形式に変換することができます。自動的に変換できないオブジェクトは、アクションアイテムとして変換方法を表示し、手動で変換して移行を完了できるようにできます。

ここが

ポイント

AWS DMSでは、ソースデータベースとターゲットデータベースが各種データベースだけではなく、Amazon S3に対応していることもおさえておきましょう。
また、異種データベース間で移行を行う場合には、AWS Schema Conversion Toolを使用し、スキーマ変換を行うことも覚えておきましょう。

10.14 AWS DataSync

重要度 ★★

概要

AWS DataSyncは、**オンプレミスのストレージからAmazon EFS、Amazon FSx、Amazon S3へファイルを同期するための、あるいはAWSストレージ間でファイルを同期するためのサービス**となります。2つのリージョンのAWSストレージサービス間で大量データを定期的に、相互に転送することもできます。

▶ 図10.20：AWS DataSync

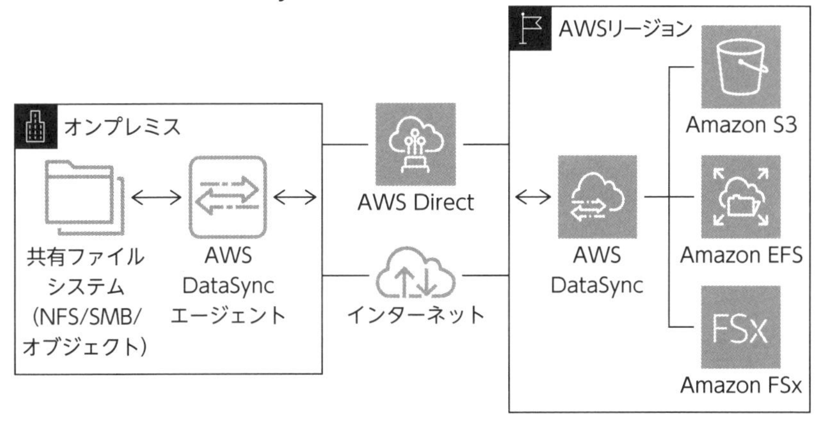

メリット/デメリット

◇ データ移動の自動化

DataSyncネットワーク上のストレージシステムとサービス間のデータ移動を容易にします。DataSyncデータ転送プロセスの管理と、高性能で安全なデータ転送に必要なインフラストラクチャの両方を自動化します。

◇ セキュアな転送

伝送路上のデータはTLSで暗号化されます。また、Amazon S3、Amazon EFSへ暗号化してデータを保存することができます。さらにネットワークの切断等で転送に失敗した場合でも自動的に再送を試みるため、セキュアな転送を行うことができます。

◇ 高速なデータ転送

AWS DataSyncエージェントとAWS DataSyncサービス間で、データを圧縮したり、同時に複数のTCPセッションを生成し並列転送したり、DataSyncサービス側に複数のエンドポイントを自動生成し、ロードバランスすることにより、高速な転送を実現します。

◇ 移行計画の簡略化

AWS DataSyncエージェントが仮想アプライアンスとして提供されるため、AWS DataSyncエージェントのセットアップを簡略化することが可能です。また、①エージェント作成、②ロケーション作成、③タスク作成の3ステップでAWS DataSyncの使用を始めることができます。また、組み込みスケジュール機能でデータの同期を柔軟に自動化することもできるため、移行計画の簡略化を進めることができます。

構成要素・オプション等

◇ エージェント

自己管理ストレージとのデータの読み書きに使用する仮想マシンです。同一アカウントのAWSストレージサービス間でデータを転送する場合は、エージェントは必要ありません。

◇ ロケーション

Amazon S3, Amazon EFS, Amazon FSx for Windows File Serverなどのデータ転送に使用する送信元または送信先のストレージを指します。

◇ タスク

送信元ロケーションと送信先ロケーション、データ転送に関する各種設定から構成されます。常に送信元から送信先の方向で転送が行われます。各種設定にはスケジュールやネットワーク帯域制御等が含まれます。AWS DataSync ではタスクによりどのようにデータ転送するかが決定されます。

◇ タスク実行

タスク実行とは、実際に実行されたタスクです。タスク実行には開始時間、終了時間、書き込まれたバイト数やタスクの状態等が含まれます。

AWS DataSync により、オンプレミスのストレージと AWS のストレージ間のデータ同期だけではなく、2 つの AWS リージョンのストレージ間や他社クラウドのストレージと AWS のストレージ間においても、データの同期を行うことができます。

10.15 AWS Transfer Family

重要度 ★★

概要

AWS Transfer Family は、**SFTP、AS2、FTPS、FTP 経由で Amazon S3 または Amazon EFS と直接ファイル転送できるフルマネージド型のサービス**です。AWS Transfer Family では、自動スケーリング機能が組み込まれているため、可用性の高いフルマネージド型のファイル転送サービスを利用することができます。

図10.21：AWS Transfer Familyの概要

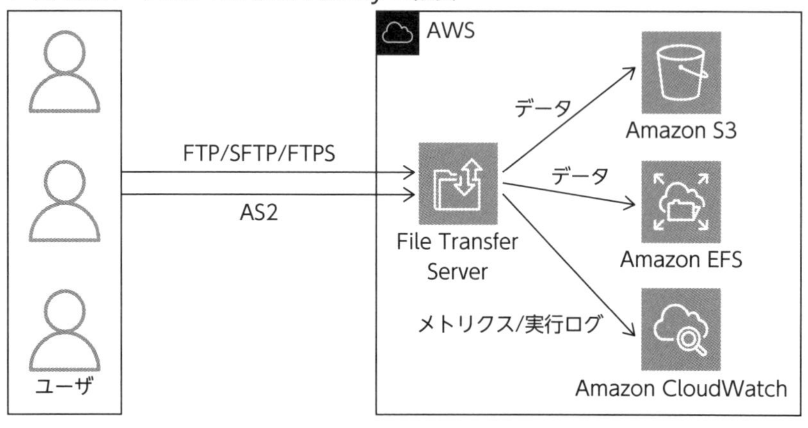

メリット/デメリット

運用上の負担軽減

AWS Transfer Familyにより、安全なファイル転送インフラストラクチャの管理の負担から解放されます。サーバやストレージを購入および管理する代わりに、完全マネージド型で可用性が高く、伸縮自在なサービスを利用して、重要なデータ転送を実行し続けることができます。

ワークフロー移行

AWS Transfer Familyにより、パートナーや顧客とのデータの共有方法を変更することなく、ファイル転送ベースのワークフローをAWSへ移行することができます。また、Active DirectoryやLDAPなどの既存の認証システムを維持できるため、外部ユーザはアプリケーションやプロセスを変更する必要はありません。

耐久性

Amazon S3やAmazon EFSなど耐久性のあるAWSストレージに統合することができます。

構成要素・オプション等

◇ サーバ

AWS Transfer Familyにおけるサーバは、**SFTP、AS2、FTPS、FTP経由でAmazon S3、Amazon EFSへファイルを転送するためのファイル転送サーバ**です。複数のプロトコルに対応させることができます。

◇ IDプロバイダ

サーバの認証・認可を行う際のID管理を行う場所をIDプロバイダを呼びます。IDプロバイダの種類は、サービス内でユーザの管理を行う「サービスマネージド」、AWS Managed ADもしくはセルフマネージドADを使用してユーザ管理を行う「AWS Directory Service」、そして任意のIDプロバイダにてユーザ管理を行う「カスタムIDプロバイダ」があり、いずれかを選択することができます。

◇ サーバエンドポイント

サーバエンドポイントは、**Transfer Familyで使用するサーバの配置場所等を定義する要素**です。エンドポイントタイプとして、インターネット経由でアクセス可能にする「パブリックアクセス可能」、もしくはVPC内にホストし、内部向けやインターネット向けなど、より詳細なアクセス設定を行うことができる「VPCでホスト」を選択することができます。「VPCでホスト」では、Elastic IPアドレスを関連付けることにより、インターネットに接続することも可能です。

▶ 図10.22：AWS Transfer FamilyでElastic IPを使用した構成図

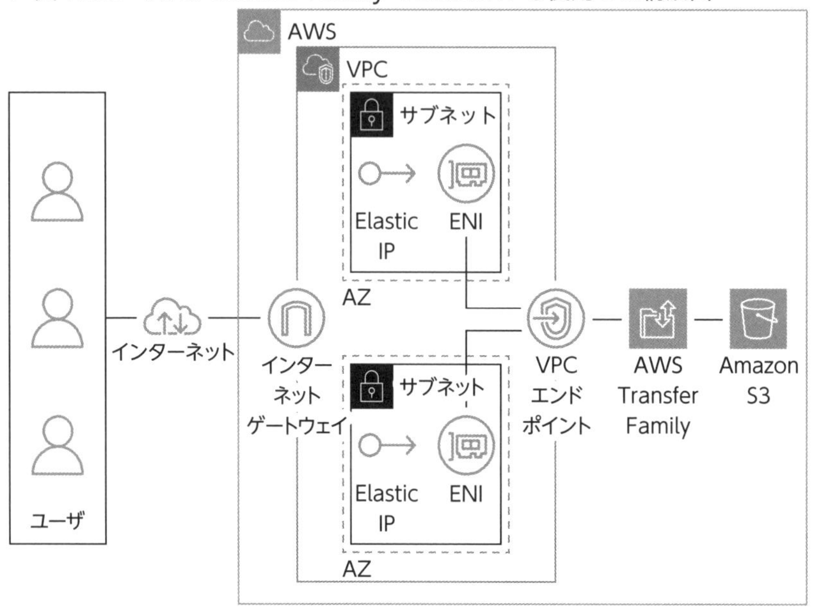

10.16 その他の移行と転送のサービス

重要度★☆☆

その他の移行と転送に関するサービスは、以下のものをおさえておくとよいでしょう。

▶ 表10.10：その他の移行と転送に関するサービス

サービス名	特徴
AWS Application Discovery Service	AWS Application Discovery Serviceは、ユーザの自社のIT環境内のサーバの設定、使用、動作状況などのデータを検出・収集することで、AWSクラウドへの移行計画のために役立てることのできるサービスです。サーバデータはAWS Application Discovery Service、AWS Migration Hubと統合されており、収集したデータはAWS Migration Hubに保持され、タグ付け、アプリケーションへのグループ化を行うことができ、AWSへ移行する際に役立ちます。収集されたデータはExcelやその他のクラウド移行分析ツールでの分析用にエクスポートすることができます。

サービス名	特徴
AWS Application Migration Service	AWS Application Migration Serviceは、物理、仮想、またはクラウドのソースサーバをインフラストラクチャからAWS上でネイティブに実行するように自動的に変換することにより、AWSへの移行を簡素化および迅速化することのできるサービスです。
AWS Migration Hub	AWS Migration Hubを使用すると、1か所で既存のサーバを検出し、移行を計画して、各アプリケーションの移行ステータスを追跡できるサービスです。AWS Migration Hubは、アプリケーションポートフォリオを可視化し、計画と追跡を簡素化することができます。

メディアサービス

AWSには、デジタルコンテンツの作成、変換、配信を迅速かつ簡単に実行するための各種サービスが用意されています。その中で、メディアファイルの変換を行うAmazon Elastic Transcoderを紹介します。

10.17 Amazon Elastic Transcoder

重要度★

Amazon S3に保存したメディアファイルをユーザの再生デバイスに対応した形式のメディアファイルに変換するためのフルマネージドサービスです。現在は、AWS Elemental Media Convertへの移行が推奨されています。

注意

2023年12月現在、Amazon Elastic Transcoderは東京リージョンではサポートされていません。

確認問題

問題❶ ある企業は、Amazon API Gateway と AWS Lambda を使用する、パブリックインターネットからアクセス可能なサーバレスアプリケーションを実行しています。最近、管理者は、不正なリクエストにより、アプリケーションのトラフィックが急増していることに気づきました。
ソリューションアーキテクトは、権限のないユーザからのリクエストをブロックするためにどのような手順を実行する必要がありますか。

A. 正規のユーザーのみに API キーを共有します。
B. Lambda 関数内で、不正な IP アドレスからのリクエストを無視するロジックを組み込みます。
C. 既存のパブリック API をプライベート API に変換します。DNS レコードを更新して、ユーザを新しい API エンドポイントにリダイレクトします。
D. Amazon Route53 を使用し、API にカスタムドメイン名を設定します。

問題❷ ある企業では、商品価格に基づいて税金計算を自動化する API をユーザに提供しています。システム管理者は、年末年始にのみ税金計算の処理が多くなり、応答時間が遅くなっていることに気づきました。ソリューションアーキテクトは、年末年始の処理に対応できるよう、弾力性のあるソリューションを提案する必要があります。どのようなソリューションを提案しますか。

A. Amazon EC2 インスタンスでホストされる API を提供します。API リクエストが行われると、EC2 インスタンスは必要な計算を実行します。
B. Amazon API Gateway を使用してアイテム名を受け入れる REST API を設計します。API Gateway は、税金の計算のためにアイテム名を AWS Lambda に渡します。

C. Application Load Balancerの背後に2つのAmazon EC2インスタンスを作成します。EC2インスタンスは、受け取った商品名に基づいて税を計算します。
D. Amazon EC2インスタンスでホストされているAPIに接続するAmazon API Gatewayを使用してREST APIを設計します。API Gatewayは商品名を受け取り、税計算のためにEC2インスタンスに渡します。

問題❸ ある病院は最近、Amazon API GatewayとAWS Lambdaを使用してREST APIをデプロイしました。病院はAPI GatewayとLambdaを使用して、PDF形式とJPG形式のレポートをアップロードします。病院は、レポート内の文字情報を特定し、DynamoDBに文字情報を登録するようにLambdaコードを変更する必要があります。
運用オーバーヘッドを最小限に抑えながらこれらの要件を満たすソリューションはどれですか。

A. Amazon Rekognitionを使用してレポートからテキストを抽出します。
B. 既存のPythonライブラリを使用してレポートからテキストを抽出します。
C. Amazon Textractを使用してレポートからテキストを抽出します。
D. Amazon SageMakerを使用してレポートからテキストを抽出します。

問題❹ ある病院は最近、Amazon API GatewayとAWS Lambdaを使用してREST APIをデプロイしました。病院はAPI GatewayとLambdaを使用して、DynamoDBに登録されているレポート情報から、保護医療情報（PHI）を特定するためにLambdaコードを変更する必要があります。
運用オーバーヘッドを最小限に抑えながらこれらの要件を満たすソリューションはどれですか。

A. 既存のPythonライブラリを使用して、DynamoDB内のデータからPHIを識別します。

B. Amazon SageMakerを使用して、抽出されたテキストからPHIを識別します。
C. Amazon Comprehendを使用して、抽出されたテキストからPHIを識別します。
D. Amazon Comprehend Medicalを使用して、抽出されたテキストからPHIを識別します。

問題❺ ある会社が人気のソーシャルメディアWebサイトを運営しています。このWebサイトでは、ユーザは画像をアップロードして他のユーザと共有することができます。同社は、画像に不適切なコンテンツが含まれていないことを確認したいと考えています。同社は開発労力を最小限におさえるソリューションを必要としています。
これらの要件を満たすために、ソリューションアーキテクトは何をすべきでしょうか。

A. AWS Fargateを使用してカスタム機械学習モデルをデプロイし、不適切な画像を検出します。学習データを使用して、信頼性の低い予測にラベルを付けます。
B. Amazon Comprehendを使用して不適切な画像を検出します。信頼性の低い予測には人間によるレビューを使用します。
C. Amazon Rekognitionを使用して不適切な画像を検出します。信頼性の低い予測には人間によるレビューを使用します。
D. Amazon SageMakerを使用して不適切な画像を検出します。学習データを使用して、信頼性の低い予測にラベルを付けます。

問題❻ 予算計画を作成するにあたり、管理者は、社内でAWS Organizationsで一元管理されているAWSアカウント（連結アカウント）ごとの月額コストのレポートを必要としています。データは各AWSアカウントを管理している部門の予算を作成するために使用されます。ソリューションアーキテクトは、このレポート情報を取得する最も効率的な方法を決定する必要があります。
これらの要件を満たすソリューションはどれですか。

A. Amazon Athenaでクエリを実行してレポートを生成します。
B. AWS Budgetsでコストと使用状況をモニタリングし、アラートを設定します。
C. 連結アカウントごとに、コスト異常検出のモニターを設定します。
D. Cost Explorerでレポートを作成し、レポートをダウンロードします。

問題❼ ある企業の運用監視チームは、個々のAWSアカウントにおいて、特定のAmazon EC2インスタンスの月額コストについて、各AWSアカウントで設定する特定のしきい値を超えたら、すぐに通知を受け取りたいと考えています。
この要件を最もコスト効率よく満たすために、ソリューションアーキテクトは何をすべきでしょうか。

A. AWSのコストと使用状況レポートを使用して、時間単位の粒度でレポートを作成します。レポートデータをAmazon Athenaと統合します。Amazon EventBridgeを使用して、Athenaクエリをスケジュールします。しきい値を超えたときに通知を受信するようにAmazon Simple Notice Service（Amazon SNS）トピックを設定します。
B. Cost Explorerを使用して、サービスごとのコストの日次レポートを作成します。EC2インスタンスごとにレポートをフィルタします。しきい値を超えたときにAmazon Simple Email Service（Amazon SES）通知を送信するようにCost Explorerを設定します。

C. Cost Explorer を使用して、サービスごとのコストの月次レポートを作成します。EC2 インスタンスごとにレポートをフィルタします。しきい値を超えたときに Amazon Simple Email Service（Amazon SES）通知を送信するように Cost Explorer を設定します。
D. AWS 予算を使用して、各アカウントのコスト予算を作成します。期間を毎月に設定します。スコープを EC2 インスタンスに設定します。予算のアラートしきい値を設定します。しきい値を超えたときに通知を受信するように Amazon Simple Notice Service（Amazon SNS）トピックを設定します。

問題❽ ある企業は、30TB のデータをデータセンターから AWS クラウドに 30 日以内に移行する必要があります。同社のデータセンターからのインターネットへのネットワーク帯域幅は 10Mbps に制限されており、使用率が 60% を超えることはできません。また、データセンター内のネットワーク帯域幅は、1Gbps となります。
これらの要件を満たすために、ソリューションアーキテクトは何を提案すべきでしょうか。

A. AWS DataSync を使用します。
B. AWS Snowball Edge を使用します。
C. Amazon S3 Transfer Acceleration を使用します。
D. VPN 接続を使用します。

問題❾ ある企業は、オンプレミスのNASに保存されている600TBのデータを、AWSクラウドに転送する必要があります。データ移行は3週間以内に完了する必要があります。会社のインターネット接続は、100Mbpsのアップロード速度をサポートできます。データセンター内のネットワーク帯域幅は、1Gbpsとなります。
これらの要件を最もコスト効率よく満たすソリューションはどれですか。

A. Amazon S3マルチパートアップロード機能を使用し、データをAmazon S3に転送します。
B. オンプレミスのNASと最も近いAWSリージョンとの間にVPN接続を作成します。VPN接続経由でAWSへデータを転送します。
C. AWS Snow Familyコンソールを使用して、複数のAWS Snowball Edgeストレージ最適化デバイスを注文します。AWS Snow Familyデバイスを使用してAmazon S3にデータを転送します。
D. AWSリージョンの間に10GbpsのAWS Direct Connect接続を構築します。AWS Direct Connect経由でAmazon S3にデータを転送します。

問題❿ ある企業は、現在使用しているAWSリージョンとは別のAWSリージョンに、災害対策用のサイトを構築しました。同社は、2つのリージョンにあるNFSファイルシステム間でデータを、定期的に、また相互に転送する必要があります。
上記の転送について、運用オーバーヘッドを最小限に抑えながらこれらの要件を満たすソリューションはどれですか。

A. AWS DataSync
B. AWS Snowballデバイス
C. Amazon EC2インスタンス上に構築したSFTPサーバ
D. AWS Database Migration Service（AWS DMS）

問題⑪ ある企業は、オンプレミスのOracle Databaseから、Amazon Aurora PostgreSQL へ移行を計画しています。データベースには、同じテーブルに書き込むアプリケーションがいくつか存在します。アプリケーションは1つずつ移行し、移行期間は1か月間です。管理者は、データベースの読み取りと書き込みの回数が多いことに懸念を表明しています。データは、移行全体を通じて、両方のデータベース間ですべてのデータの同期を保つ必要があります。
ソリューションアーキテクトは何を推奨すべきでしょうか。

A. 初期移行にはAWS DataSyncを使用します。AWS Database Migration Service（AWS DMS）を使用して、変更データキャプチャ（CDC）レプリケーションタスクとテーブルマッピングを作成し、すべてのケーブルを選択します。

B. 初期移行にはAWS DataSyncを使用します。AWS Database Migration Service（AWS DMS）を使用して、全ロードと変更データキャプチャ（CDC）レプリケーションタスクと、すべてのテーブルを選択するテーブルマッピングを作成します。

C. AWS Schema Conversion ToolとAWS Database Migration Service（AWS DMS）を使用します。全ロードと変更データキャプチャ（CDC）レプリケーションタスクとテーブルマッピングを作成して、すべてのテーブルを選択します。

D. AWS Schema Conversion ToolとAWS Database Migration Service（AWS DMS）を使用します。全ロードと変更データキャプチャ（CDC）レプリケーションタスクとテーブルマッピングを作成して、最大のテーブルを選択します。

確認問題の解答と解説

問題❶ 正解 A

本文参照：「API キー」（p.344）

Aが正解です。APIキーを使用することにより、正しいAPIキーを持たないユーザはAPIにアクセスできなくなるため、権限のないユーザからのリクエストをブロックすることが可能です。

B・C・Dは間違いです。Lambda関数内で不正なIPアドレスからのリクエストを無視するロジックを組み込んだ場合も、既存のパブリックAPIをプライベートAPIに変換した場合も、Amazon Route 53を使用しAPIにカスタムドメイン名を設定した場合も、API自体は呼び出されるため、権限のないユーザからのリクエストをブロックできていません。

問題❷ 正解 B

本文参照：「運用管理・コストの削減」（p.339）

Bが正解です。API GatewayとAWS Lambdaを使用することにより、APIにスケーラビリティの管理が不要となります。そのため、年末年始とそれ以外の期間において、処理能力を伸縮させる能力を持たせることが可能となります。

Aは間違いです。単体のAmazon EC2インスタンスで、年末年始とそれ以外の期間において、処理能力を伸縮させる能力を持たせようとした場合、スケールアップ/スケールダウンの方式になりますが、その場合ダウンタイムが発生してしまうため、最適なソリューションであるとは言えません。

Cは間違いです。Auto Scalingを使用せずにAmazon EC2インスタンスで、年末年始とそれ以外の期間において、処理能力を伸縮させる能力を持たせようとした場合、スケールアップ/スケールダウンの方式になりますが、その場合ダウンタイムもしくは一時的な処理能力の低下が発生してしまいます。

Dは間違いです。API Gatewayは商品名を受け取り、税計算のためにEC2インスタンスを単体で運用する場合に、年末年始とそれ以外の期間において、処理能力を伸縮させる能力を持たせようとするとスケールアップ/スケールダウンの方式になりますが、その場合ダウンタイムもしくは一時的な処理能力の低下が発生してしまいます。

問題❸ 正解 C

本文参照：「Amazon Textract 概要」（p.350）

Cが正解です。PDF形式のファイルやJPG形式のファイルなどに対して、Amazon Textractを使用して、文字認識を行うことが可能です。

Aは間違いです。画像から物体検出を行うことはできますが、対応ファイルタイプは、JPG形式、PNG形式のみとなります。

Bは間違いです。Pythonライブラリを使用する場合、Amazon Textractなどのマネージドサービスを使用する場合と比較して、運用オーバーヘッドが低いとは言えません。

Dは間違いです。SageMakerにより、機械学習（ML）モデルの構築、トレーニング、デプロイを行うことはできますが、PDF形式とJPG形式のレポートから文字情報を抽出することはできません。

問題❹ 正解 D

本文参照：「Amazon Comprehend Medical 概要」（p.349）

Dが正解です。DynamoDB内のレポート情報から保護対象保健情報（PHI）を識別することが可能です。

Aは間違いです。Amazon Comprehend Medicalなどのマネージドサービスを使用する場合と比較して、運用オーバーヘッドが低いとは言えません。

Bは間違いです。SageMakerにより、機械学習（ML）モデルの構築、トレーニング、デプロイを行うことはできますが、保護対象保健情報（PHI）

を識別することはできません。

C は間違いです。Amazon Comprehend により、機械学習を使用して、テキストから、テキストを理解する上で重要なテキスト内のキーフレーズ、感情などを抽出することはできますが、保護対象保健情報（PHI）を特定することはできません。

問題❺ **正解 C**

本文参照：「Amazon Rekognition 概要」（p.354）

C が正解です。あらかじめ要件に応じて、安全でない画像などを検出するようにトレーニングされている場合は、Amazon Rekognition により、安全でない画像を検出することができます。

A は間違いです。Amazon Rekognition などのマネージドサービスを使用する場合と比較して、開発労力が最小限に低いとは言えません。

B は間違いです。Amazon Comprehend により、テキスト内のキーフレーズ、感情などを検出することはできますが、不適切な画像を検出することはできません。

D は間違いです。Amazon SageMaker により、機械学習（ML）モデルの構築、トレーニング、デプロイを行うことはできますが、不適切な画像を検出することはできません。

問題❻ **正解 D**

本文参照：「Cost Explorer レポート」（p.358）

D が正解です。Cost Explorer に事前定義済みのレポートの「Monthly costs by linked account（アカウントごとの月額費用）」レポートを使用することにより、社内で AWS Organizations により一元管理されている AWS アカウント（メンバーアカウント、旧連結アカウント）ごとの月額料金を確認することができるためです。

A は間違いです。Amazon Athena でクエリによりレポートを生成する場合には、Amazon Athenaに対して、事前にAWS Cost and Usage Report（CUR）等によるデータの統合が必要となります。

Bは間違いです。AWS Budgetsでコストを作成した場合、ユーザが指定したしきい値の金額に対してアラートを出すことはできますが、正確に連結アカウントごとに月額コストを把握することはできません。

Cは間違いです。コスト異常検出により、コストの異常を検知することはできますが、正確に連結アカウントごとに月額コストを把握することはできません。

問題❼ 正解 D

本文参照：「AWS Budgets概要」（p.361）

Dが正解です。AWS Budgetsを使用すると、AWSアカウントの予算を作成し、使用量が特定のしきい値を超えたときにアラートを発報するように設定できます。

Aは間違いです。AWS Budgetsを使用した場合と比べて、Amazon AthenaやAmazon EventBridgeなどの追加のリソースを必要とするため、コスト効率の良いオプションとは言えません。

BとCは間違いです。Cost Explorerはコストの分析に役立ちますが、AWS Budgetsが提供するリアルタイムのアラート機能は提供していません。

問題❽ 正解 B

本文参照：「AWS Snow Familyここがポイント」（p.368）

Bが正解です。データセンター内のネットワーク帯域幅が1Gbpsであるため、30TBのデータをSnowball Edgeデバイスへコピーする期間は、1～2日間程度となります。さらに、Snowball Edgeデバイスの配送および返送で数日程度ずつ見積もった場合、合計10日間程度で移行は完了します。

Aは間違いです。インターネット経由でクラウドへ移行しようとした場合、インターネットへのネットワーク帯域幅が、6 Mbps（10Mbpsの60%）に制限されているため、転送が完了するまでに、1年以上かかる計算となります。

Cは間違いです。Amazon S3 Transfer Accelerationを使用して、近くのエッジロケーションまでインターネット経由でアップロードする場合、データセンターのネットワーク帯域幅の制限を受けるため、転送に1年以上かかります。

Dは間違いです。VPN接続を使用した場合も、データセンターのネットワーク帯域幅の制限を受けるため、転送に1年以上かかります。

問題❾ 正解 C

本文参照：「AWS Snow Family ここがポイント」（p..368）

Cが正解です。データセンター内のネットワーク帯域幅は1Gbpsであり、AWS Snowball Edgeストレージ最適化デバイスのネットワークインターフェイスは10Gbit以上であるため、AWS Snowball Edgeストレージ最適化デバイスの転送速度は1Gbpsとなります。そのため、NASからAWS Snow Familyデバイスへの転送にかかる時間は、転送のみで7日間程度かかります。また、AWS Snow Familyデバイスの配送と返送について、数日ずつを考慮すると、データ移行完了までに合計で2週間から3週間かかる可能性があります。そこで、複数のAWS Snow Familyデバイスを使用して、並列で転送することにより、AWS Snow Familyデバイスへ転送する時間を短縮し、3週間以内でデータ移行を完了できる可能性があります。

AとBは間違いです。マルチパートアップロード機能やVPN接続を使用したとしても、会社のインターネット接続は100Mbpsであるため、データ転送に2か月以上かかる計算となります。

Dは間違いです。AWS Direct Connect接続を構築する場合、オンプレミスの拠点とDirect Connectロケーション間の敷設工事、Direct Connectロケーション内でのAWSへの接続作業などを行う必要があるため、Direct Connectを使用できるようになるまで数週間から数カ月かかる可能性があります。そのため、データ転送の時間も考慮すると、合計で3週間以内でのデータ移行を完了することは、難しいと予想されます。

問題⑩ 正解 A

本文参照：「AWS DataSync 概要」（p.373）

Aが正解です。AWS DataSyncは、マネージドのサービスであるため、運用のオーバーヘッドを最小限におさえながら、2つのAWSリージョンのストレージ間でデータの同期を行うことができます。

Bは間違いです。AWS Snowballデバイスでは、物理的なデバイスの配送と返送、またデバイスへのデータの転送を行う必要があり、運用のオーバーヘッドは増加する傾向にあります。

Cは間違いです。Amazon EC2インスタンス上に構築したSFTPサーバでは、Amazon EC2インスタンスの運用管理が発生するため、運用のオーバーヘッドは増加する傾向にあります。

Dは間違いです。AWS DMSのソースとして、NFSファイルシステムは対応していません。AWS DMSのソースはOracle Database、Microsoft SQL Serverなどの各種データベースとAmazon S3になります。

問題⑪ 正解 C

本文参照：「AWS Schema Conversion Tool」（p.372）
「レプリケーションタスク」（p.371）

Cは正解です。Oracle Databaseから、Amazon Aurora PostgreSQLへの異種データベース間での移行であるため、スキーマの変換、コードの変換、またテーブルのマッピングを行うために、AWS Schema Conversion Toolを使用します。その上で、AWS DMSを使用して、移行作業を行います。すべてのデータの同期を保つ必要があるため、全ロードと変更データキャプチャ（CDC）レプリケーションタスクを使用し、テーブルのマッピングについては、すべてのテーブルを選択します。

AとBは間違いです。AWS DataSyncは、NFS、SMB、オブジェクトストレージなどのストレージには対応していますが、ブロックストレージやAmazon Aurora PostgreSQLなどのデータベースには対応していません。

Dは間違いです。テーブルマッピングを作成して、最大のテーブルのみを選択した場合、両方のデータベース間ですべてのデータの同期を保つことができません。

第二部

試験分野別対策

AWS 認定「ソリューションアーキテクトアソシエイト」の試験分野と配分（重み設定）は、以下の通りで構成されています（2024 年 3 月時点）。

第 1 分野：セキュアなアーキテクチャの設計（30%）
第 2 分野：弾力性に優れたアーキテクチャの設計（26%）
第 3 分野：高パフォーマンスなアーキテクチャの設計（24%）
第 4 分野：コストを最適化したアーキテクチャの設計（20%）

「第一部サービス別」で AWS の各種サービスの特徴や違いを理解した後に、各試験分野でおさえておくべきポイントをまとめました。

第 11 章

第1分野：セキュアなアーキテクチャの設計

AWS クラウドにおいて、セキュリティは最優先事項です。そのため、組織がクラウドを活用する中、AWS リソースへのセキュアなアクセスとデータ管理が求められます。また、アプリケーションに対する認証・認可や、各ネットワークレイヤにおけるトラフィックについても制御する必要があります。「セキュアなアーキテクチャの設計」に関連した重要キーワードを確認しておきましょう。

アクセスキー：R（大文字のアール）

11.1 アクセス制御

AWS クラウドにアクセスできるユーザを制限することで、不正アクセスを防止するセキュリティ対策のことです。そのために、AWS でのアイデンティティ管理は一元化し、個別かつ一時的な認証情報により、適切なアクセスを管理します。また**最小権限の原則により、ユーザ、アプリケーションに対して最低限必要な権限のみを付与し、各 AWS リソースへのアクセスを制御します**。アクセス制御を AWS クラウドで実行する方法として、主に以下の 4 点が挙げられます。

マルチアカウントの認証

AWS IAM Identity Center や Active Directory federation services 等を使ったフェデレーションを行うことでアイデンティティの管理を一元化できます。

個別アカウントの認証

適切な IAM ユーザを作成し、認証設定を行い、IAM グループを通じてによるアクセス許可の管理を行います。また、EC2 インスタンス上のアプリケーションには認証情報を埋め込むのではなく、IAM ロールによって権限を付与するようにします。

認可の制御

フェデレーティッドユーザや IAM ユーザ、IAM ロール等のプリンシパルの権限の制御は、SCP や IAM アクセス許可の境界等のアクセス許可の上限を設定するポリシーと、アイデンティティベースのポリシーやリソースベースのポリシー等のアクセス許可を付与するポリシーによって行います。

トレーサビリティの維持

システムのログを適切に管理することで、不正アクセスの検知や攻撃の追跡が可能になります。AWS クラウドを利用する中で、リアルタイムでモニタリング、アラート、監査のアクションおよび変更を行えるようにし、ログとメトリクスの収集をシステムに統合して、自動的に調査しアクションを実行できるようにします。

例えば、AWS CloudTrailにより、AWS内のアクティビティをモニタリングし、Amazon CloudWatch Logsと組み合わせることで、アクティビティに対するアラートや監査アクションを行えるようになります。

11.2 データ保護

業務で取り扱う重要なデータは、まず保存時・転送時のデータをそれぞれ暗号化することにより、データ漏洩を防止します。そのために、データを機密性レベルに基づいて分類し、暗号化、アクセス制御などを適切に行います。例えばAmazon S3にて、SSL/TLSまたはクライアント側の暗号化を使用して、転送中のデータを保護することができ、保管時のデータを保護するにはサーバ側の暗号化もしくはクライアント側の暗号化を使用することができます。

また、**データに直接アクセスしたり、データを手動で処理したりする必要性を減らしたり、排除したりするメカニズムとツールを使用する**ことにより、機密性の高いデータを扱う際のヒューマンエラー等のリスクを軽減します。例えば、Amazon S3に保存するデータについて、時間の経過とともにアクセス頻度が低下するオブジェクトについては、ライフサイクルポリシーを使用し、ストレージクラスを自動的に移動させます。そうすることにより、データに対する手作業を減らし、人的ミスを減らすことができます。

上記のような機能的なハード面でのセキュリティ対策も重要ではありますが、組織内で使用する場合、**組織として一人ひとりのセキュリティに関する意識を高める**ことで、社員がセキュリティに関するリスクを理解し、セキュリティ対策に協力することができます。そのようなソフト面の対策も重要となってきます。

上記のセキュリティの柱に関連し、また本試験の対象となるAWSサービスは以下のものがあります。それぞれのサービスの詳細については、各サービスの説明ページを参照してください。

▶ 表11.1：セキュリティの柱に関連するAWSサービスと概要

サービス名	概要
AWS Artifact	コンプライアンスレポートの表示
AWS Audit Manager	リスクとコンプライアンス管理を継続的に評価
AWS Certificate Manager	証明書の管理およびデプロイ
Amazon CloudHSM	クラウド上のハードウェアセキュリティモジュール
Amazon Cognito	アプリケーションに対する認証・認可の管理
Amazon Detective	潜在的なセキュリティ問題の調査および分析
AWS Directory Service	アクティブディレクトリの管理
AWS Firewall Manager	ファイアウォールルールを一元的に管理
Amazon GuardDuty	AWSアカウントに対する脅威検出
AWS Identity and Access Management (IAM)	AWSリソースへの認証・認可の管理
AWS IAM Identity Center	複数のAWSアカウントへのシングルサインオンを管理
Amazon Inspector	EC2インスタンスでの自動脆弱性診断
AWS Key Management Service (KMS)	AWSでのデータ暗号化に使用される暗号化キーを管理
Amazon Macie	機械学習とパターンマッチングによる機密データの検出
AWS Resource Access Manager	AWSリソースを他のAWSアカウントまたはAWS Organizationsと共有
AWS Secrets Manager	パスワードなどの機密情報管理サービス
AWS Security Hub	AWS環境におけるセキュリティイベントを集約し、一元的に管理・可視化
AWS Shield	DDoS攻撃からの保護
AWS WAF	悪意のあるウェブトラフィックからの保護

11.3 多層防御

多層防御とは内部に複数の防御層を設置することで、機密情報などを守るセキュリティ対策です。従来のネットワークの境目に壁を作り、攻撃をブロックする境界防御のみではなく、**AWS内の各レイヤにおいて、セキュリティ設定を組み込むことにより、多層防御のアプローチを適用します**。ネットワークのエッジ、VPC、ロードバランシング、すべてのインスタンスとコンピューティングサービス、オペレーティングシステム、アプリケーション、コードなど、すべてのレイヤにセキュリティ設定を適用します。

例えば、ネットワークのエッジに多層防御のアプローチを取り入れる場合は、AWS Shield で DDoS 攻撃から保護し、AWS WAF によりクロスサイトスクリプティングなどの攻撃から保護します。また、AWS リージョン内では、各 EC2 インスタンスにセキュリティグループを設定し、セキュリティグループのインバウンドルールのソースを通信元のセキュリティグループの ID に制限することで、セキュリティグループ同士をチェーンで結び、上位の層から下位の層に対するトラフィックを保護したり、NACL を使って保護したりすることができます。

図11.1：多層防御のサンプル

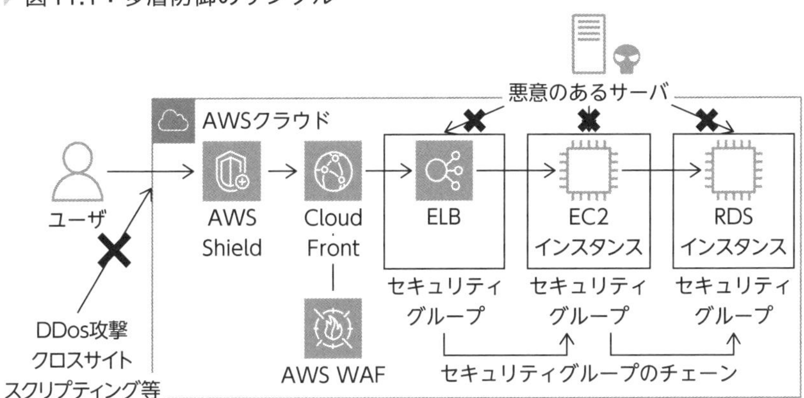

11.4 責任共有モデル

責任共有モデルとは、ユーザがAWSクラウドを利用する際のセキュリティとコンプライアンスについて、ユーザの責任範囲と AWS の責任範囲を定義したものです。

AWSの責任範囲

AWSは、AWSクラウドで提供されるすべてのサービスを実行するインフラストラクチャの保護について責任を負います。このインフラストラクチャはハードウェア、ソフトウェア、ネットワーキング、AWSクラウドのサービスを実行する施設で構成されます。

ユーザの責任範囲

ユーザはAWSクラウドを利用する際のユーザのデータや、認証・認可の設定、暗号化の設定などについて責任を負いますが、AWSのサービスによって、責任範囲は異なります。

例えば、Amazon EC2などのサービスでは、必要なすべてのセキュリティ構成および管理のタスクなどは、ユーザの責任範囲となります。

Amazon S3やAmazon DynamoDBなどのマネージドサービスの場合には、AWS側がサービスのインフラストラクチャ、OSおよびプラットフォームの運用については、AWSの責任範囲となります。その場合、ユーザはサービスのエンドポイントにアクセスし、データを保存および取得するデータの管理について責任範囲となります。

表11.2：AWS責任共有モデル

責任者	項目
ユーザ	ユーザのデータ管理
	プラットフォーム、アプリケーション、アイデンティティおよびアクセス管理
	オペレーティングシステム、ネットワーク、ファイアウォールの設定
	暗号化　ネットワークトラフィックの保護
AWS	ソフトウェア
	コンピューティング　ストレージ　データベース　ネットワーク
	ハードウェア/AWSグローバルインフラストラクチャ
	リージョン　アベイラビリティーゾーン　エッジロケーション

確認問題

問題❶ ある企業は、Amazon EC2 インスタンスから Amazon S3 バケットにデータを移動する必要があります。会社は、API 呼び出しやデータがインターネットゲートウェイを介してルーティングされないようにする必要があります。S3 バケットにデータをアップロードするためのアクセス権を持つことができるのは、EC2 インスタンスのみです。これらの要件を満たすソリューションはどれですか。

A. EC2 インスタンスが配置されているサブネットに、Amazon S3 のインターフェイス VPC エンドポイントを作成します。リソースポリシーを S3 バケットにアタッチして、EC2 インスタンスの IAM ロールのみにアクセスを許可します。

B. EC2 インスタンスが配置されているアベイラビリティーゾーンで、Amazon S3 のゲートウェイ VPC エンドポイントを作成します。適切なセキュリティグループをエンドポイントにアタッチします。リソースポリシーを S3 バケットにアタッチして、EC2 インスタンスの IAM ロールのみにアクセスを許可します。

C. EC2 インスタンス内から nslookup ツールを実行して、S3 バケットのサービス API エンドポイントのプライベート IP アドレスを取得します。VPC ルートテーブルにルートを作成して、EC2 インスタンスに S3 バケットへのアクセスを提供します。リソースポリシーを S3 バケットにアタッチして、EC2 インスタンスの IAM ロールのみにアクセスを許可します。

D. AWS が提供する ip-ranges.json タイルを使用して、S3 バケットのサービス API エンドポイントのプライベート IP アドレスを取得します。VPC ルートテーブルにルートを作成して、EC2 インスタンスに S3 バケットへのアクセスを提供します。リソースポリシーを S3 バケットにアタッチして、EC2 インスタンスの IAM ロールのみにアクセスを許可します。

問題❷ ある企業は、AWS クラウドでウェブアプリケーションをホストしています。同社は、AWS Certificate Manager（ACM）にインポートされた証明書を使用するように Elastic Load Balancer を設定します。各証明書の有効期限が切れる 30 日前に、会社のセキュリティチームに通知する必要があります。要件を満たすために、ソリューションアーキテクトは何を推奨する必要がありますか。

A. ACM ルールを追加して、証明書の有効期限が切れる 30 日前から毎日カスタムメッセージを Amazon SNS トピックに発行します。

B. 30 日以内に期限切れになる証明書をチェックする AWS Config ルールを作成します。AWS Config が非準拠のリソースを報告したときに、Amazon SNS を介してカスタムアラートを呼び出すように Amazon EventBridge（Amazon CloudWatch Events）を設定します。

C. AWS Trusted Advisor を使用して、数日以内に期限切れになる証明書を確認します。ステータスの変更を確認するための Trusted Advisor メトリクスに基づく CloudWatch アラームを作成する Amazon SNS を介してカスタムアラートを送信するようにアラームを設定します。

D. Amazon EventBridge ルールを作成して、30 日以内に期限切れになる証明書を検出します。AWS Lambda 関数を呼び出すルールを設定します。Amazon SNS 経由でカスタムアラートを送信するように Lambda 関数を設定します。

問題❸ ある会社は最近、IT 環境全体を AWS クラウドに移行しました。同社は、ユーザーが特大の Amazon EC2 インスタンスをプロビジョニングし、適切な変更管理プロセスを使用せずにセキュリティグループルールを変更していることを発見しました。ソリューションアーキテクトは、これらのインベントリと構成の変更を追跡および監査するための戦略を考案する必要があります。これらの要件を満たすために、ソリューションアーキテクトはどのアクションを実行する必要がありますか。2 つ選択してください。

A. AWS CloudTrail を有効にして監査に使用します。
B. EC2 インスタンスにデータライフサイクルポリシーを使用します。
C. AWS Trusted Advisor を有効にしてセキュリティダッシュボードを参照します。
D. AWS Config を有効にし、監査とコンプライアンスの目的でルールを作成します。
E. AWS CloudFormation テンプレートを使用して以前のリソース構成を復元します。

確認問題の解答と解説

問題❶ **正解 A**

本文参照：本章「多層防御」（p.398）、第3章ネットワーク「VPCと他のVPCの通信（VPCピアリング接続、TGW）」（p.107）

Aが正解です。VPCエンドポイントを使用することで、EC2インスタンスからS3へのアクセスをIGWを経由しないで行うことができます。また、S3のバケットポリシーによって、EC2インスタンスにアタッチしたIAMロールからのアクセスのみ許可することで、それ以外のプリンシパルからのアクセスを拒否することができます。

Bは間違いです。S3はインターフェイスエンドポイントも、ゲートウェイエンドポイントも使用することができますが、ゲートウェイエンドポイントは特定のVPCに対して作成されるものであり、特定のAZに紐づくものではないからです。

C・Dは間違いです。S3のサービスAPIエンドポイントは、プライベートIPアドレスを持っていません。

問題❷ 正解 B

本文参照：本章「データ保護」（p.397）、第 8 章管理、モニタリング、ガバナンス「AWS Config」（p.308）

B が正解です。AWS Config ルールを使うことで、証明書の期限切れが近づいていることをチェックできます。また、通知をするためには EventBridge 経由で SNS を使用することができます。

A は間違いです。現状 ACM 側で直接有効期限切れのメッセージを送信することはできません。

C と D は間違いです。現状 Trusted Advisor や EventBridge を使って ACM 証明書の有効期限切れ確認はできません。

参照

Trusted Advisor のチェック項目の詳細は、以下をご確認ください。
https://docs.aws.amazon.com/ja_jp/awssupport/latest/user/trusted-advisor-check-reference.html

問題❸ 正解 A・D

本文参照：8.2「AWS CloudTrail」（p.292）、8.7「AWS Config」（p.308）

A と D が正解です。CloudTrail を使用することで、AWS 上のアクティビティを監査することができます。また、AWS Config を使用することで、リソースの設定変更をキャプチャして構成変更を追跡することができます。

B は間違いです。EC2 インスタンスにデータライフサイクルポリシーという機能はありません。

C は間違いです。Trusted Advisor では、現在の設定がベストプラクティスから乖離しているかという観点のチェックはできますが、設定変更の履歴を参照することはできません。

E は間違いです。CloudFormation を使用することで、違反状態からの復旧には役立ちますが、構成変更の追跡および監査という要件は満たすことができません。

第 12 章

第2分野：弾力性に優れたアーキテクチャの設計

スケーラブルで疎結合なアーキテクチャを設計することにより、システム障害が発生した場合には影響範囲を最小化でき、急激に負荷が高まった場合にも適切なパフォーマンスを維持することができるようになります。
また、障害に強いシステムを設計する場合には、基本的にあらゆるものが故障する前提に立ち設計を行います。その上で、単一のアベイラビリティゾーンでの構成ではなく、複数のアベイラビリティゾーンでの構成をお勧めします。
ここでは、「弾力性に優れたアーキテクチャの設計」という試験分野の観点から、いくつか重要なキーワードについて、確認しておきたいと思います。

アクセスキー：5（数字のゴ）

12.1 スケーリング

システム構築時には、将来の業務量増大に備えて、処理能力を増強する方法をあらかじめ考慮しておく必要があります。処理能力を増強する方式は、スケールアップとスケールアウトの２つがあります。どちらの方法を選択するかは、システムの特徴によって使い分けます。

スケールアップ・スケールダウン

スケールアップは、CPU をより高性能なものに交換したり、メモリを増設したり、もしくはより処理能力の大きなサーバとの入れ替えを行ったりすることで処理能力の増強を行います。

逆に処理能力を減らすことをスケールダウンといいます。一般的にスケールアップ・スケールダウンを行う時は、機器を起動したまま交換等の作業を行うことは難しいため、機器を停止する必要があります。よって**一時的にダウンタイムが発生することがあり、そのダウンタイムの時間を考慮する必要があります**。この方式のことを一般的に「垂直スケーリング」と呼びます。

図12.1：スケールアップ・スケールダウン

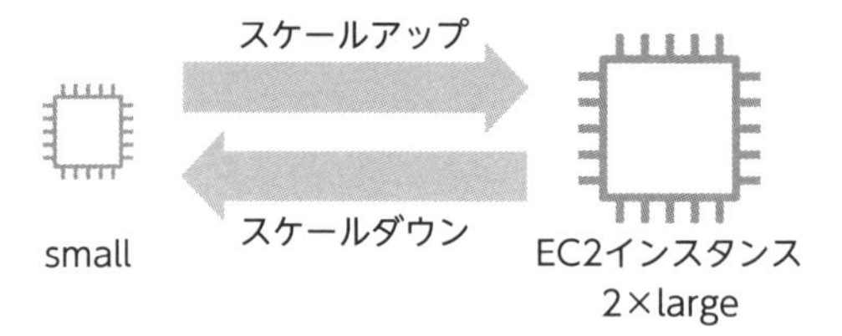

スケールアウト・スケールイン

スケールアウトは、同等のサーバを複数台用意し、サーバ台数を増やすことで全体としての処理能力の増強を行います。また、逆に処理能力を減らすことをスケールインといいます。

一般的にスケールアウト、スケールインを行う時は既存のサーバが処理を継続したままとなるため、システムとしてダウンタイムは発生しません。しかし、複数のサーバで構成されるため、システムによっては、サーバ間での同期処理をクラスタ構成等により、実装する必要があります。この方式のことを一般的に「水平スケーリング」と呼びます。

図12.2：スケールアウト・スケールイン

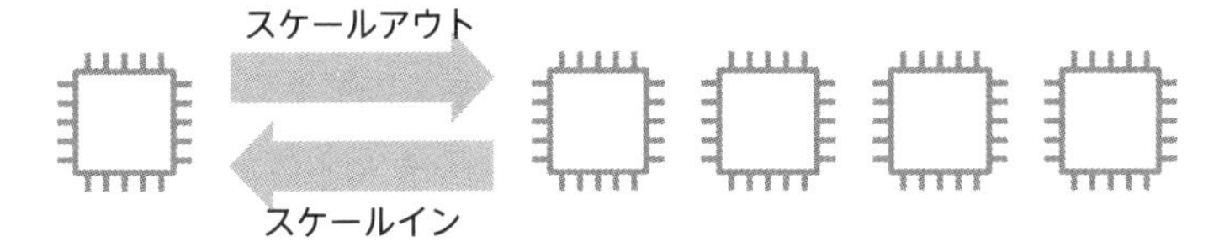

12.2 疎結合

システムを設計する時にシステム内の１つのコンポーネントに変更を加えると、それに依存する他のコンポーネントが影響を受ける場合、それらのコンポーネントの関係を密結合と呼びます。密結合の場合、一部の改修や部分的な変更がシステム全体に与える影響が大きくなるため、システム全体での調整に時間がかかり、急速な変化への対応が難しくなります。また、システム内の１つのコンポーネントで障害が発生した場合も、システム全体に影響を及ぼす可能性があります。

図12.3：密結合

密結合に対して、**システム内のコンポーネント同士の独立性を高め、依存関係を減らした関係のことを疎結合といいます**。疎結合の場合、コンポーネント間の関係はバージョン管理・公開されたインターフェイスのみです。依存関係があるコンポーネント間で疎結合を実装すると、あるコンポーネント

の障害が別のコンポーネントに影響を及ぼさないようにすることができます。

　コンポーネントの疎結合化を意識することで、そのコンポーネントに依存する他のコンポーネントのリスクを最小限におさえながら、コンポーネントにコードや機能を自由に追加できます。また、スケールアウトしたり、依存関係の基盤となる実装を変更したりできるため、スケーラビリティが向上します。

　システム内のコンポーネントを疎結合化する際の具体的な手法としては、コンポーネント間にElastic Load Balancing（ELB）を含める方法があります。ELBで正常なコンポーネントにのみ、ルーティングさせることができるため、可用性、耐障害性を向上させることができ、スケーリングも容易に行えるようになります。

　また、**ELB以外もAmazon Simple Queue Service（Amazon SQS）を使用することで、非同期で疎結合化**することもできます。

▶ 図12.4：疎結合(同期)

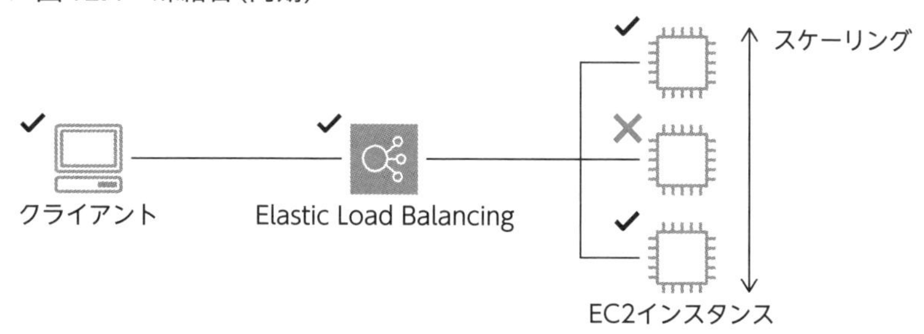

▶ 図12.5：疎結合(非同期)

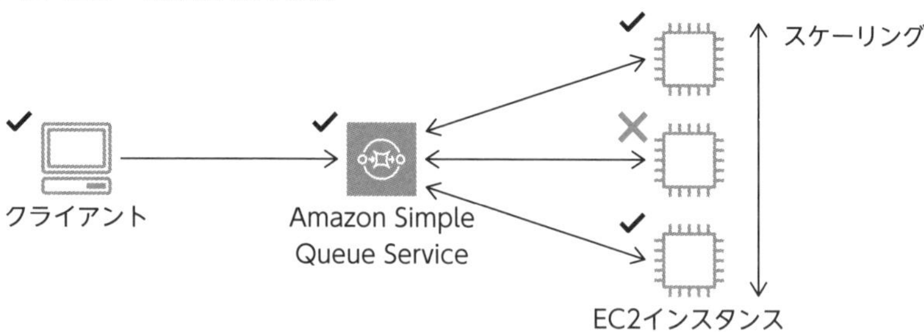

疎結合化するためのサービスとして、ELB と Amazon SQS を覚えておきましょう。

12.3 サーバレステクノロジ

AWS のサーバレステクノロジとは、ユーザがサーバの管理を行うことなく、アプリケーションを構築して実行できるサービスです。サーバ管理はすべて AWS によって行われ、スケーリングや、高可用性などが組み込まれているため、ユーザは、サーバレステクノロジの上で実行するアプリケーションの開発に集中することができるようになります。

また、**コストが発生するのはアプリケ―ションが実行時のみで、待機時間には発生しないため、コスト最適化を図ることができます。**

▶ 図12.6：サーバレステクノロジ

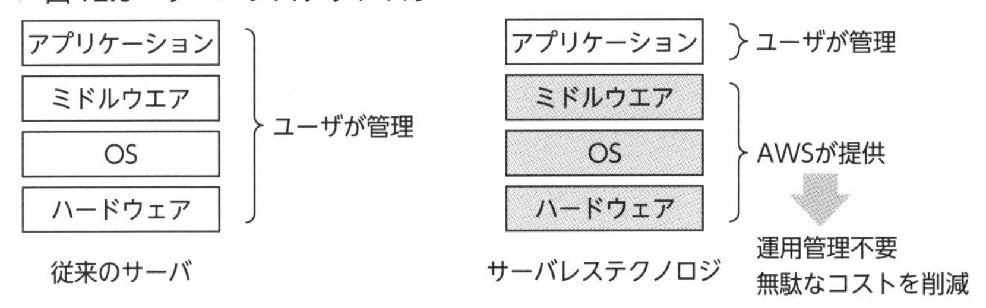

AWS のサーバレステクノロジのサービスは、以下の表 12.1 の通りです。

▶ 表12.1：サーバレステクノロジのAWSサービス例

カテゴリ	サービス名
コンピューティング	AWS Lambda
	AWS Fargate
アプリケーション統合	Amazon EventBridge
	AWS Step Functions
	Amazon SQS
	Amazon SNS
	Amazon API Gateway
	AWS AppSync

カテゴリ	サービス名
データストア	Amazon S3
	Amazon EFS
	Amazon DynamoDB
	Amazon RDS Proxy
	Amazon Aurora Serverless
	Amazon Redshift Serverless
	Amazon Neptune Serverless
	Amazon OpenSearch Serverless

12.4 イベント駆動型アーキテクチャ

イベント駆動型アーキテクチャは、イベントをトリガーとして、独立したサービス間の通信を行うものです。イベント駆動型アーキテクチャにより、異なるサービス同士を統合することなく、情報共有、情報連携を行うことができるため、各サービス同士の耐久性を維持することができます。

また、独自のコードを記述することなく、イベントを不特定多数のサービスに連携させるファンアウトを容易に実装することができます。

イベント駆動型アーキテクチャにより、前述の「疎結合」を促進することができます。

▶ 図12.7：イベント駆動型アーキテクチャの例

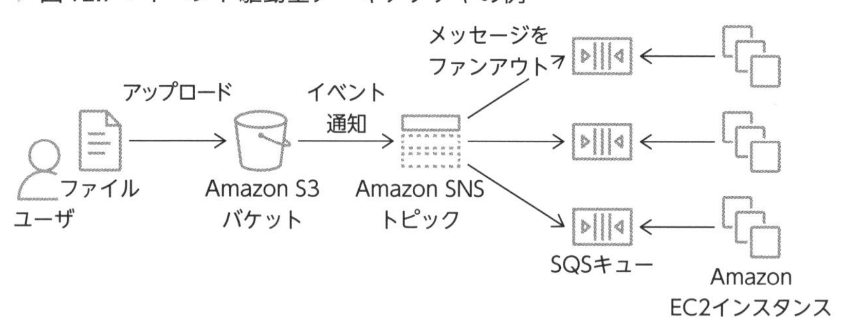

12.5 高可用性と耐障害性

高可用性（ハイアベイラビリティ）と耐障害性（フォールトトレランス）は、似た言葉に思えるかもしれませんが、実際には大きく異なります。その言葉の定義と、設計時の違いをきちんとおさえましょう。

◇ 高可用性

可用性とは、システムが継続して稼働できる度合いや能力を意味します。その可用性の能力が高いことを「高可用性」と呼びます。つまり、**システムに障害が発生した場合に、縮退運転やダウンタイムが発生し、一時的にサービスレベル契約（SLA）を満たさない期間があったとしても、停止時間をどれだけ短縮できるかという能力となります。**

AWSで可用性を高めるための構成例としては、複数のアベイラビリティゾーンにAmazon EC2インスタンスを配置することにより、アベイラビリティゾーン障害が発生した際に、一時的にSLAを満たさなくなる可能性がありますが、新しいEC2インスタンスを起動することにより、回復させることができます。

図12.8：高可用性の例

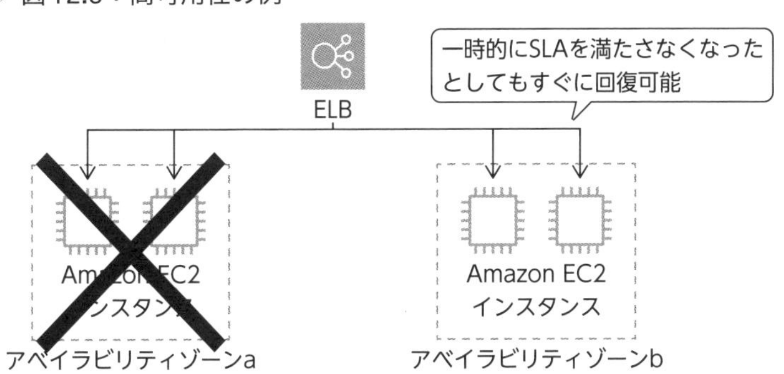

高可用性を実現するには、複数のアベイラビリティゾーンでのシステム構成や、Amazon SQS、Elastic Load Balancing、Amazon RDSのサービス

などを組み合わせることにより実現できます。なお、複数のリージョンを使って向上させることも可能です。この際は、Route53 のルーティングポリシーや、AWS Global Accelerator などを使うことができます。

◇ 耐障害性

耐障害性とは、システム内のコンポーネントが障害に耐え、かつ SLA を維持しながら「可用性」を維持する能力を指します。つまり、**システムに障害が発生した場合に、システムのパフォーマンスを落とすことなくシステムを稼働し続けられる能力のことです**。

AWS における耐障害性の構成例としては、アベイラビリティゾーン障害が発生した場合でも SLA を維持するだけの Amazon EC2 インスタンスを複数のアベイラビリティゾーンに配置することです。アベイラビリティゾーン障害が発生した際にも、SLA を維持し、業務継続が可能となります。また、Amazon Route 53、Amazon DynamoDB などを組み合わせることでも実現ができます。

耐障害性の構成はパフォーマンスに影響を与えず、SLA を維持する分、高可用性の構成よりも一般的にコストが多く発生する可能性があります。

▶ 図12.9：耐障害性の例

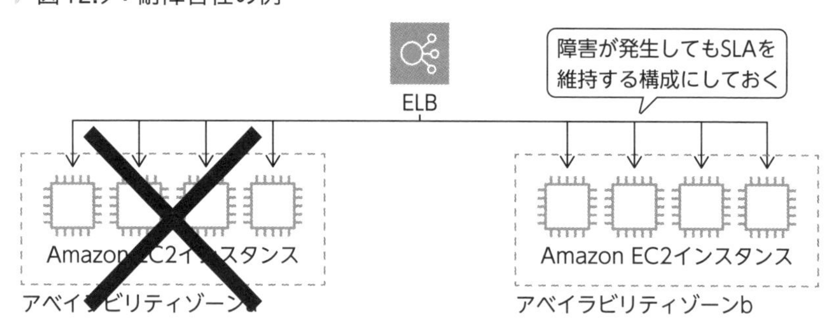

確認問題

問題❶ ある企業は、3層ステートレスWebアプリケーションのバックアップ戦略を必要としています。Webアプリケーションは、スケーリングイベントに応答するように設定された動的スケーリングポリシーを使用して、Auto Scalingグループ内のAmazon EC2インスタンスで実行されます。データベース層は、Amazon RDS for PostgreSQLで実行されます。Webアプリケーションは、EC2インスタンス上の一時的なローカルストレージを必要としません。会社の目標復旧時点（RPO）は2時間です。バックアップ戦略では、この環境のスケーラビリティを最大化し、リソースの使用率を最適化する必要があります。
これらの要件を満たすソリューションはどれですか。

A. RPOを満たすために、EC2インスタンスとデータベースのAmazon Elastic Block Store（Amazon EBS）ボリュームのスナップショットを2時間ごとに作成します。
B. Amazon EBSスナップショットを取得するようにスナップショットライフサイクルポリシーを構成する。RPOを満たすためにAmazon RDSで自動バックアップを有効にします。
C. ウェブおよびアプリケーション層の最新のAmazonマシンイメージ（AMI）を保持する。Amazon RDSで自動バックアップを有効にし、ポイントインタイムリカバリを使用してRPOを満たします。
D. EC2インスタンスのAmazon EBSボリュームのスナップショットを2時間ごとに作成する。Amazon RDSで自動バックアップを有効にし、ポイントインタイムリカバリを使用してRPOを満たします。

問題❷ ある会社には、単一の AWS リージョンで実行されるストリーミングサービスがあります。このサービスは、Amazon EC2 インスタンス上のウェブサーバーとアプリケーションサーバーで構成されています。EC2 インスタンスは、Elastic Load Balancer の背後にある Auto Scaling グループにあります。また、このサービスには、複数のアベイラビリティーゾーンにまたがる Amazon Aurora データベースクラスターが含まれています。同社はグローバルに拡大し、アプリケーションのダウンタイムを最小限におさえたいと考えています。
要件を満たすソリューションはどれですか。

A. Web 層とアプリケーション層の Auto Scaling グループを拡張して、2 番目のリージョンのアベイラビリティーゾーンにインスタンスをデプロイします。Aurora グローバルデータベースを使用して、プライマリリージョンと 2 番目のリージョンにデータベースをデプロイします。2 番目のリージョンへのフェイルオーバールーティングポリシーで Amazon Route 53 ヘルスチェックを使用します。
B. Web 層とアプリケーション層を 2 番目のリージョンにデプロイします。2 番目のリージョンに Aurora PostgreSQL クロスリージョン Aurora レプリカを追加します。2 番目のリージョンへのフェイルオーバールーティングポリシーで Amazon Route 53 ヘルスチェックを使用し、必要に応じてセカンダリをプライマリに昇格させます。
C. Web 層とアプリケーション層を 2 番目のリージョンにデプロイします。2 番目のリージョンに Aurora PostgreSQL データベースを作成します。AWS Database Migration Service（AWS DMS）を使用して、プライマリデータベースを 2 番目のリージョンに複製します。2 番目のリージョンへのフェイルオーバールーティングポリシーで Amazon Route 53 ヘルスチェックを使用します。

D. Web層とアプリケーション層を2番目のリージョンにデプロイします。Amazon Aurora グローバルデータベースを使用して、プライマリリージョンと2番目のリージョンにデータベースをデプロイします。2番目のリージョンへのフェイルオーバールーティングポリシーで Amazon Route 53 ヘルスチェックを使用します。必要に応じて、セカンダリをプライマリに昇格させます。

問題❸ ある会社は、AWS で2層の e コマース Web サイトを運営しています。Web 層は、EC2 インスタンスにトラフィックを送信するロードバランサーで構成されます。データベース層は Amazon RDS DB インスタンスを使用します。EC2 インスタンスと RDS DB インスタンスは、パブリックインターネットからの直接アクセスを禁止しています。EC2 インスタンスでは、サードパーティの Web サービスを介して注文の支払い処理を完了するために、インターネットアクセスが必要です。また、アプリケーションは高可用性である必要があります。これらの要件を満たす構成オプションの組み合わせはどれですか。2つ選んでください。

A. Auto Scaling グループを使用して、プライベートサブネットで EC2 インスタンスを起動します。RDS マルチ AZ DB インスタンスをプライベートサブネットにデプロイします。
B. 2つのアベイラビリティーゾーンにまたがる2つのプライベートサブネットと2つの NAT ゲートウェイで VPC を構成します。プライベートサブネットに Application Load Balancer(ALB)をデプロイします。
C. Auto Scaling グループを使用して、2つのアベイラビリティーゾーンにまたがるパブリックサブネットで EC2 インスタンスを起動します。RDS マルチ AZ DB インスタンスをプライベートサブネットにデプロイします。
D. 1つのパブリックサブネット、1つのプライベートサブネットおよび2つのアベイラビリティーゾーンにまたがる2つの NAT ゲートウェイで VPC を構成します。パブリックサブネットに ALB をデプロイします。

E. 2つのアベイラビリティーゾーンにまたがる2つのパブリックサブネット、2つのプライベートサブネットおよび2つのNATゲートウェイでVPCを構成します。パブリックサブネットにALBをデプロイします。

問題❹ アプリケーション開発チームは、大きな画像を小さな圧縮画像に変換するマイクロサービスを設計しています。ユーザーがウェブインターフェイスを介して画像をアップロードすると、マイクロサービスは画像をAmazon S3バケットに保存し、AWS Lambda関数を使用して画像を処理および圧縮し、画像を圧縮された形式で別のS3バケットに保存する必要があります。ソリューションアーキテクトは、耐久性のあるステートレスコンポーネントを使用して画像を自動的に処理するソリューションを設計する必要があります。これらの要件を満たすアクションの組み合わせはどれですか。2つ選んでください。

A. Amazon Simple Queue Service（Amazon SQS）キューを作成し、画像がS3バケットにアップロードされたときにそのキューに通知を送信するように、バケットを設定します。

B. 呼び出し元としてAmazon Simple Queue Service（Amazon SQS）キューを使用するようにLambda関数を設定します。SQSメッセージが正常に処理されたら、キュー内のメッセージを削除します。

C. S3バケットで新しいアップロードを監視するようにLambda関数を構成します。アップロードされた画像が検出されたら、ファイル名をメモリ内のテキストファイルに書き込み、そのテキストファイルを使用して、処理された画像を追跡します。

D. Amazon EC2インスタンスを起動して、Amazon SQSキューを監視します。アイテムがキューに追加されると、ファイル名をEC2インスタンスのテキストファイルに記録し、Lambda関数を呼び出します。

E. S3バケットを監視するようにAmazon EventBridge（Amazon CloudWatch Events）イベントを設定します。画像がアップロードされたら、アプリケーション所有者のEメールアドレスを使用してAmazon Simple Notification Service（Amazon SNS）トピックにアラートを送信し、さらに処理します。

確認問題の解答と解説

問題❶ 正解 C

本文参照：「EC2 Amazon マシンイメージ（AMI）」（1 章 p.16）
「Amazon RDS 自動バックアップ」（4 章 p.145）

C が正解です。問題文には、Web アプリケーションがステートレスであると記載があり、EC2 インスタンスの EBS のデータを保存しておく必要がありません。今回は最新の AMI を保持しておけば元の環境を完全にリストアすることができます。また、RDS の自動バックアップを有効にすることで、ポイントインタイムリカバリが可能になります。

A・B・D は間違いです。今回の Web アプリケーションはステートレスであるため、EC2 インスタンスの EBS ボリュームのデータを保持しておく必要がありません。スナップショットを使用することで追加のコストも発生する可能性があるため、正解とは言えません。

問題❷ 正解 D

本文参照：「Amazon Route 53 DNS ルーティングポリシー」（3 章 p.130）
「Amazon Aurora グローバルデータベース」（4 章 p.153）

D が正解です。Route53 のルーティングポリシーを使用することで、リージョン単位の障害時にフェイルオーバーが可能になります。また、Aurora グローバルデータベースを活用すれば、クロスリージョンリードレプリカよりも、よりダウンタイムをおさえたフェイルオーバーが可能になります。

A は間違いです。Auto Scaling グループを 2 つのリージョンに拡張することはできません。

B は間違いです。Aurora のクロスリージョンリードレプリカは、グローバルデータベースを比較すると、通常フェイルオーバーで時間がかかります。

Cは間違いです。DMSを用いた方法は、Auroraグローバルデータベースを比較すると、通常フェイルオーバーにより時間がかかります。

問題❸ 正解 A・E

本文参照：「Amazon VPC VPCとインターネットの通信」（3章p.103）
「Amazon ELB 概要」（3章p.124）

AとEが正解です。EC2インスタンスとRDSインスタンスへのパブリックインターネットからの直接アクセスは禁止であるため、両者をプライベートサブネットに配置します。また、アプリケーションは高可用性である必要があるため、ALBは2つのAZにまたがってデプロイする必要があります。

Bは間違いです。ALBをプライベートサブネットに配置すると、インターネットからのリクエストを受け付けることができなくなるためです。

Cは間違いです。EC2インスタンスをパブリックサブネットに起動すると、インターネットからの直接アクセスが可能になってしまうためです。

Dは間違いです。サブネットは1つのAZと紐づいているため、1つしかサブネットが無い状況では2つのAZにリソースを配置できません。

問題❹ 正解 A・B

本文参照：「イベント通知」（2章p.74）「AWS Lambda」（1章p.48）

AとBが正解です。S3バケットのイベント通知を使用することで、SQSキューにメッセージを送信することができます。キューにメッセージを保管すれば、耐久性の向上が見込めます。また、Lambda関数のトリガーにSQSキューを使用することも可能です。

Cは間違いです。ファイル名をメモリ内に保持し、当該Lambda関数が万が一処理に失敗した場合、ファイル名が失われてそのファイルの処理ができません。Dは間違いです。SQSキューからLambda関数を直接トリガーすることができるため、EC2を間に挟む処理は不要で、余分なコストになります。Eは間違いです。SNSトピックに送信されたメッセージは、トピック内には保存されないため耐久性が不十分です。

第 13 章

第3分野：高パフォーマンスなアーキテクチャの設計

ソリューションアーキテクトは、アーキテクチャのパターンと実装を選択し、パフォーマンス効率に優れたソリューションを実現する必要があります。アーキテクチャでは通常、さまざまなサービスを組み合わせて使用しています。そのため、要件に合わせて、それぞれ適切なアーキテクチャを選択し、組み合わせることにより、パフォーマンス効率を上げていく必要があります。ここでは、ソリューションを設計する際に、考慮すべき 4 つの主なリソースタイプ（コンピューティング、ストレージ、データベース、ネットワーク）について説明します。

アクセスキー：e（小文字のイー）

13.1 ストレージとパフォーマンス

特定のシステムに最適なストレージのソリューションは、データのタイプ(ブロック、ファイル、またはオブジェクト)、アクセスパターン（ランダムまたはシーケンシャル)、必要なスループット、アクセス頻度、更新頻度および可用性と耐久性に関する制約に応じて異なります。AWSではオブジェクト、ブロック、ファイルという3つのストレージタイプを利用できます。

オブジェクトストレージではAmazon S3を使用することで、実質的にはどのようなフォーマットのどのような種類のデータでも、ほぼ無制限のストレージ容量を使用することができます。また、**パフォーマンスはリクエストレートにあわせて自動的にスケールされます**。

ブロックストレージではAmazon EBSを使用します。大きく4つのストレージタイプの中から選ぶことができ、パフォーマンスとコストのバランスを調整することが可能です。**パフォーマンス観点では、基本的にはCold HDD ＜ スループット最適化HDD ＜ 汎用SSD ＜ プロビジョンドIOPS SSDの順に高くなります**。ただし、パフォーマンスが上がれば上がるほど、コストも上がります。そのため、求められるパフォーマンスを満たし、かつ最もコストがおさえられるタイプを選択します。

ファイルストレージでは、Amazon EFS、Amazon FSxなどを使用し、スループットの設定を調整することで、ワークロードのアクティビティのニーズに合わせてスループットを自動的にスケールアップまたはスケールダウンさせることができたり、管理者側でファイルシステムが処理できるスループットのレベルを指定することができたり、要件に応じて調整することが可能です。

13.2 コンピューティングとパフォーマンス

特定のワークロードに対する最適なコンピューティングの選択は、アプリケーションの設計、利用パターンおよび構成設定に応じて異なります。AWSでは、仮想サーバ、コンテナ、サーバレスを選択できます。

仮想サーバではAmazon EC 2を使用することで、インスタンスタイプを調整し、**コア数、メモリなどの性能を柔軟に選択**できるため、パフォーマンス要件に合わせて変更することができます。また、プレイスメントグループを活用することにより、**パフォーマンスと耐障害性のバランスを調整**することも可能です。さらに、Amazon EC2 Auto Scalingを組み合わせることで、**システムの負荷に応じてEC2インスタンスの数を自動的に調整さ**せることができるため、アプリケーション側のパフォーマンス維持やコスト削減効果に繋がります。

コンテナでは、Amazon ECS、Amazon EKSなどを使用することで、仮想サーバとは異なりゲストOSを必要とせず、ホストOSから直接起動できるため、**起動時間が早く、パフォーマンス効率の向上、またリソース効率も良い**ため、コスト削減にも寄与します。

サーバレスでは、AWS Lambdaなどを使用することにより、処理に応じてユーザが指定したメモリ量とそれに応じたCPU等のリソースが割り当てられるので、**コードの実行時間が最適化され、パフォーマンスを維持**してくれます。

13.3 データベースとパフォーマンス

AWSは、ワークロードの特性に応じてさまざまなデータベースサービスを提供しています。リレーショナル、Key-value、ドキュメント、インメモリ、グラフ、時系列、台帳データベースなど多数の専用データベースエンジンから選択することにより、最適なパフォーマンス効率を得ることができます。

リレーショナルデータベースでは、Amazon RDS リードレプリカを使用すれば、読み込みの処理をリードレプリカで、更新の処理をプライマリデータベースで対応できるので、処理のパフォーマンスを向上させることができます。また、Amazon ElastiCache を構成し、Amazon RDS データベースインスタンスの一部のデータをキャッシュすることで、通常はミリ秒のところをマイクロ秒の応答時間に、かつ毎秒数億オペレーションまでデータベースのパフォーマンスを向上させることができます。

Key-value データベースでは、Amazon DynamoDB を使用することで、水平的に拡張（台数増加による拡張）できるため、1 桁ミリ秒単位のパフォーマンスを維持しながら、事実上無制限にスケールすることができます。また、Amazon DynamoDB Accelerator（DAX）を構成することにより、1 秒あたり数百万のリクエストにおいても、ミリ秒からマイクロ秒へとパフォーマンスを向上させることができます。

13.4 ネットワークアーキテクチャ

ワークロードに最適なネットワークソリューションは、レイテンシ、スループット要件、ジッタ（データ伝送時の時間軸のずれによるデータ到着順序の乱れ）、および帯域幅などの要件によって異なります。また、ユーザとリソースのそれぞれのロケーションによっても大きく左右されます。AWS は、ネットワークトラフィックを最適化するサービスがさまざま用意されているため、要件に合わせて、サービスを選択および組み合わせて、最適なパフォーマンス効率を得ることができます。

Amazon CloudFront はユーザのリクエストに対して、最寄りのエッジロケーションからレスポンスを返すことを可能にするため、伝達距離が短くなり、レイテンシをおさえることができます。

Amazon S3 Transfer Acceleration は、ユーザと Amazon S3 バケットの間で長距離にわたるファイル転送を、ユーザの最寄りのエッジロケーションからバックボーンネットワークを経由して転送することで、最適化されたネットワークパスで Amazon S3 を結ぶことができます。

Amazon Route 53 レイテンシルーティングを使用すると、ユーザはレイテンシ、地理的場所、エンドポイントの状態に基づいて、最適なエンドポイントに接続できます。よって、アプリケーションのパフォーマンスと可用性を向上させることができます。

AWS Global Accelerator は、AWS のグローバルな冗長ネットワークを活用してアプリケーションのアベイラビリティーとパフォーマンスを向上させることができます。

AWS Direct Connect は、インターネットを使用せずプライベートネットワーク接続を通じて AWS にアクセスすることができるため、一貫性のあるネットワークパフォーマンスを提供することができます。

確認問題

問題❶ ある企業は、単一の Amazon EC2 オンデマンドインスタンスでウェブサイト分析アプリケーションをホストしています。分析ソフトウェアは PHP で作成され、MySQL データベースを使用します。分析ソフトウェアを提供する Web サーバーおよびデータベースサーバーは、すべて EC2 インスタンスでホストされます。アプリケーションは、ビジー時にパフォーマンス低下の兆候を示しており、5xx エラーを示しています。同社は、アプリケーションをシームレスに拡張する必要があります。これらの要件を最も費用対効果の高い方法で満たすソリューションはどれですか。

A. データベースを Amazon RDS for MySQL DB インスタンスに移行します。Web アプリケーションの AMI を作成します。AMI を使用して、2 番目の EC2 オンデマンドインスタンスを起動します。Application Load Balancer を使用して、各 EC2 インスタンスに負荷を分散します。
B. データベースを Amazon RDS for MySQL DB インスタンスに移行します。Web アプリケーションの AMI を作成します。AMI を使用して、2 番目の EC2 オンデマンドインスタンスを起動します。Amazon Route 53 加重ルーティングを使用して、2 つの EC2 インスタンスに負荷を分散します。
C. データベースを Amazon Aurora MySQL DB インスタンスに移行します。AWS Lambda 関数を作成して、EC2 インスタンスを停止し、インスタンスタイプを変更します。CPU 使用率が 75% を超えたときに Lambda 関数を呼び出す Amazon CloudWatch アラームを作成します。

D. データベースをAmazon Aurora MySQL DBインスタンスに移行します。WebアプリケーションのAMIを作成します。AMIを起動テンプレートに適用します。起動テンプレートを使用してAuto Scalingグループを作成するスポットフリートを使用するように起動テンプレートを設定します。Application Load BalancerをAuto Scalingグループにアタッチします。

問題❷ **あるソーシャルメディア会社は、運営するWebサイトに、ユーザーが画像をアップロードできるようにしています。WebサイトはAmazon EC2インスタンスで実行されます。アップロードリクエスト中に、Webサイトは画像を標準サイズにサイズ変更し、サイズ変更された画像をAmazon S3に保存します。ユーザーは、Webサイトへのアップロードリクエストが遅いと感じています。同社は、アプリケーション内の結合を減らし、Webサイトのパフォーマンスを改善する必要があります。ソリューションアーキテクトは、イメージアップロードの最も運用効率の高いプロセスを設計する必要があります。これらの要件を満たすために、どのアクションを組み合わせて実行する必要がありますか。2つ選んでください。**

A. S3 Glacierに画像をアップロードするようにアプリケーションを構成します。
B. 元の画像をAmazon S3にアップロードするようにWebサーバーを構成します。
C. 署名付きURLを使用して、各ユーザーのブラウザからAmazon S3に画像を直接アップロードするようにアプリケーションを設定します。
D. 画像がアップロードされたときにAWS Lambda関数を呼び出すようにS3イベント通知を構成します。関数を使用して画像のサイズを変更します。
E. アップロードされた画像のサイズを変更するスケジュールでAWS Lambda関数を呼び出すAmazon EventBridge（Amazon CloudWatch Events）ルールを作成します。

問題❸ ある会社は、Amazon Route 53 レイテンシーベースのルーティングを使用して、世界中のユーザーのために UDP ベースのアプリケーションにリクエストをルーティングしています。アプリケーションは、米国、アジア、そしてヨーロッパにある同社のオンプレミスデータセンターの冗長サーバーでホストされています。会社のコンプライアンス要件には、アプリケーションをオンプレミスでホストする必要があると記載されています。会社は、アプリケーションのパフォーマンスと可用性を向上させたいと考えています。これらの要件を満たすために、ソリューションアーキテクトは何をすべきでしょうか。

A. 3つの AWS リージョンに3つの Network Load Balancer（NLB）を構成して、オンプレミスのエンドポイントに対応します。AWS Global Accelerator を使用してアクセラレーターを作成し、NLB をそのエンドポイントとして登録します。アクセラレータ DNS を指す CNAME を使用して、アプリケーションへのアクセスを提供します。
B. 3つの AWS リージョンで3つの Application Load Balancer（ALB）を構成して、オンプレミスのエンドポイントに対処します。AWS Global Accelerator を使用してアクセラレーターを作成し、そのエンドポイントとして ALB を登録します。アクセラレーター DNS を指す CNAME を使用して、アプリケーションへのアクセスを提供します。
C. 3つの AWS リージョンで3つの NLB を構成して、オンプレミスのエンドポイントに対処します。Route 53 で、3つの NLB を指すレイテンシーベースのレコードを作成します。Amazon CloudFront ディストリビューションのオリジンとして使用します。CloudFront DNS を指す CNAME を使用してアプリケーションへのアクセスを提供します。
D. 3つの AWS リージョンで3つの ALB を構成して、オンプレミスのエンドポイントに対処します。Route 53 で、3つの ALB を指すレイテンシーベースのレコードを作成し、それを Amazon CloudFront ディストリビューションのオリジンとして使用します。CloudFront DNS を指す CNAME を使用して、アプリケーションへのアクセスを提供します。

確認問題の解答と解説

問題❶ 正解 D

本文参照：本章「データベースとパフォーマンス」(p.421)、4章「Amazon Aurora 高速なスループット/Amazon EC2 Auto Scaling」(p.151/p.30)

Dが正解です。Amazon Auroraは、基本的に他のRDSデータベースよりもパフォーマンスが高いため、データベースサーバの移行先として適しています。また、ビジー時にパフォーマンスが低下しているため、Auto Scalingによってサーバをスケーリングすることで、この問題を緩和可能です。さらに、Auto Scaling内でスポットインスタンスを使用しているため、費用対効果が高いという要件も満たすことができます。

AとBは間違いです。RDS for MySQLは、Auroraに比べるとパフォーマンスが低い傾向があるためです。また、2つ目のEC2インスタンスをオンデマンドインスタンスで起動しており、Auto Scalingによってスケーリングもしていないため、Webサーバレイヤーの費用対効果も高いとは言えません。

Cは間違いです。処理をEC2とLambdaに分散することで、運用管理のオーバヘッドになりうるためです。また、文章内でEC2とLambdaにリクエストを分散する方法も記載されていないため、回答として不十分と言えます。

問題❷ 正解 C・D

本文参照：「ストレージとパフォーマンス」(p.420)、「コンピューティングとパフォーマンス」(p.421)、2章「Amazon S3」(p.63)

CとDが正解です。Cの方法によって、画像のアップロードをWebAPサーバを経由せずに直接S3に対して行うことで、オーバヘッドを削減しパフォーマンスを向上させることができるためです。

また、S3のイベント通知機能を使ってLambdaを呼び出すことで、ユーザのリクエストに対して即時対応が可能になります。

AとBは間違いです。画像のアップロードをWebAPサーバ経由で行うと、パフォーマンスのオーバヘッドになることが考えられるためです。

Eは間違いです。スケジュールを指定し、定期的にLambda関数を呼び出す方法では、ユーザのリクエストに対して即時対応することが難しくなるためです。

問題❸ 正解 A

本文参照：本章「ネットワークアーキテクチャ」(p.422)、3章「Amazon ELB概要」(p.124)「Amazon CloudFront, AWS Global Accelerator概要」(p.133)

Aが正解です。NLB経由でオンプレミスのサーバにリクエストをルーティングすることで、UDPベースのアプリケーションに対応でき、可用性を向上させることができます。また、Global Acceleratorを使用することで、ユーザから各NLBへのアクセスのレイテンシを削減し、パフォーマンスを向上させることができます。

BとDは間違いです。ALBが対応するプロトコルは、HTTPやHTTPSです。そのため、UDPベースのアプリケーションには対応することができません。

Cは間違いです。NLBは、CloudFrontのオリジンとして使用することはできません。

第 14 章

第4分野：コストを最適化したアーキテクチャの設計

オンプレミスでは、コストを最適化するためのハードルにぶつかる可能性がありました。それは、将来のキャパシティやビジネスニーズを予測すると同時に、複雑な調達プロセスを考慮する必要があったためです。
AWS クラウドの各種サービスを活用することにより、AWS のコストを最適化することができます。
ここでは、コストを最適化するためのサービスとキーワードについて簡潔に説明します。

アクセスキー：I（大文字のアイ）

14.1 コスト管理

コストと使用状況の詳細な確認および分析を行うには、AWS Cost Explorer や AWS Cost and Usage Report(AWS コストと使用状況レポート)を使用します。

また、AWS Budgets を使用することで、カスタム予算を設定してコストと使用状況を追跡し、しきい値を超えた場合に E メールまたは SNS 通知から受信したアラートにすばやく対応できます。

14.2 ストレージとコスト最適化

Amazon S3 標準ストレージクラスを使用している場合、Amazon S3 の Intelligent-Tiering を有効にすることで、一定期間アクセスされていないオブジェクトを自動で低コストのストレージクラスに移行させることができ、コストを最適化できます。

また、Amazon S3 のリクエスタ支払を設定することで、バケットやオブジェクトに対するリクエストとデータのダウンロードにかかるコストを、リクエストを実行したユーザが支払うよう変更することができ、バケット所有者側のコストを削減できます。

複数の AWS アカウントを使用している場合には、AWS Organizations の一括請求を使用することで、複数の AWS アカウントの支払いをまとめることができ、かつボリューム割引も効きやすくなります。

14.3 コンピューティングとコスト最適化

Amazon EC2 のインスタンスタイプを、ワークロードに合わせて適切に選択することにより、パフォーマンスとコストのバランスを調整することができます。

大規模な処理を行い、かつその処理を多数の処理に分割可能である場合には、EC2 Auto Scalingを使用することで、多数のEC2インスタンスにて手分けして作業することにより、短時間で処理を完了することができます。

大規模な処理を行い、かつその処理を多数の処理に分割できない場合には、従来使用しているインスタンスタイプよりも大きなインスタンスタイプに変更します。これによりインスタンスタイプの単価は上がりますが、処理性能が上がることで、結果として短時間で処理が終了でき、全体としてコスト削減に繋がることもあります。

また、長期間使用することが分かっている場合には、リザーブドインスタンス、Saving Plansなどを使用することにより、割引を受けることができます。リザーブドインスタンスやSavings Plans購入時に全部もしくは一部の支払いを事前に行うことで、コストをより削減することが可能です。

さらに、アーキテクチャが中断可能であれば、スポットインスタンスを使用することでさらなるコストの削減も可能です。

14.4 データベースとコスト最適化

Amazon RDSを使用することで、Amazon EC2インスタンス上にデータベースを構築する場合と比較して、構築、運用管理などはほぼすべてAWS側にて行ってもらえるため、運用管理コストを削減することができます。

また、EC2インスタンス同様、長期間使用することが分かっている場合には、リザーブドインスタンスなどを使用することにより、割引を受けることもできます。

さらに、Aurora Serverlessなどのサーバレスのサービスを使用することにより、リクエストの量に合わせて、柔軟に性能をスケーリングすることができるため、コストを最適化することができます。

14.5 その他のコスト削減策

その他の代表的なコスト削減策としては、伸縮性の導入や使わないリソースのパワーオフ、キャッシュの利用等が挙げられます。

Auto Scalingによって最適なリソース量までスケールインを行うことでコストが削減されます（伸縮性の導入）。

Systems ManagerとLambdaを使ったリソースの自動停止を行うことなどにより、コストが削減されます（リソースのパワーオフ）。

CloudFrontやElastiCacheを導入し、オリジンへのリクエストを減らすことにより、コストが削減されます（キャッシュの利用）。

確認問題

問題❶ ある企業が、最新の請求書でAmazon EC2コストの増加を確認しました。請求チームは、特にいくつかのEC2インスタンスのインスタンスタイプにおいて、コストが上昇していることに気づきました。ソリューションアーキテクトは、過去2か月のEC2コストを比較するグラフを作成し、コスト上昇の根本原因を特定するための詳細分析を実施する必要があります。運用上のオーバーヘッドを最小限に抑えて情報を生成する方法を教えてください。

A. AWS Budgetsを使用して予算レポートを作成し、インスタンスタイプに基づいてEC2コストを比較します。
B. Cost Explorerの詳細なフィルタリング機能を使用して、インスタンスタイプに基づいてEC2コストの詳細な分析を実行します。
C. AWS請求とコスト管理ダッシュボードのグラフを使用して、過去2か月のインスタンスタイプに基づいてEC2コストを比較します。

D. AWSのコストと使用状況レポートを使用してレポートを作成し、Amazon S3バケットに送信します。Amazon QuickSightを使用してAmazon S3をソースとして使用し、インスタンスタイプに基づいてインタラクティブなグラフを生成します。

問題❷ ソリューションアーキテクトは、企業がAWSでアプリケーションを実行する際のコストを最適化するのを支援を行う必要があります。アプリケーションは、コンピューティングにAmazon EC2インスタンス、AWS FargateおよびAWS Lambdaを使用します。EC2インスタンスは、アプリケーションのデータ取り込みレイヤーを実行します。その使用は散発的で予測不可能です。EC2インスタンスで実行されるワークロードは、中断されても問題がありません。アプリケーションのフロントエンドはFargateで実行され、LambdaはAPIレイヤーを提供します。フロントエンドの使用率とAPIレイヤーの使用率は、予測可能です。このアプリケーションをホストするための最も費用対効果の高いソリューションを提供する購入オプションの組み合わせはどれですか。2つ選んでください。

A. データ取り込みレイヤーにスポットインスタンスを使用します。
B. データ取り込みレイヤーにオンデマンドインスタンスを使用します。
C. フロントエンドとAPIレイヤー用の1年間のCompute Savings Planを購入します。
D. データ取り込みレイヤー用に1年間の全前払いリザーブドインスタンスを購入します。
E. フロントエンドとAPIレイヤー用の1年間のEC2インスタンスSavings Planを購入します。

問題❸ ソリューションアーキテクトは、企業のオンプレミスインフラストラクチャをAWSに拡張するための新しいハイブリッドアーキテクチャを設計しています。この企業は、AWSリージョンへの一貫した低レイテンシーで高可用性の接続を必要としています。同社はコストを最小限に抑える必要があり、プライマリ接続に障害が発生した場合は、低速のトラフィックを受け入れる用意があります。これらの要件を満たすために、ソリューションアーキテクトは何をすべきでしょうか。

A. AWS Direct Connect接続をリージョンにプロビジョニングします。プライマリDirectConnect接続が失敗した場合のバックアップとしてVPN接続をプロビジョニングします。
B. プライベート接続用のリージョンへのVPNトンネル接続をプロビジョニングします。プライベート接続用およびプライマリVPN接続が失敗した場合のバックアップとして、2番目のVPNトンネルをプロビジョニングします。
C. リージョンへのAWS Direct Connect接続のプロビジョニングプライマリDirect Connect接続が失敗した場合のバックアップとして、同じリージョンへの2つ目のDirect Connect接続をプロビジョニングします。
D. AWS Direct Connect接続をリージョンにプロビジョニングするAWS CLIからDirectConnectフェイルオーバー属性を使用して、プライマリDirect Connect接続が失敗した場合にバックアップ接続を自動的に作成します。

問題❹ ある企業には、毎日合計1TBのステータスアラートを生成する何千ものエッジデバイスがあります。各アラートのサイズは約2KBです。ソリューションアーキテクトは、将来の分析のためにアラートを取り込んで保存するためのソリューションを実装する必要があります。同社は、可用性の高いソリューションを望んでいます。ただし、会社はコストを最小限におさえる必要があり、追加のインフラストラクチャを管理したくありません。さらに、同社はすぐに分析できるように14日間のデータを保持し、14日より古いデータをアーカイブしたいと

考えています。これらの要件を満たす最も運用効率の高いソリューションは何ですか。

A. アラートを取り込むための Amazon Kinesis Data Firehose 配信ストリームを作成するアラートを Amazon S3 バケットに配信するように Kinesis Data Firehose ストリームを設定します。14 日後にデータを Amazon S3 Glacier に移行するように S3 ライフサイクル設定をセットアップします。
B. 2 つのアベイラビリティーゾーンにまたがる Amazon EC2 インスタンスを起動し、それらを Elastic Load Balancer の背後に配置してアラートを取り込みます。EC2 インスタンスでスクリプトを作成し、Amazon S3 バケットにアラートを保存します。データを 14 日後に AmazonS3 Glacier へ移行するための S3 ライフサイクル構成をセットアップします。
C. アラートを取り込むための Amazon Kinesis Data Firehose 配信ストリームを作成します。Amazon Elasticsearch Service（Amazon ES）ダスターにアラートを配信するように KinesisData Firehose ストリームを設定します。毎日手動でスナップショットを作成して、より古いダスターからのデータが 14 日間経過していたら削除するように Amazon ES クラスターをセットアップします。
D. Amazon Simple Queue Service（Amazon SQS）標準キューを作成して、アラートを取り込み、メッセージ保持期間を 14 日に設定します。SQS キューをポーリングするようにコンシューマーを構成します。メッセージの経過時間を確認し、必要に応じてメッセージデータを分析します。メッセージが 14 日経過している場合、コンシューマーはメッセージを Amazon S3 バケットにコピーし、SQS キューからメッセージを削除します。

確認問題の解答と解説

問題❶ 正解 B

本文参照：本章「コスト管理」(p.430)、10章「AWS Cost Explorer コストの詳細分析」(p.357)

Bが正解です。Cost Explorerでは、ネイティブでEC2インスタンスのコストを参照することができるようになっているため、運用上のオーバヘッドを抑えることができます。また、フィルターを使用することで、インスタンスタイプごとのコストを参照することができるため、詳細な分析も可能です。

Aは間違いです。AWS Budgetsは、予算の設定と予算額の超過に対するアラートを提供します。個別のEC2インスタンスタイプのコストを経時的に参照したりすることはできません。

Cは間違いです。AWS Budgetsとコスト管理コンソールのダッシュボードは、コストに関する傾向等を大まかに把握するための機能です。個別のEC2インスタンスタイプのコストを経時的に参照したりすることはできません。

Dは間違いです。AWSのコストと使用状況レポートをS3バケットに送信し、QuickSightを使って可視化することで、EC2インスタンスに関する詳細なコスト分析は可能です。ただし、運用上のオーバヘッドが発生するため、要件と合致しません。

問題❷ 正解 A・C

本文参照：本章「コンピューティングとコスト最適化」(p.430)、1章「Amazon EC2 購入オプション」(p.24)

AとCが正解です。EC2インスタンスの処理は中断されても問題ないため、スポットインスタンスを使用することでコストを最適化することができます。よって、A は正解です。また、フロントエンドと API レイヤーの使用率は予測可能なため、予測の使用量を満たす Compute Savings Plans を購入することで、コストを最適化することができます。よって、C は正解です。

B は間違いです。オンデマンドインスタンスは、スポットインスタンスよりもコストが高いため費用対効果を高めることができません。

D は間違いです。データ取り込みレイヤーの使用は散発的かつ予測不可能であるため、最適なリザーブドインスタンスを購入することは難しいです。

E は間違いです。フロントエンドと API レイヤーには、それぞれ Fargate と Lambda を使用しているため、EC2 インスタンス Savings Plans ではコストを削減することができません。

問題❸ 正解 A

本文参照：3 章「AWS Direct Connect のメリット / デメリット」（p.112）

A が正解です。通常時は DirectConnect 接続を使用することで、オンプレミスから AWS リージョンへの一貫した低レイテンシーでの接続を可能にします。また、この接続に障害が発生した場合は低速のトラフィックを受け入れるため、VPN 接続を使用することでコストを抑えることができます。

B は間違いです。VPN 接続はインターネットを経路として使用するため、専用接続を使用する DirectConnect に比べてパフォーマンスの一貫性がありません。よって、一貫した低レイテンシーの接続が必要という要件を満たしません。

C は間違いです。2 つの DirectConnect 接続を使用すると、一貫した低レイテンシーの接続という要件を満たしますが、コストを最小限におさえるという要件を満たしません。

D は間違いです。障害発生時に、2 つ目の DirectConnect 接続を作成する方法では、高可用な接続を提供することができません。

問題❹ **正解 A**

本文参照：7章「Amazon Kinesis Amazon Kinesis Data Firehose」(p.250)、
2章「Amazon S3 ライフサイクルルール」(p.68)

Aが正解です。Kinesis Data Firehoseを使用することで、エッジデバイスからのストリーミングデータをS3に簡単に配信することができます。また、ライフサイクルルールを使用して、データをAmazon S3 Glacierクラスにアーカイブすることでコストを抑えることもできます。

Bは間違いです。選択肢の方法でもアラートを取り込むことができますが、EC2インスタンスのパッチ当てをはじめとする運用管理が必要になります。Kinesis Data Firehoseを使用する方法に比べて運用効率が高いとは言えないため、間違いです。

Cは間違いです。毎日主導でスナップショットを作成するという方法は、Kinesis Data Firehoseを使用する方法に比べて運用効率が高いとは言えないため、間違いです。

Dは間違いです。エッジデバイスからのストリーミングデータをSQSキューに取り込む方法が記載されていません。また、現時点では分析の必要が無く、何かしらの方法でコンシューマーを構成したりデータ分析したりすることも不必要であるため、間違いです。

索　引

著者紹介

煤田(すすた) 弘法(ひろのり)（NTTデータ先端技術株式会社）

AWS認定インストラクター。「AWS Authorized Instructor Award 2021」（2022年7月発表）にて「Best Instructor CSAT」（総合ランキング。顧客満足度で測る）で第3位に選ばれる。

西城(さいじょう) 俊介(しゅんすけ)（NTTデータ先端技術株式会社）

AWS認定インストラクター。前職はオンプレミスのインフラエンジニア。研修施設「INTELLILINK Training Academy」講師として、AWS試験などを担当。

NTTデータ先端技術株式会社

システム基盤技術、セキュリティ技術、先進技術ソリューション・サービスの専門企業として、高度技術者を育成し高い付加価値を提供。「人と技術の力で、まだ見ぬ未来へ」をスローガンに掲げる。https://www.intellilink.co.jp/

装丁・本文デザイン：坂井正規
DTP：株式会社トップスタジオ
執筆協力：田川 浩史（NTTデータ先端技術株式会社）
上堂薗 健（DaaS Ltd）
田中 勇希（DaaS Ltd）

AWS(エーダブリューエス)教科書 AWS(エーダブリューエス)認定
ソリューションアーキテクトアソシエイト
テキスト&問題集

2024年 4月22日 初版 第1刷発行
2024年11月 5日 初版 第2刷発行

著者 煤田弘法(すすたひろのり)、西城俊介(さいじょうしゅんすけ)
発行人 佐々木幹夫
発行所 株式会社翔泳社（https://www.shoeisha.co.jp）
印刷・製本 中央精版印刷株式会社

ISBN978-4-7981-8326-8 Printed in Japan